U0228556

普通高等教育"十三五"规划教材

# 植 物 学

主 编　崔　娜（沈阳农业大学）　　范海延（沈阳农业大学）

副主编　张春宇（沈阳农业大学）　　于志海（贵州理工学院）

　　　　邵美妮（沈阳农业大学）　　刘　琛（沈阳农业大学）

参　编　（按参编章次先后排序）

　　　　刘艳萍（塔里木大学）　　　周　飒（天津科技大学）

　　　　许存宾（贵州理工学院）　　季长波（辽东学院）

　　　　李鲁华（贵州大学）　　　　回　晶（辽宁大学）

　　　　武春霞（天津农学院）　　　孟祥南（沈阳农业大学）

　　　　刘明超（沈阳农业大学）　　刘晓柱（贵州理工学院）

　　　　武　娟（山西大同大学）　　王　娟（辽宁大学）

　　　　曲　波（沈阳农业大学）　　于　洋（沈阳农业大学）

　　　　苗　青（沈阳农业大学）　　翟　强（沈阳农业大学）

科学出版社

北　京

# 内 容 简 介

本书为辽宁省精品资源共享课"植物学"课程的配套教材。主要内容包括植物个体发育过程中的形态结构特征、植物界的系统发育与演化、不同植物类群和代表性科属的特征与分类。各章内容以知识点的形式出现,相对独立又互相联系,每章还含有主要内容、学习指南、扩展阅读和主要参考文献。本书注重理论联系实际,图文并茂、通俗易懂,体现了植物学的科学性、系统性、前沿性,又保持了农业院校应用性的特色。

本书可供高等农业院校农学、植物保护、农业资源与环境、林学、园艺、园林、生物技术、生物科学、环境保护、生态学和蚕学等专业的师生使用,也可以供综合大学生物类及相关专业的师生和相关工作人员使用。

## 图书在版编目(CIP)数据

植物学 / 崔娜,范海延主编. —北京:科学出版社,2019.8
普通高等教育"十三五"规划教材
ISBN 978-7-03-061628-9

Ⅰ. ①植… Ⅱ. ①崔… ②范… Ⅲ. ①植物学-高等学校-教材
Ⅳ. ① Q94

中国版本图书馆 CIP 数据核字(2019)第114805号

责任编辑:丛 楠 赵晓静 / 责任校对:严 娜
责任印制:张 伟 / 封面设计:铭轩堂

科学出版社 出版
北京东黄城根北街 16 号
邮政编码:100717
http://www.sciencep.com

北京虎彩文化传播有限公司 印刷
科学出版社发行 各地新华书店经销
*

2019年8月第 一 版 开本:787×1092 1/16
2021年1月第三次印刷 印张:14 3/4
字数:350 000

定价:49.80元
(如有印装质量问题,我社负责调换)

# 前　言

植物学既是一门传统的基础学科，有着悠久的历史，又是一门随着分子生物学等现代生物学技术发展而快速发展的学科。近些年，植物学在植物种质资源、作物高产育种、有机食品、生物能源及作物生长发育调控机制等方面取得了巨大进展。

"植物学"课程是高等农业院校农学、植物保护、农业资源与环境、林学、园艺、园林、生物技术、生物科学、环境科学、生态学和蚕学等专业的基础课。本书可作为该课程的主要教材，主要内容包括绪论、植物细胞、植物组织、种子植物的根、种子植物的茎、种子植物的叶、植物营养器官的变态、被子植物的花、植物的果实和种子、植物界基本类群及被子植物主要分科等。沈阳农业大学的"植物学"课程是辽宁省精品资源共享课，因此本书为该课程的配套教材，也可以供综合大学生物类及相关专业的师生和相关工作人员使用。

在编写过程中，编者总结了多年的教学实践经验，参考了国内外有关教材、著作与论文，并根据辽宁省精品资源共享课的要求，使各章内容以知识点的形式呈现，相对独立又互相联系，每章还含有主要内容、学习指南、扩展阅读和主要参考文献。本书注重理论联系实际、图文并茂、通俗易懂，体现了植物学的科学性、系统性、前沿性。同时本书还遵循植物学的发展规律，充分考虑学生的生物学知识基础，按照大学生的认知规律编写，与农业院校相关专业紧密结合，为学生建立较为完整的植物科学知识体系，也为后续的专业课学习奠定良好的基础。

本书具体编写分工如下：绪论由范海延编写，第一章植物细胞由刘艳萍、刘琛和周飒编写，第二章植物组织由许存宾编写，第三章种子植物的根由于志海、崔娜编写，第四章种子植物的茎由季长波编写，第五章种子植物的叶由李鲁华编写，第六章植物营养器官的变态由回晶编写，第七章被子植物的花由范海延、武春霞、孟祥南、刘明超编写，第八章植物的果实和种子由刘晓柱、武娟编写，第九章植物界基本类群由张春宇、王娟、曲波、邵美妮编写，第十章被子植物主要分科由崔娜、于洋、苗青、翟强编写。全书由崔娜、范海延统稿。

本书得到了许多植物学教师和科技工作者的大力支持，尤其是沈阳农业大学的林凤、许玉凤、孙权、李楠、陈旭辉等老师为本书的编写提供了有力的支持，在此深表感谢，也非常感谢科学出版社丛楠等的辛苦付出。

由于编写时间较为紧迫，加之编者的理论水平有限，书中难免存在不足之处，敬请读者批评指正，以便进一步修订和提高。

编　者

2018 年 8 月

# 目　　录

# 绪 论

## 一、植物的基本特征和植物界的划分

随着地球历史的发展，原始生物不断演化，植物界的发生和发展经历了漫长的历史，其间大约经历了 30 亿年。有的种类由兴盛到衰亡，新的种类又在进化中产生，形成地球上现存的、已知的 50 多万种植物，包括藻类、菌类、地衣、苔藓、蕨类、裸子植物和被子植物七大类群。地理分布、大小、形态结构、寿命、生活习性、营养方式、生态习性和繁殖方式各不相同的植物体，共同组成了千姿百态、丰富多彩的植物界。

虽然植物多种多样，但绝大多数植物仍具有共同的基本特征。例如，植物细胞有细胞壁，初生壁主要由纤维素和半纤维素构成，具有比较稳定的形态；绿色植物可利用太阳能、少数非绿色植物可借助化学能把简单的无机物转化成复杂的有机物，进行自养生活；大多数植物在个体发育过程中能不断产生新的器官或新的组织结构，即具有无限生长的特性。

植物界的含义及其在生物界的位置，是随着科学的发展和人类对自然界认识的进步而逐步改变的。1753 年，瑞典植物学家林奈（C. Linnaeus）最先根据能运动还是固着生活，吞食还是自养，把生物分为动物界（Animalia）和植物界（Plantae），即两界系统，这一系统被广泛沿用至今。1866 年，德国生物学家海克尔（E. H. Haeckel）提出三界系统，除上述两界外，他把那些长期被生物学家所争议的、兼有动物和植物两属性的生物（如甲藻、裸藻，它们既含有色素体能自养，同时又有眼点能感光，有鞭毛能游动）独立为原生生物界（Protista）。1938 年，美国的科帕兰（H. F. Copeland）提出了四界系统，即原核生物界（Prokaryota）、原始有核界（Protoctista）、后生植物界（Metaphyta）和后生动物界（Metazoa）。原核生物界包括细菌和蓝藻，原始有核界包括低等的真核藻类、原生动物、真核菌类，后生植物界是苔藓类以后的植物，后生动物界是除原生动物外所有其他动物的总称。1969 年，美国的魏泰克（R. H. Whittaker）根据有机体营养方式的不同，把生物分为五界，即原核生物界、原生生物界、植物界、真菌界和动物界，五界系统纵向显示了生物进化的三大阶段，即原核生物、单细胞真核生物（原生生物）和多细胞真核生物（植物界、动物界、真菌界）；同时又横向显示了生物演化的三大方向，即以光合自养方式生活的植物、以吸收方式生活的真菌和以摄食方式生活的动物。1979 年，中国学者陈世骧根据病毒（Virus）和类病毒（Viroids）不具细胞形态结构、不能自我繁殖等特点，建议在五界系统的基础上，把它们另立为非胞生物界或病毒界（Archetista），从而形成六界系统。1989 年，卡瓦里·史密斯（Cavalier Smith）提出八界系统，原核生物分为古细菌界和真细菌界；真核生物分为古真核生物超界和后真核生物超界（分为原生生物界、藻界）、真菌界、植物界和动物界。

各界学说的划分虽各有所据，但其中有两个标准却是共同的，即营养方式和进化水平。农业院校需要给学生一个较广泛的植物学基础，所以本书采用的是两界系统。

## 二、植物的多样性和我国的植物资源

植物的种类多种多样，它们的形态、结构、生活习性以及对环境的适应性各不相同，千差万别。植物的分布极为广泛，从平原到常年冰雪覆盖的高山，从严寒的两极地带到炎热的赤道区域，从江河湖海到沙漠荒原，到处都分布着植物。植物在形态结构上也表现出多种多样，有肉眼看不见的单细胞的原始低等植物，还有分化程度高、由多细胞组成、结构复杂的高等植物——种子植物；低等植物的结构简单，多以孢子繁殖后代，而种子植物则结构复杂，用种子繁殖后代；植物的生活周期长短也不一致，一些低等植物几分钟即可完成一代生活史，高等植物中的被子植物有多年生木本和一年生、二年生及多年生的草本。植物界是由最初的原始植物逐渐进化而来的，进化过程中形成不同的适应方式。随着进化过程的推进，逐渐出现结构和功能上的特化，因而有不同的形态结构，发展成为各式各样的植物。其中种子植物是现今地球上种类最多、形态结构最复杂、和人类生活联系最密切的一类植物。全部树木、农作物和绝大多数的经济植物都是种子植物。

我国植物资源极为丰富，目前仅有记载的高等植物就约 3 万种，占全世界高等植物的 1/8 左右。据统计，我国维管束植物有 353 科 3184 属 27 150 种，其中蕨类和拟蕨类约 53 科，约占世界同类科数的 80%；全世界有裸子植物 800 多种，中国有近 300 种，其中 140 种为中国特有。由于我国有寒温带、温带、暖温带、亚热带和热带的气候，因此植物也有不同气候带的分布。我国东北部为寒温性针叶林地带，如有耐寒喜光的落叶松，有常绿的云杉、红松等，林下还分布有闻名中外的药材人参。西北部为干旱、半干旱地区的草原、灌丛和沙漠植物地带，温带草原上生长着羊草、大针茅等禾本科、豆科优质牧草；甘肃和青海的荒漠上生长着固沙的蒿子和柽柳；荒漠上的绿洲——新疆，我国最优质的长绒棉就生长在这里，此外，还有甜蜜的葡萄、哈密瓜等果品。中部温带及暖温带为针阔叶混交林及落叶阔叶林地带，这一地区盛产柿、枣、桃、葡萄、梨、苹果、核桃、板栗等果树，常见树种还有柳、加拿大杨、槐、榆、栎等。南部亚热带、热带为常绿阔叶林及热带季雨林地带，这一地区植物资源丰富，有许多世界著名的古代残存的子遗植物，如水杉、银杏、银杉、金钱松、水松、白豆杉、香果树、观光木等；亚热带经济树种繁多，其中经济价值高的有板栗、油桐、白蜡树、杜仲、栓皮栎、漆树、盐肤木、木质藤本等；热带季雨林和雨林是全国植物资源最为丰富的地区，在热带森林中生长着许多植物，如野生稻、茶叶、萝芙木、美登木等，这一地区还有菠萝、香蕉、龙眼、荔枝、芒果、椰子、可可、咖啡、槟榔等经济作物。此外，从世界屋脊喜马拉雅山脉到东部沿海地区，随着海拔的变化又有丰富的垂直带植物分布。由此可见，我国植物种类资源多样性的丰富程度在世界上是名列前茅的。

## 三、植物在自然界中的作用及其与人类的关系

植物是生物圈中一个庞大的类群，它们在生物圈的生态系统、物质循环和能量流动中处于最关键的地位，在自然界中具有不可替代的作用。

### （一）植物是自然界的第一生产力

绿色植物可通过光合作用把太阳能转化为化学能，并以各种形式储存能量，如形成糖类、蛋白质、脂肪等。这些物质是自然界各类生物赖以生存的物质基础，也是人类生存的食物和生活物质的来源。

　　许多研究者对 20 种不同植被类型的生物产量进行了研究，计算出地球上每年植物通过光合作用生产的干物质重量为 $171.8 \times 10^9 t$，其中陆地为 $116.8 \times 10^9 t$，海洋为 $55 \times 10^9 t$。人类和各类生物生存主要是直接或间接地依靠绿色植物提供的各种食物和生存条件。据推算，地球上的植物为人类提供约 90% 的能量，80% 的蛋白质，食物中有 90% 产于陆生植物。人类食物约有 3000 多种，其中作为粮食的植物主要有 20 多种。植物也是药物的重要来源，仅中国就有约 11 000 种药用植物。以绿色植物为主体的生态系统的功能及其效益是巨大的。据研究，地球上 16 类生物群区具有 17 大生态功能与效益，其年总产值为 $3.3 \times 10^{12}$ 美元。1998 年在中国长江流域和东北的松嫩流域发生的特大洪水，很大程度上是由于中上游的森林生态系统遭到破坏，丧失了水土保持和水源涵养功能，以及中游的湖泊湿地生态系统丧失了水分调节功能。由此看来，生态系统的功能价值评价逐渐被纳入各国的市场与经济体系，将使经济体系产生革命性的变革。总之，人类的衣、食、住、行等各方面都离不开植物。

### （二）植物在自然界物质循环与生态平衡中的作用

　　自然界中如果只有有机物的合成和积累，那么自然界将会成为原料缺乏、生命枯竭的世界。自然界的物质总是处在不断运动中，不仅有从无机物合成有机物的过程，还有从有机物分解成无机物的过程，即有机物经植物的分解成为简单的无机物再回到自然界的过程。

　　植物通过光合过程吸收大量的 $CO_2$ 和放出大量的 $O_2$，以维持大气中 $CO_2$ 和 $O_2$ 的平衡；植物通过合成与分解作用参与自然界中氮、磷和其他物质的循环和平衡。有机化合物分解的主要途径：一方面是植物和其他生物的呼吸作用；另一方面是死的有机体经过非绿色植物如细菌和真菌的作用发生分解，或称为非绿色植物的矿化作用，使复杂的有机物分解成为简单的无机物，再回到自然界中，重新被绿色植物利用。

　　植物起着平衡大气层中二氧化碳、氮、氧以及其他元素的作用。由植物组成的植被层保护地球表面免受破坏性的侵蚀，还维持着生态环境的平衡，并在生物圈中为人类和其他生物提供生存环境。

### （三）植物界是植物种质保存的天然基因库

　　长期进化过程中形成的千姿百态、种类浩瀚的植物界，是一个天然庞大的基因库，是自然界留给人类的宝贵财富。据分类学家估计，全世界现有植物 50 多万种，高等植物 23 万多种。经人类长期驯化栽培的有 2000 多种，常见栽培的仅 100 多种。正是这些为数不多的栽培种类，成为人类社会物质文明的重要基础。植物一旦从野生驯化为家生，人类从此就获得了一种可以永续利用的资源。

　　植物界所包含的极大的种质资源，为人类驯化野生品种、改良新品种提供了广阔的遗传基础。例如，普通小麦来自 4 个野生种祖先，它们提供了丰富的种质基因和其他经济特性并传递给普通小麦；袁隆平利用在海南岛发现的雄性不育植株野生稻，在解决杂交水稻三系育种难题上取得了重大突破；三叶橡胶引种自巴西热带雨林，成为世界五大工业原料来源之一；中华猕猴桃是原产于我国的野生植物，从前未得到利用，被引入新西兰后，经培育，其果实已成为风靡世界的保健食品；千百年来沙棘仅作为薪材利用，如今其果实已被加工成食品和化妆品，给西北贫困农民带来了良好的经济效益；绞股蓝因其茎叶中含两种结构与功效类似人参皂苷的成分，湖南某中药饮片厂将其开发成系列产品，远销日、美等国；从国产萝芙木中提取出的物质生产的降压药利血平，结束了此药在我国依赖进口的历史。以上事例都说明了植物界蕴藏着丰富和宝贵的种质资源。

然而，事物的另一面则是可悲的。工业革命开始以来，人类将自身置于大自然的对立面，疯狂地对自然界进行掠夺、改造、征服而不加保护。人群挺进到哪里，公路延伸到哪里，哪里的森林就成片成片地消失。数十年来，拉丁美洲每年被摧毁的森林面积多达 5 万平方公里，由此产生的严重水土流失面积达 200 万平方公里。非洲的尼日利亚曾拥有 1800 万公顷雨林区，现绝大多数已变成农田、灌丛和稀树草原，只有自然保护区的雨林未遭绝迹，有 190 万公顷雨林幸存下来。据估计，全世界每年减少的森林面积达 1100 万公顷，在森林、草原退缩的同时，沙漠以每年新增面积 600 万公顷的速度步步逼近。从公元前 7000 年至今，人类活动使地球上的森林减少了 2/3，其中有一半是近 100～200 年消失的。人类活动给地球造成的任何一种灾难的严重性莫过于植被被摧毁。位于我国黄土高原的甘肃定西地区的森林、草地遭受破坏始于唐代，明清两代加剧了对植被的掠夺，到 21 世纪生态环境恶化达到了令人吃惊的地步。植被遭受破坏带来的另一个灾难是物种的大量灭绝。据国际自然及自然资源保护联盟（International Union for Conservation of Nature，IUCN）数据库 1986 年提供的材料，全世界已有 16 100 种植物被列为濒危种。2016 年更新的《世界自然保护联盟濒危物种红色名录》一共包括了 96 951 个物种，其中 26 840 种濒临灭绝。物种是地球上 30 多亿年生物进化的产物，其中有不少我们根本不认识，更谈不上利用了，而植物物种一旦消失，全世界将永远失去这笔巨大而无比宝贵的财富。植物资源的不合理利用所产生的恶果还表现在资源锐减，进而导致植物资源的短缺与社会日益增长的需求之间的矛盾日趋激化。

总之，人类的生活、繁衍和进步，同植物资源的开发、利用和保护息息相关。合理开发、利用和保护植物种质资源，已成为世界性的战略问题。

### （四）植物对环境的保护作用

植物在调节气温、保持水土，以及净化生物圈的大气和水质等方面均有极其重要的作用。植物通过光合作用不断补充大气中的氧气，据专家计算，地球上植物每年大约产生 $10 \times 10^{10}$ t 的氧气，而人工制造的氧气年产量仅 $3 \times 10^6$ t。现在地球上氧气的总量是 $11.84 \times 10^{14}$ t。但由于人类对自然植被的破坏，耗氧量直线上升，生产量急剧下降，目前地球上的年耗氧量与年产量大体接近。大气中二氧化碳则比 50 年前增加了 10%，比工业化前增加了一倍。二氧化碳增加产生的"温室效应"，导致全球地面平均温度上升 1.5～4.5℃。地球大气变暖的趋势影响气候的变化，使一些高原、山脉的多年冻土以及小冰川都趋于消失，同时使海平面升高 20～100cm，这将导致海水内浸淹没沿海城市及部分土地；而一些干旱地区将更加干旱，环境急剧恶化。积极利用植物吸收二氧化碳和补充氧气来净化大气有着极其重要的意义，当前已成为世界各国所重视的环境问题。

由于工业生产规模日益扩大，"三废"对环境的污染越来越严重，影响人类的生产和生活。有些植物具有抗性及吸收累积污染物的能力，如银桦、桑树、垂柳等具有较强的吸收氟的能力，杨树和槐树具有较强的吸收镉的能力；植物还有减少和吸附粉尘、调节气候、减弱噪声等作用；水生植物能吸收和富集水中的有毒物质；有些植物对污染物表现得相当敏感，在植物体上，特别在叶片上显出可见的症状，因此可以用来检测环境污染的程度。

植物具有保持水土的作用。植被的存在可减少雨水在地表的流失和对表土的冲刷，防止水土流失，防止水、旱、风、沙等灾害，进而改善人类的生活和生产环境。

## 四、植物学的发展

### （一）植物学的发展简史

植物学同其他学科一样，有一个发生和发展的过程。植物学的创立和发展与人类对植物的利用程度密不可分。人类有了利用植物的活动，也就有了植物科学知识的萌芽。例如，在中国、瑞典等国新石器时代人类的居室里发现了小麦、大麦、粟、豌豆等多种植物的种子。随着人类生产实践活动的发展，积累的植物学知识不断增多，有关植物学的著作也不断问世，希腊哲学家亚里士多德（公元前384～前322）和他的学生特奥弗拉斯托（约公元前371～前286）被公认为是植物学的奠基者，特奥弗拉斯托将观察的不同地区植物种类和分布记述于《植物的历史》和《植物本原》两本书中，这两本书记载了500多种植物。1665年英国的胡克（1635～1703）发明了显微镜，从此人类对植物的认识由宏观世界进入微观世界。瑞典植物学家林奈（1707～1778）发表的《植物种志》（1753），创立了植物分类系统和双名法（binominal nomenclature），为现代植物分类学奠定了基础。19世纪德国植物学家施莱登和动物学家施旺首次提出"细胞学说"，指出动植物由细胞组成，奠定了细胞学的基础，使生物学向微观世界推进。英国博物学家达尔文（1809～1882）著有《物种起源》一书，提出生物进化论的观点，对生物学的发展产生了巨大影响，引导生物学向宏观世界发展。

19世纪能量守恒定律的发现，进一步促进了利用植物生理学的方法去研究植物生命活动中的能量关系、呼吸作用、光合作用、矿质营养和水分的运输等重大问题。这些原理在农业上的应用也获得了显著的效果。1865年孟德尔（1822～1884）的《植物杂交实验》揭示了植物遗传的基本规律。美国的摩尔根（1866～1945）于1926年在《基因论》这本书中总结了当时的遗传学成就，完成了遗传理论体系。同时，植物学对现代农业体系的形成也做出了重要贡献，促使农业生产技术发生了根本性的变化，推动了以品种改良、高产栽培、大量使用农药和化肥以及机械化为标志的现代农业体系的形成。

从19世纪后期到20世纪，随着近代物理学、化学等学科的发展，生物学（包括植物学）沿着微观和宏观两个研究角度不断深入，形成细胞生物学、分子生物学等许多新的分支学科。1953年，Crick和Waston确认了DNA为遗传的物质基础，并阐明了DNA的双螺旋结构，自此之后，分子生物学带动了整个生物学（包括植物学）的迅速发展。近20多年来，分子生物学和近代技术科学，以及数学、物理学、化学的新概念和新技术被引入植物学领域，植物学在微观和宏观的研究上均取得了突出成就，在研究的深度和广度上都达到了一个新的水平。例如，在微观的研究上，对模式植物拟南芥

（*Arabidopsis thaliana*）和金鱼草（*Antirrhinum majus*）的分子生物学研究，使植物发育生物学的研究面貌一新；特别是一系列调控基因的发现与克隆，为了解植物发育过程增加了大量新知识。近年来，在植物发育分子生物学研究中取得的重大突破之一，就是有关发育中调控各类花器官形成的器官特征基因的克隆及其功能分析。人们在植物生殖生物学的研究上也取得了重大进展，如配子识别、配子分离、配子融合和人工培养合子等均获成功，已可在离体条件下观察受精过程中的变化。同时，在宏观的研究上，人们在生态学、植物（生物）多样性的研究等领域取得了重大进展。总之，近 20 多年来植物学发展迅速，其中对植物学发展影响最大、最深刻的就是分子生物学及其技术的发展。

### （二）中国植物学科发展的简要回顾

我国是最早研究植物的国家，早在四五千年前就积累了有关植物学的知识。春秋时期的《诗经》记载了 200 多种植物。东汉时的《神农本草经》记载了 365 种药用植物，是世界上最早的本草学著作。北魏贾思勰所著的《齐民要术》（533～544）总结出豆科植物可以肥田。明代李时珍所著的《本草纲目》（1578）详细描述了 1892 种药物，其中 1094 种是药用植物。清代吴其濬所著的《植物名实图考》（1848）记述了 1714 种栽培植物和野生植物。近代中国的植物学主要从西方引入，我们可以将 1858 年李善兰和英国的韦廉臣合译的《植物学》作为起点。20 世纪初至 30 年代，从西方和日本留学回国的一些植物学家开展了我国植物学的研究和教育工作，他们和最早的一批学生成为我国植物学的奠基人，如钟观光、戴芳澜、李继侗、罗宗洛、秦仁昌等。

1949 年以来，我国植物学有了很大发展，已建立了初步齐全的分支学科，具备一定数量并拥有较为先进的仪器设备的研究机构、教学基地和实验室，同时形成了一支素质较好的研究队伍，植物学的研究水平也有了很大提高。在细胞研究方面，1965 年我国在世界上第一次人工合成具有生命活性的蛋白质——结晶牛胰岛素，开辟了人工合成蛋白质的新纪元，随后，植物性蛋白陆续被人工合成；从 20 世纪 70 年代开始，我国科学家应用植物生物技术开展细胞工程方面的研究，取得了不少国际领先的成果，已培养出小麦、甘蔗、橡胶等 40 多种经济植物的花粉植株，并先后诱导培养出小麦、水稻、玉米等未传粉单倍体植株。现在全世界由胚乳成功培养获得植株的十几种植物，大多数为我国工作者所研究。在柚、水稻、中华猕猴桃和枸杞中得到了真正的三倍体植株。目前，我国植物学家已将 700 多种植物的茎尖和愈伤组织培养成再生植株，并建立起果、林和花卉快速繁殖生产体系，并利用原生质体及培养细胞获得了一批转基因植物。

在植物资源的保护、开发利用方面，我国已建立了 190 多个植物园、树木园和药草园，作为植物引种、驯化和保护珍稀濒危植物的基地。

在基本科学资料图书方面，我国出版了《中国植物志》《中国高等植物图鉴》《中国孢子植物志》，以及地区性植物志、大量图书专著、各分支学科的学报期刊等，对我国植物学发展起到了重要的支撑作用。此外，我国在植物生理，某些经济植物的解剖、胚胎研究、超微结构和我国特有植物的系统发育等方面的研究都取得了很好的成绩，为世界植物学发展做出了一定贡献。

总之，中国植物学研究在 1949 年以后，尤其是近 40 年来取得了巨大成就，为今后进一步的发展奠定了良好的基础。中国植物学的研究、发展正在逐步缩小与国际先进水平的差距，某些分支学科的研究、发展已达国际水平，甚至还占有一定的优势。但总的来说，我国植物学的研究水平与国际相比还有差距。

## 五、植物学分科概述

植物学是研究植物界和植物体发展规律的科学。研究目的是了解和掌握植物生活、发育的规律，从而更好地控制、利用和改造植物，为国家建设服务。植物学研究的内容极为广泛，主要包括植物的形态构造、生理机能、生长发育和分布规律，植物与环境的相互关系，植物的进化与分类和植物资源利用等方面。

随着其他学科的发展，植物学的研究逐渐形成了一些比较专门的研究分科，如植物形态学、植物分类学、植物生理学、植物遗传学和植物生态学等。现摘要介绍如下。

植物形态学：研究植物个体构造、发育及系统发育中形态建成的科学，它已进一步发展为植物细胞学、植物器官学、植物解剖学及植物胚胎学。

植物分类学：研究植物种类的鉴定、植物类群的分类、植物间的亲缘关系，以及植物界的自然系统的科学。按不同的植物类群又派生出细菌学、真菌学、藻类学、地衣学、苔藓学、蕨类学和种子植物学等。

植物生理学：研究植物生命活动及其规律性的科学，包括植物体内物质和能量代谢、植物的生长发育、植物对环境条件的反应等。有的已形成专门学科，如植物代谢生理学、植物发育生理学等。

植物遗传学：研究植物的遗传和变异规律的科学。已发展出植物细胞遗传学和植物分子遗传学等。

植物生态学：研究植物与环境间相互关系的科学。它又可分为植物个体生态学、植物种群生态学、植物群落生态学及生态系统生态学等。

近年来，随着数学、物理学、化学等学科的发展，电子显微镜、电子计算机、激光及其他新技术的应用，引起了生物研究的巨大变化，植物学又形成了许多新的分科，如从分子水平上研究生物生命现象的物质基础的分子生物学。由于分子生物学的新概念和新技术被引入植物学领域，经典植物学与分子生物学相互渗透，形成了一些新的综合研究领域与分科，如植物细胞生物学、植物发育生物学等。植物学的发展充分说明，许多有关的新分支学科或新技术的建立无不是从植物学基础学科中酝酿、分化和吸收了其他学科的成就而形成的。当植物学某一新兴的领域吸收了其他学科的成就或结合了生产实际中的某一方面的需要而得到发展，并逐渐在理论与技术上成熟时，就创立了植物学的新的分支学科。而新的分支学科的形成，又丰富和革新了植物学基础学科的内容和方法，不但本身得到发展，而且又孕育着新的学科的形成。以上发展也说明了基础学科的重要性及其作用。第16届（1999年）和第17届（2005年）国际植物学会议对植物学内容进行了归纳分组，将植物学分为系统与进化植物学、植物生态学、植物结构发育和细胞生物学、植物分子和基因组学、植物生理学、植物生物化学、经济植物学等。这种划分法也大致反映出植物学发展的一般情况。通过学科的渗透交叉和创新提高，植物学必将在探索植物生命的奥秘和发生发展规律方面取得巨大进展。

## 六、学习植物学的要求和方法

"植物学"是一门基础课，因此学习本课程的基本要求就是扎扎实实地掌握植物学的基本知识和基本理论。学好本门课程需要注意以下几点。

第一，必须认真阅读教材，认真了解教材的基本内容，掌握植物学的基本知识和基本理论。

第二，必须注意辨证思维，把握知识间的内在联系。例如，形态结构与生理功能的关系，形态结构与生态环境的关系，个体发育和系统发育的关系，多样性保护和资源利用的关系，基础知识与应用的关系等。一定要防止死板、孤立和片面的思维方式。

第三，加强理论联系实际，一方面，认真做好实验和植物学野外实习，以验证和观察植物学中的一些基本规律、生命活动和多样性等。另一方面，注意观察和联系生活实际、生产实际，试以植物学的基本知识和基本理论来解释生活和生产实际中的问题，并可进一步通过实验来检验自己的分析是否正确。这样既可深刻了解植物学的基本知识和基本理论，又培养了分析问题的能力，而且可以发现一些问题，从而推动进一步的探讨和学习。

第四，要注意了解新成就、新动向、新发展。因为植物学是不断发展的，每年都有许多新的进展，一定要注意知识的更新。要学会并经常查阅国内外重要的植物学期刊和参考书，以了解植物学的新信息。

# 第一章　植物细胞

## 【主要内容】

本章主要介绍植物细胞的基础知识，植物细胞的基本构造，不同细胞器的结构和功能，植物细胞的分裂方式，植物细胞后含物，以及细胞的生长、分化与死亡。

## 【学习指南】

学习本章内容时应结合动物细胞的结构互相对比学习。要掌握各细胞器的显微结构，把握结构与功能之间的关系。学习每部分内容时，最好与实例相结合，这样有利于对知识点的理解和记忆。掌握植物细胞的基本结构，细胞器的形态、结构和功能，植物细胞的繁殖方式。重点掌握植物细胞器的类型和有丝分裂各时期的主要特征。

# 知识点一　植物细胞壁

## 一、植物细胞的结构

种子植物的细胞具有不同的分工。因此，构成不同植物组织的细胞大小不同，性状多样。通常，植物细胞的体积很小，一般种子植物细胞的直径在 10～100μm，必须借助显微镜才能分辨出来。少数植物的细胞较大，例如，西瓜的果肉细胞直径可达 1mm，这些细胞里储藏了大量的水分和营养物质，凭借肉眼即可分辨出来；橡胶树的乳汁管细胞长度可达数十米；棉花纤维细胞长度可达 50cm 以上。对于植物细胞而言，不同形状的细胞与其生理功能是相适应的。例如，双子叶植物叶片表皮细胞呈镶嵌状，使表皮细胞之间紧密连接，起到防止水分蒸发和保护细胞的作用；表皮毛细胞呈分枝状，可以分泌生物碱或有毒物质来驱赶昆虫取食；被子植物的导管细胞呈长筒形，可以有效输导水分和无机盐；纤维细胞多呈长梭形，并聚集在一起，起到支持作用；根毛细胞具有管状突起，增加了与土壤的接触面积，有效地提高了水分和养分的吸收效率（图 1-1）。虽然不同的植物细胞在大小和形状上具有明显差异，但是这些细胞都具有相同的基本结构，包括细胞壁、细胞膜、细胞质和细胞核（图 1-2）。

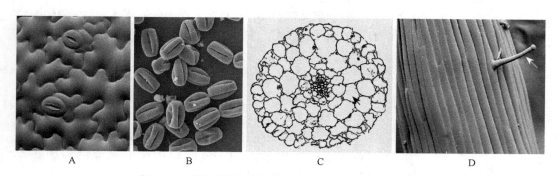

A　　　　　　B　　　　　　C　　　　　　D

图 1-1　不同形状的植物细胞（引自 Liu et al., 2013）

A. 子叶表皮细胞；B. 花粉细胞；C. 胚轴皮层细胞（箭头所指）；D. 胚轴表皮毛细胞（箭头所指）

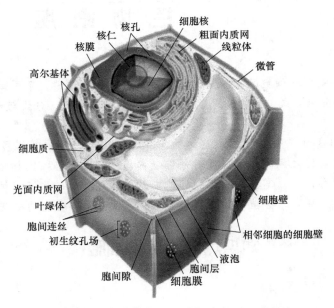

图 1-2 植物细胞模式图（引自 Mauseth, 1998）

## 二、细胞壁的结构

植物细胞与动物细胞的不同之处在于，植物细胞具有由纤维素、半纤维素、果胶质及少量蛋白质构成的特有结构——细胞壁。细胞壁为植物细胞提供了一个外壳，使细胞保持一定的形态，并使细胞处在一个相对稳定的内环境中，对细胞起到支持和保护的作用。此外，细胞壁还参与物质运输、细胞生长与分化、细胞间相互识别等生理过程。

### （一）细胞壁的显微结构

细胞壁根据形成的时间和化学组成的不同可以分为三层：胞间层（intercellular layer）、初生壁（primary wall）和次生壁（secondary wall）（图 1-3）。

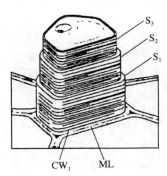

图 1-3 细胞壁的分层结构
（引自曲波和张春宇，2011）
$S_1 \sim S_3$. 次生壁的不同层；
$CW_1$. 初生壁；ML. 胞间层

**1. 胞间层**

胞间层又称中层，是存在于细胞壁最外层，与相邻细胞共有的一层（图 1-3）。胞间层富含果胶（pectin），果胶为多糖类物质，具有黏性且柔软，同时还具有很强的吸水性和可塑性，可以将相邻的两个细胞粘连在一起，且能缓冲细胞之间的压力而又不影响生长。

**2. 初生壁**

初生壁是细胞生长过程中由原生质体分泌出的纤维素、半纤维素、果胶质沉积在胞间层内侧而形成的细胞壁层（图 1-3）。初生壁一般较薄，厚度在 $1 \sim 3 \mu m$，质地较柔软，富有弹性，具有较好的可塑性，可以随着细胞生长而延展。许多植物细胞在形成初生壁后不再有新的壁产生，初生壁便成为它们永久的细胞壁。

　　细胞的初生壁在生长过程中通常不是均匀增厚的，在初生壁上分布有明显凹陷的较薄区域，称为初生纹孔场。在初生纹孔场中集中分布有一些小孔，细胞的原生质细丝从孔上集中穿过，与相邻细胞的原生质体相连。这种穿过细胞壁、沟通相邻细胞的原生质细丝称为胞间连丝。胞间连丝是直径为 40～50μm 的小管状结构，小分子物质和水分可以从胞间连丝里穿行（图 1-4）。胞间连丝在细胞间起到物质运输和信息传递的桥梁作用，使植物细胞形成一个有机的整体。除初生纹孔场外，在细胞壁的其他部位也有少量胞间连丝的分布。

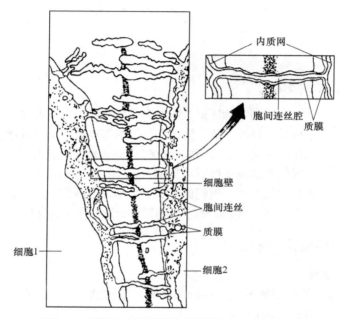

图 1-4　胞间连丝超微结构（引自 Mauseth，1998）

### 3. 次生壁

　　次生壁位于初生壁内侧，是细胞停止生长后，原生质体分泌的纤维素、半纤维素、木质素等物质积累在初生壁内侧而形成的。次生壁一般较厚，为 5～10μm，质地较为坚硬，具有增加细胞壁机械强度的作用。并不是所有的细胞都具有次生壁，一般次生壁只在纤维、导管、管胞、石细胞等细胞分化成熟后原生质体消失的细胞中分化产生（图 1-3）。

　　在次生壁形成时，原初生纹孔场处并不形成次生壁，这种初生壁完全不被次生壁覆盖的区域称为纹孔。纹孔由纹孔腔和纹孔膜组成。纹孔腔是由次生壁围成的腔，它的开口朝向细胞腔，腔底的初生壁和胞间层部分称为纹孔膜。根据次生壁增厚情况的不同，将纹孔分为单纹孔和具缘纹孔两种类型（图 1-5）。具缘纹孔周围的次生壁突出于纹孔腔，形成一个穹形的边缘，纹孔口明显变小；而单纹孔不具有这种突出的边缘。纹孔是细胞壁中较薄的区域，胞间连丝较多地出现在纹孔中，有利于细胞间的物质交换。通常，导管细胞、管胞细胞具有具缘纹孔；石细胞、纤维细胞具有单纹孔。某些植物管胞的具缘纹孔在纹孔膜中部有一圆形增厚部分，称为纹孔塞，其周围部分的纹孔膜称为塞周缘，具有调节

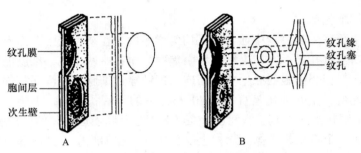

图 1-5　纹孔的类型（引自曲波和张春宇，2011）

A. 单纹孔；B. 具缘纹孔

管胞间水流速度的功能。

## （二）细胞壁的超微结构

▶ 细胞壁
的层次　　🖿 细胞壁
的层次

　　大量的实验证据表明，高等植物细胞壁的基本构架是由纤维素分子构成的纤丝系统。构成细胞壁的基本单位是微纤丝。微纤丝是由葡萄糖分子脱水缩合而成的长链，长链聚合形成微团，微纤丝通过再聚合形成光学显微镜下可见的大纤丝。果胶和纤维素等构成细胞壁的其他物质填充在纤丝间的空隙中，形成非纤维素间质。由于这些物质具有亲水性，因此溶于水的物质可以随着水分的运输透过细胞壁。

## （三）细胞壁的生长与特化

### 1. 细胞壁的生长

　　细胞壁的形成起始于细胞分裂产生的细胞板。细胞壁的生长根据生长方式的不同可以分为表面积的增加和壁的增厚。

　　刚形成的初生壁含有较少的微纤丝，稀疏地分布在胞间层的两侧，横向排列，垂直于细胞生长的长轴。随着发育的进行，细胞逐渐伸长，在初生壁的内表面积累更多的微纤丝。早期微纤丝的排列方向会因细胞壁的纵向伸展而改变，形成不同排列方向和层次的网状结构。绝大多数植物细胞新壁的形成是向着各扩展方向均匀进行的，但根系、花粉管等尖端生长的细胞中形成新壁的物质严格地局限于细胞的顶端。有研究表明，微纤丝在细胞壁中的沉积方向受到质膜内微管的控制，细胞壁的构建受到微管的引导。

　　次生壁是在细胞停止生长后开始堆积的，可以明显地看到内、中、外三层结构。这是形成次生壁的物质以敷着和内填方式积累的结果。所谓敷着生长是指新的壁物质成层地敷着在壁的内表面，而内填生长是新的壁物质插入到原有的结构中。

### 2. 细胞壁的特化

　　有些植物细胞因具有特殊的功能，所形成的细胞壁在化学组成和物理性质上都发生了变化，特化为具有精细结构的特殊细胞。常见的变化有以下几种。

　　（1）角质化　　角质化是细胞壁上积累角质的变化，多发生在植物表面的表皮细胞中。角质是一种聚酯类化合物，发生角质化的细胞壁不易透水，具有防止水分过分蒸腾、避免机械损伤和微生物侵袭的作用。

（2）栓质化　栓质化是指细胞壁中沉积栓质的变化。栓质是一种脂类化合物，主要成分是类木质素，附着的长链烃类使栓质具有很强的疏水性并阻碍水的运输。发生栓质化的细胞壁丧失了透水和透气的能力。因此，栓质化的细胞大多解体成为死亡的细胞。栓质化细胞一般分布于植物的老茎、枝及老根外层，具有防止水分蒸腾、保护植物免受环境条件侵害等功能。

（3）木质化　木质化是细胞壁上填充木质素的变化，是植物细胞次生壁最明显的特征。木质素是由4种醇单体（对香豆醇、松柏醇、5-羟基松柏醇、芥子醇）形成的一种复杂酚类聚合物。木质素与纤维素和半纤维素共同构成植物细胞次生壁的主要成分。植物细胞木质化后硬度增加，增强了植物细胞的机械支持作用。木本植物体内的导管、管胞、木纤维等细胞的细胞壁常常发生木质化的现象。

（4）矿质化　矿质化是指细胞壁中沉积矿质的变化。常见的矿质有二氧化硅和钙等。矿质化作用常发生在植物茎和叶片的表皮细胞。矿质化的细胞壁硬度增加，使植物具有更强的支持力，保护植物免受动物的侵害。玉米、小麦、水稻等禾本科植物的茎、叶表皮细胞的细胞壁，由于沉积了二氧化硅而发生硅质化。

# 知识点二　植物细胞原生质体

## 一、质膜的结构和功能

植物细胞由细胞壁和原生质体两部分组成。原生质体是由质膜包裹细胞中的生活物质——原生质构成的。质膜也称细胞膜，是包围在原生质体表面的由脂质和蛋白质构成的生物膜。除质膜外，细胞内还有包裹各种细胞器的膜，共同构成了细胞的内膜系统。

### （一）质膜的结构

质膜是由脂质双分子层和与其结合的蛋白质分子所组成的，此外还有少量的糖类参与其中。在电子显微镜下，质膜的厚度约为7.5nm，呈现出明显的暗—明—暗三条带：两侧暗带中间夹着一个明带。其中，明带主要由脂质双分子层的疏水端构成，暗带主要由脂质双分子层的亲水端和蛋白质构成。以上三层结构构成了质膜的一个基本单位，称为单位膜。一般认为，磷脂是组成脂质双分子层的主要成分。质膜中脂质双分子层的烃链"尾部"由于疏水作用相互组装在一起尾尾相接，朝向质膜中央，而含磷酸的亲水"头部"朝向质膜的内、外两侧，这样形成一个包裹着细胞质的连续的脂质双分子层（图1-6）。

关于蛋白质在膜上的分布，科学家提出了很多模型。目前普遍接受的是"流动镶嵌模型"学说。该学说认为：脂质双分子层构成了膜的骨架，在膜上有很多球状蛋白，以各种方式镶嵌在脂质双分子层中。它们有的结合在膜的内、外表面，有的深深地嵌入脂质双分子层中，还有的贯穿整个双分子

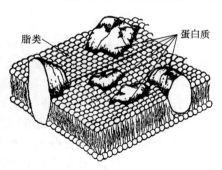

图1-6　细胞膜结构模式图
（引自曹慧娟，1992）

层；而且，膜的结构不是一成不变的，膜及其组成物质是高度动态变化的，具有一定的流动性。构成单位膜的分子都可以在膜内自由扩散，迅速改变形状，快速重排，以适应各种生理变化。

### （二）质膜的功能

质膜作为构成细胞的重要成分具有十分重要的功能，具体包括以下几方面。

1）由于质膜的包裹，不同细胞间彼此分开，而形成相对独立的单元，为细胞的生长和代谢等生命活动提供稳定的内环境。

2）生物膜既可以选择性地从环境中吸收水分、盐类和其他必需物质，又可以防止有害物质进入细胞。质膜通过内陷作用吞食液体的过程称为胞饮作用，吞食固体大颗粒物质的过程称为吞噬作用。细胞也可以通过胞吐作用将代谢废物排出胞外。所谓胞吐作用是指在质膜的参与下细胞将胞内物质向胞外排出的过程。

3）质膜参与形成细胞表面的特化结构。

4）质膜为细胞间识别提供识别位点，使信号由胞外向胞内传递成为可能。

5）为多种酶提供结合位点，使酶促反应高效进行。

## 二、细胞质

真核生物细胞质膜以内、细胞核以外的部分称为细胞质。在显微镜下可以观察到，细胞质呈透明、黏稠状，具有流动性，其中分散着许多细胞器。除细胞器外，细胞质中还具有无一定形态结构的细胞质基质，也称胞基质。

### （一）胞基质

胞基质是包围细胞器的细胞质成分，是透明、无特定形态的胶状物质，具有一定的黏性。胞基质的主要成分包括水、无机盐、糖类、氨基酸、核苷酸、溶解的气体等小分子物质，以及蛋白质、RNA、酶类等大分子物质。胞基质是进行各种复杂代谢活动的场所，它为各种生命活动和细胞器执行功能提供了必需的物质和环境介质。在生活细胞中，胞基质处于不断的运动状态，带动其中的细胞器在细胞内做有规则的、持续的流动，这种运动称为胞质流动。胞质流动加快了细胞内物质和能量的转换效率、促进了细胞器之间的相互联系，对细胞内物质转运也起到了重要作用。

### （二）细胞器

细胞器是具有一定的形态、结构和特定功能的亚细胞结构。绝大多数细胞器是由膜所包裹的，有的细胞器没有膜的结构。根据细胞器有无膜的结构和构成细胞器的膜的层数，可以将其分为具有双层膜的细胞器、具有单层膜的细胞器和非膜系统的细胞器。

**1. 具有双层膜的细胞器**

（1）质体　　质体是一类与糖类的合成与贮藏密切相关的细胞器，是植物细胞中特有的一类细胞器。根据所含色素、结构和功能的不同，可以将质体分为叶绿体、有色体和白色体三类。所有的质体都是由双层膜包围液态的基质构成的。基质中包含基因组、蛋白质和 RNA，但质体的生长和增殖受到核基因组和自身基因组两套遗传系统的控制，因此称为半自主性细胞器。质体是由前质体发育而来的，前质体直径在 0.2～1.0μm，通常呈球形或卵圆形，主要存在于根尖、茎尖等分生组织的细胞中。随着细胞的分化，前质体在绿色组织中发育成叶绿体，在缺乏叶绿体的组织中发育成白色体，在有色组织中发育成有色体。

1）叶绿体：叶绿体是负责捕获能量进行光合作用的质体，只存在于植物的绿色组织中。叶绿体中含有叶绿素、叶黄素和胡萝卜素三种色素。其中，叶绿素是最主要的光合色素，它能吸收和利用光能，直接参与光合作用。其他两种色素不直接参与光合作用，但可以将吸收的光能传递给叶绿体，起到辅助光合作用的功能。植物叶片的颜色与这三种色素的比例有关：通常情况下，叶绿素含量丰富的叶片呈现绿色；当叶片缺乏营养、遭受低温等环境胁迫或衰老后，叶绿素的含量降低，叶片便呈现黄色或橙黄色；某些植物秋天叶片变为黄色或红色，主要是由叶绿素分解，叶黄素、胡萝卜素及液泡中花青素的含量占据优势导致的。在农业生产中，可以根据叶片的颜色判断植物是否缺乏营养元素，及时采取补救措施，以保证产量。

高等植物的叶绿体呈球形、卵形或凸透镜形（图1-7）。在电子显微镜下，叶绿体由内膜和外膜两层单位膜包围，内部有膜包围形成的圆盘状的囊，称为类囊体。类囊体有规律地垛叠在一起，形成圆柱形的颗粒，称为基粒。形成基粒的类囊体称为基粒类囊体。而连接在基粒之间，由基粒类囊体延伸出来的呈分支网管状或片层状的类囊体称为基质类囊体或基质片层，其内腔与相邻基粒的类囊体腔相互贯通，构成一个封闭系统（图1-7）。与光合作用相关的色素和电子传递系统都位于类囊体膜上。在叶绿体内膜与类囊体之间还存在叶绿体基质，基质中含有与代谢相关的酶类、DNA、核糖体、淀粉粒、含脂类的嗜锇颗粒等。

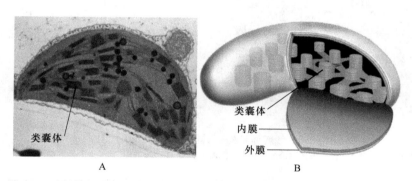

图1-7 叶绿体的电子显微镜图（A）及结构示意图（B）（引自 Karp，2013）

叶绿体是进行光合作用的场所。叶绿体在酶的催化作用下利用光能将二氧化碳和水合成有机物，同时释放氧气。光合作用的本质是将光能转化为化学能贮存在植物细胞中。光合作用分为光反应和暗反应两个过程。光反应是在类囊体上进行的，包括光能吸收、电子传递和光合磷酸化三个反应步骤。叶绿体光合色素分子吸收光能，并将光能转化为化学能，产生 ATP 和 NADPH。暗反应在基质中进行，在酶的催化下，利用光反应产生的能量将二氧化碳固定为碳水化合物。

2）有色体：有色体是仅含有类胡萝卜素的质体。类胡萝卜素包括叶黄素和胡萝卜素两种色素。有色体常呈现椭圆形、球形、纺锤状、棒状或不规则的形状，存在于植物的花瓣、成熟的果实及衰老的叶片中，由叶绿体形成，也可由前质体直接产生。在电子显微镜下，有色体也由双层膜包裹，但在基质中没有发达的膜结构，也不形成基粒。有色体在植物细胞中的功能尚不明确，推测可能与脂类或淀粉的积累有关。

3）白色体：白色体是不含任何色素的质体，普遍存在于幼嫩的或不见光的组织细胞中，以甘薯、马铃薯地下器官的贮藏组织及胚中最为常见。白色体近似球形或不规则形状，表面由双层膜包裹，内部构造简单，仅有少数不发达的片层结构。白色体的主要功能是积累淀粉、脂肪和蛋白质等物质，使其转化为淀粉粒、油滴和糊粉粒。根据贮藏物质的不同可以将白色体分为三类：贮藏淀粉的称为造粉体或淀粉体，贮藏脂肪的称为造油体或油体，贮藏蛋白质的称为造蛋白体或蛋白体。

（2）线粒体　　线粒体普遍存在于植物细胞中，是细胞进行氧化呼吸作用的场所。在光学显微镜下，线粒体多呈线状或颗粒状，大小和数目因细胞类型的不同而有所差异。在电子显微镜下，线粒体是由双层膜构成的囊状结构，由外膜、内膜、膜间隙和基质组成。线粒体的外膜较平整，包围在线粒体外围，内膜向腔内突出形成嵴，增加了内膜的表面积（图 1-8）。嵴的数量与细胞的代谢状态关系密切。通常，代谢较旺盛、需要能量较多的细胞中线粒体内嵴的数量也相对较多。在线粒体嵴的表面有许多由头、柄和基部组成的粒体，称为电子传递体。电子传递体是一个多组分构成的酶复合体，称为 ATP 合成酶，是氧化磷酸化反应的关键部位。线粒体的膜间隙中含有多种酶、底物和辅助因子，基质中也含有多种脂类、RNA、蛋白质等物质。线粒体的生理功能是进行呼吸作用，将光合作用积累的有机物分解成二氧化碳和水，同时释放出能量。

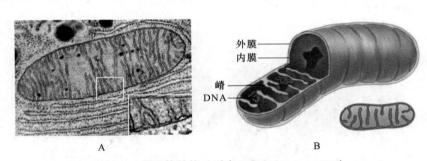

外膜
内膜
嵴
DNA

A

B

图 1-8　线粒体结构（引自 Pollard et al.，2017）

A. 线粒体电子显微镜图（右下角图示为中间白框的放大图）；B. 线粒体立体（上）及剖面结构（下）模式图

线粒体基质中还含有环状的 DNA 分子和核糖体。与基因组 DNA 不同的是，线粒体中的 DNA 仅编码少数与其自身功能相关的蛋白质，而决定整个遗传性状的基因仍需要基因组 DNA 编码。因此，线粒体与叶绿体一样，都属于半自主性细胞器。

**2. 具有单层膜的细胞器**

（1）内质网　　内质网是细胞质中由单层膜构成的管状、泡状或腔所构成的网状系统。在电子显微镜下，内质网的片层呈两层平行的膜，两层膜中间充满基质。内质网膜可以与核膜、质膜等相连，也可以通过胞间连丝与相邻细胞的内质网发生联系，构成一个沟通各个细胞并涉及蛋白质、脂类等物质运输的膜系统（图 1-9）。内质网根据外表面有无核糖体，可以分为两种类型：粗面内质网和光面内质网。粗面内质网的主要功能是参与蛋白质的合成、修饰、加工和运输；光面内质网的功能则与糖类和脂类的合成有关。

（2）液泡 液泡是植物细胞特有的细胞器，也是植物细胞区别于动物细胞最显著的特征。液泡由单层的液泡膜包裹，膜内充满由多种有机物和无机物构成的水溶液，称为细胞液。液泡膜具有选择透过性，能使糖、生物碱、色素、无机盐、有机酸和次生代谢产物大量积累在液泡中。液泡中这些物质的积累与植物细胞渗透压的调节、膨压的维持和水分的运输有着密切的关系。同时，高浓度的细胞液有助于提高植物的抗旱和抗寒能力。幼小的植物细胞中液泡通常较小，但数量众多，散布在细胞质中。随着细胞的生长和分化，小液泡不断增大，逐渐合并成为一个或少数几个较大的液泡，称为中央大液泡。中央大液泡可以占据细胞体积的90%以上，将细胞质和细胞器挤向细胞壁，从而

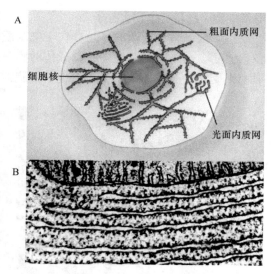

图1-9 内质网（引自Pollard et al., 2017）
A. 内质网结构模式图；B. 内质网电子显微镜图

使细胞质与环境之间有了更大的接触面积，有利于代谢的进行。

（3）高尔基体 高尔基体是细胞质中与分泌作用相关的细胞器。每个高尔基体由数目不等的扁囊平行排列在一起构成，呈弯曲状，形成凸面和凹面两个面。每个扁囊由单层膜包围而成，中间具腔，边缘膨大且具有穿孔，囊的边缘可以分离出许多小泡，称为高尔基小泡（图1-10）。高尔基体的主要功能是：将内质网中合成的蛋白质进行加工、分选与包装，然后分类别运送到细胞特定的部位或分泌到胞外。粗面内质网运来的蛋白质在高尔基体中形成分泌泡，然后从高尔基囊泡上断离，分泌颗粒不断浓缩，最后排出细胞；另外高尔基体还与细胞壁的形成有关，细胞壁基质多糖在高尔基体中合成；此外，高尔基体还与溶酶体的形成有关。

（4）溶酶体 溶酶体是由单层膜包被的囊泡状细胞器，主要由高尔基体和内质网分离的小泡生成，内含多种水解酶（图1-11）。当溶酶体外膜破裂时，内部的酶类活化，可以

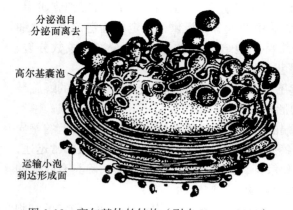

图1-10 高尔基体的结构（引自Karp, 2013）

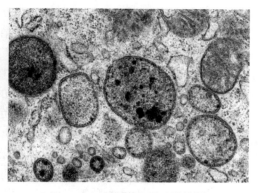

图1-11 溶酶体电子显微镜图
（引自Glaumann et al., 1975）

分解细胞中的各类生物大分子。

（5）圆球体　　圆球体是存在于细胞质中的球状小体，内含水解酶、脂肪酶，可以积累脂肪。在电子显微镜下，圆球体的膜只具有一层不透明的暗带，是一种半单位膜构成的细胞器。圆球体是一种贮藏性的细胞器，是脂肪积累的场所，当圆球体中大量积累脂肪后，会变成透明的油滴。圆球体中的脂肪酶可以在一定条件下水解脂肪，生成甘油和脂肪酸。

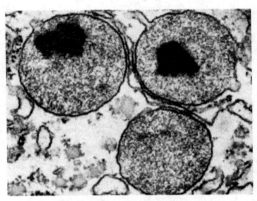

图 1-12　过氧化物酶体电子显微镜图
（引自 Pollard et al.，2017）

（6）微体　　微体是由单层膜包围的微型小体，大小和形状与溶酶体相似。与溶酶体不同的是，微体内含有的酶为氧化酶和过氧化氢酶。微体包括两种类型：过氧化物酶体和乙醛酸循环体。过氧化物酶体中含有多种氧化酶，存在于高等植物光合细胞中，与叶绿体和线粒体合作共同完成光呼吸作用（图 1-12）。乙醛酸循环体中含有乙醛酸循环酶系，存在于油料作物种子中。在种子萌发时，通过乙醛酸循环将脂类物质转化为糖类，供种子萌发时使用。

### 3. 非膜系统细胞器

（1）核糖体　　核糖体也称核糖核蛋白体，是细胞合成蛋白质的细胞器。在电子显微镜下，核糖体呈球形颗粒状，没有膜的包裹。完整的核糖体由大、小两个亚基构成，小亚基可以识别并结合 mRNA 的起始密码子；大亚基含有转肽酶，催化肽链合成。在真核细胞中，核糖体大多附着在内质网上，构成粗面内质网，负责合成膜蛋白和分泌性蛋白；有少部分核糖体游离在细胞质中，负责合成结构蛋白、基质蛋白与酶类。在生长旺盛、代谢活跃的细胞中，核糖体的数量相对较多。在电子显微镜下可以观察到，一个 mRNA 分子上结合多个核糖体形成多聚核糖体的现象。细胞中多聚核糖体数量是细胞内蛋白质合成水平的标志。

（2）细胞骨架　　细胞骨架是真核生物细胞中呈网状或纤丝状的蛋白纤维网架体系，由微丝、微管和中间纤维构成。细胞骨架是一个相互连接的网络状结构，贯穿细胞质中，成为细胞内的骨骼状支架。细胞骨架为细胞质中的大分子提供了稳定的锚定位点，为细胞器合成提供支持。此外，细胞骨架还在维持细胞结构的稳定、有丝分裂及减数分裂、鞭毛运动、细胞壁的形成等过程中都发挥了重要的作用。

1）微丝：微丝又称肌动蛋白纤维，直径为 7nm，是由肌动蛋白亚单位组成的螺旋纤维（图 1-13）。微丝在细胞中常以微丝束的形式出现，每束由数量不等的微丝组成。微丝具有极性，微丝正端肌动蛋白的装配和负端的解离处于动态之中，这种动力学上的差异造成微丝的正端生长、负端收缩，这种现象称为踏车现象。微丝的装配和解聚非常迅速，细胞松弛素和鬼笔环肽等物质可以抑制微丝解聚，起到稳定微丝的作用。除具有收缩的功能外，微丝还可以与微管配合，控制细胞器运动和胞质流动。

2）微管：微管是由微管蛋白聚合而成的、中空的长管状结构，是一种不稳定的细胞器（图 1-14）。构成微管的微管蛋白包括 α-微管蛋白和 β-微管蛋白两种，二者通过形成二

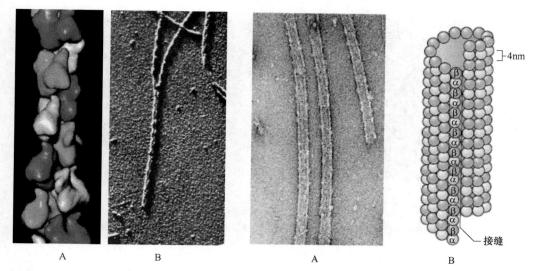

图 1-13　微丝的结构（引自 Karp，2013）　　　　图 1-14　微管的结构（引自 Amos et al.，1977）

A. 微丝结构示意图；B. 微丝电子显微镜图　　　　A. 电子显微镜下的微管；B. 微管蛋白聚合形成微管的模式图

聚体，进一步组装成线性聚合体，称为原纤维，13 条原纤维螺旋盘绕成直径为 25nm 的中空管状结构。与微丝相同，微管也具有极性，呈现正端生长、负端收缩的踏车现象。低温、压力、秋水仙素等外界条件可以破坏微管的结构。微管具有维持细胞形态、参与细胞壁的形成与生长、影响细胞及细胞器的运动等功能。

3）中间纤维：中间纤维又称中间丝，是直径 8～12nm 的中空管状蛋白质丝。中间纤维主要围绕细胞核分布，并扩展到细胞膜，与其相连。与微丝和微管相比，中间纤维具有较好的稳定性，主要起支撑作用。

## 三、细胞核

细胞核是遗传物质 DNA 的主要存在部位，是细胞遗传和代谢调控的中心，对细胞的代谢、生长、分化都起着十分重要的作用。

### （一）细胞核的形态

每个植物细胞通常只含有一个细胞核，多核现象常见于绒毡层细胞、禾本科早期的胚乳细胞等细胞中。通常情况下，细胞核呈球形、椭圆形或长圆形。在幼嫩细胞中，细胞核位于细胞中央，占据较大比例。在成熟细胞中，由于液泡的挤压，细胞核靠近细胞壁，呈现扁圆形。细胞核的大小和形状受其在细胞质内的位置、细胞的功能、生理状态等因素影响。

### （二）细胞核的结构

细胞核的结构根据所处的细胞分裂时期不同而产生变化。细胞分裂周期可以分为间期和分裂期。在光学显微镜下，间期的细胞核具有明显的结构特征，一般可分为核膜、核仁和核质三个部分（图 1-15）。

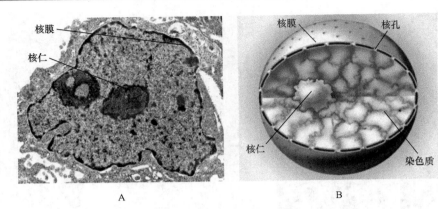

图 1-15　细胞核的结构

A. 细胞核电子显微镜图（引自 Franke，1974）；B. 细胞核模式图（引自 Karp，2013）

**1. 核膜**

核膜由双层膜构成，两层膜之间有 20～40nm 的间隙，称为膜间腔。外膜表面附着有核糖体，内膜与染色质接触。在核膜上还有一些环形开口，称为核孔。核孔可以根据细胞代谢的状态进行开闭，起到控制细胞核与细胞质之间物质交换的作用。在核膜的内侧还有一层由中间纤维构成的网络状结构，称为核纤层，它与内膜相结合，为核膜和染色质提供了支架，介导了两者之间的相互作用，参与细胞分裂过程中核膜的解体和重建。

**2. 核仁**

核仁是真核生物细胞间期最显著的结构，伴随着有丝分裂表现出周期性的消失与重建。在光学显微镜下，核仁呈小球形，由 RNA 和蛋白质构成，无膜包被。核仁的大小、形状和数目依细胞的类型和状态不同而不同。通常蛋白质合成旺盛、生长代谢活跃的细胞核仁较大，而代谢不活跃的休眠细胞核仁很小。核仁是制造核糖体的场所。核糖体的大、小亚基主要在核仁中形成。此外，核仁还具有控制 RNA 由细胞核进入细胞质以及遗传信息传递的作用。

**3. 核质**

核质是核膜以内、核仁以外的透明状胶质成分。核质经染色着色较重的部分称为染色质（图 1-15B）。真核生物的染色质由 DNA、RNA、组蛋白和非组蛋白构成。在光学显微镜下可以观察到许多粗细不等的长丝交织在一起形成网状结构，根据形态的不同可以将染色质分为常染色质和异染色质。常染色质呈细丝状，是松散状态的 DNA 长链分子。异染色质染色较深，呈团块状分布于核膜内，是高度缠绕的聚合状的 DNA 分子。这些染色质细丝在细胞分裂过程中高度螺旋缠绕形成染色体。染色体与染色质的化学成分相同，是染色质的另一种状态。

## （三）细胞核的功能

细胞核是细胞内遗传物质主要的集中场所，因此，细胞核的主要功能是储存和传递遗传信息，在细胞遗传中发挥重要作用。此外，细胞核通过控制蛋白质的合成来调控细胞的生理活动。细胞核的活动也受到细胞质中合成的物质以及胞外信号的调控，这些调控物质进入核内，使细胞核的活动做出相应的改变，以适应细胞生理活动的需要。

### （四）细胞核的进化

细胞起源于非细胞形态的原始生命，后随着环境的变化逐渐演变为原始的细胞形态，继而进化为原核生物和真核生物。当地球上尚缺乏氧气时，原始的非细胞原始生命不能自己制造食物，需要通过外界来源的异养条件生存。在长期的演化过程中，原始生命的结构不断复杂化，进化出了细胞膜，从而出现了原始细胞的形态。

原始细胞的构造尚不完善，其中只含有核酸和蛋白质等简单的物质，没有细胞核的发生。经过数亿年的消耗，原始海洋中的有机物被消耗殆尽，太阳光中的紫外线使水分解产生氧气，使得原始细胞从厌氧细胞过度为好氧细胞。原始细胞中产生的色素可以利用太阳的能量合成有机物，至此，原始细胞演化为自养细胞。随着不断的演化，细胞的物质和结构进一步完善，逐渐发展为原核细胞和真核细胞。原核细胞中的遗传物质没有被膜包围，而真核细胞具有真正的细胞核，核内有染色质、核仁和核液。

📖 植物细胞
的结构总结

# 知识点三　植物细胞的增殖

植物体能够不断地生长，除细胞体积的增加外，主要通过细胞分裂进行增殖，来增加细胞的数量。植物细胞的分裂方式有三种：无丝分裂、有丝分裂和减数分裂。

## 一、无丝分裂

无丝分裂又称直接分裂，分裂过程比较简单，分裂时核内不出现染色体，核仁首先分裂为两个，随后细胞核沿着核仁的排列方向伸长，中部凹陷变细，最终断开形成两个子核，并在双核间形成新壁。无丝分裂的特点是：遗传物质不经复制，不能均匀地分配到两个子细胞中，因此不能保证遗传的稳定性。无丝分裂常见于低等植物和某些高等植物中。植物的胚乳、愈伤组织等细胞中常发生无丝分裂。

## 二、有丝分裂

有丝分裂也称间接分裂，是细胞分裂中最普遍的一种方式。细胞有丝分裂过程中出现染色体和纺锤丝，有丝分裂由此得名。有丝分裂是一个连续变化的过程，从上一次分裂结束开始，到下一次细胞分裂结束为止的整个过程构成一个细胞周期。有丝分裂形成的两个子细胞具有与母细胞相同数量的染色体，因此遗传了母细胞所有的特性，保证了细胞在遗传上的稳定性。一个完整的有丝分裂细胞周期包括分裂期（M 期）、分裂间期和胞质分裂期。分裂间期可分为 $G_1$ 期、S 期和 $G_2$ 期；分裂期又可分为前期、中期、后期和末期 4 时期。

### （一）分裂间期

分裂间期是从上一次分裂结束到下一次分裂开始之前的一段时期。在分裂间期，细胞核具有核膜、核仁及染色质，细胞没有明显的结构变化。此时，细胞中正在进行一系列复杂的生理代谢活动，如 DNA 的复制，为细胞分裂做好一切准备。

**1. G₁期**

G₁期是上一次有丝分裂完成到 S 期开始之前的间隔期。G₁期为 S 期时 DNA 的复制做准备。在 G₁期的晚期，细胞为 DNA 复制合成前体物质、酶类。

**2. S 期**

S 期是合成 DNA 的时期。DNA 分子在 S 期复制，含量增加一倍，染色质丝转变为由着丝点相连的两条染色质丝。

**3. G₂期**

G₂期为 S 期以后，分裂期前的准备时期，持续时间较短。G₂期的细胞中，每条染色体由两条相同的染色单体组成，细胞中的 DNA 含量不再发生变化，仅合成少量 RNA 和微管蛋白。

## （二）分裂期

细胞经历了分裂间期后就会进入分裂期。细胞的有丝分裂是一个连续的过程，为了便于描述，人为地将分裂期划分为前期、中期、后期和末期（图 1-16）。

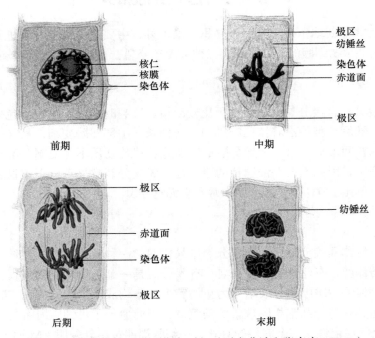

图 1-16　植物细胞有丝分裂期各时相（引自曲波和张春宇，2011）

**1. 前期**

前期是分裂期最开始的时期。这个时期，细胞核内的染色质凝聚、缩短，形成染色体；核仁解体、核膜消失。这一时期的染色体由两条染色单体构成，每条染色单体以着丝点相连，核膜周围出现大量微管，纺锤体开始形成。

**2. 中期**

有丝分裂中期的特征是染色体排列到细胞中央的赤道面上，纺锤体完全形成。核膜破裂后，纺锤体清晰可见。纺锤体是由纺锤丝构成的，而纺锤丝是由微管构成的。染色体在纺锤丝的牵引下逐渐集中在细胞的中部，使着丝点均匀地排列在赤道面上。

**3. 后期**

在细胞有丝分裂后期，排列在赤道面上的两条姐妹染色单体从着丝粒处分开，成为两条独立的染色体，并在纺锤丝的牵引下向细胞两极移动，直至染色体到达两极。在这个过程中，纺锤丝和着丝点发挥了重要的作用。利用秋水仙素等药剂处理细胞后，破坏纺锤体的形成，染色体就不会发生移动了，这样可以形成多倍体。

**4. 末期**

染色体到达细胞两极后末期随即开始。末期的主要特征是染色体解螺旋，恢复为染色质；核膜和核仁重新出现。染色体经解螺旋后逐渐变成细丝或颗粒状的染色质。同时，在核区周围由粗面内质网分化出核膜，包围在染色质外，而后新核仁出现，形成两个子核。

### （三）胞质分裂期

有丝分裂中细胞质的分裂发生在末期。染色体接近两极时，两极的纺锤丝首先消失，但两个子核之间的纺锤丝变得越来越密集，形成纤丝状的成膜体。内质网分离出小泡并移动到成膜体，高尔基体合成大量与细胞壁形成相关的物质，通过囊泡运输的方式运输到成膜体（图 1-17A）。各类囊泡集中汇集在赤道面附近，与成膜体中的微管融合，释放出内部包裹的与细胞壁形成相关的物质，由赤道面的中央向外扩展，逐渐形成细胞板，最终到达细胞侧壁（图 1-17B）。在这个过程中，各囊泡的被膜相互融合在细胞板两侧，新的细胞壁及细胞膜逐渐形成（图 1-17C）。

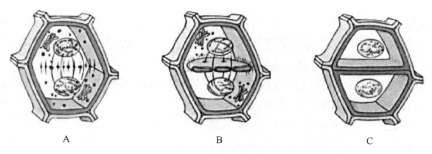

图 1-17 胞质分裂示意图（引自 Mauseth，1998）

A. 两细胞核间的成膜体捕获高尔基体形成的囊泡；B. 囊泡不断融合增大，形成细胞壁中层，在两侧形成初生壁；C. 新的细胞壁及细胞膜形成

## 三、减数分裂

减数分裂是指有性生殖的个体在形成生殖细胞过程中发生的一种特殊分裂方式，不同于有丝分裂和无丝分裂，减数分裂仅发生在生命周期某一阶段，它是进行有性生殖的生物性母细胞成熟、形成配子的过程中出现的一种分裂方式。受精时雌雄配子结合，恢复亲代染色体数，从而保持物种染色体数的恒定。减数分裂的过程包括减数分裂间期和分裂期。通常情况下，高等植物减数分裂间期的持续时间较长，DNA 分子在间期合成。减数分裂的具体过程如下。

## （一）减数分裂的第一次分裂（减数分裂Ⅰ）

减数分裂的第一次分裂包括前期Ⅰ、中期Ⅰ、后期Ⅰ和末期Ⅰ。

**1. 前期Ⅰ**

减数分裂前期Ⅰ持续的时间相对较长，染色体的形态变化复杂，通常可以划分为前细线期、细线期、偶线期、粗线期、双线期及终变期6个时期。

1）前细线期：细胞核中的染色质开始凝缩，出现螺旋丝，在光学显微镜下，一般难以分辨。

2）细线期：细胞核内的染色体变成丝状，染色体出现两条染色单体，核和核仁的体积有所增大。

3）偶线期：来源于父本和母本的同源染色体两两靠拢，相同位置的基因相互配对，出现联会的现象。

4）粗线期：完成同源染色体配对后，染色体进一步缩短变粗。粗线期中两条同源染色体中的染色单体在相同的位置发生染色体片段的交换。交换导致了染色体上基因序列的改变，增加了后代的变异，使后代的遗传多样性增加。

5）双线期：同源染色体继续缩短变粗，并开始相互排斥，发生分离。

6）终变期：此时的染色体已经缩至最小的程度，表面变得光滑，并移向核膜的内侧。随后，核膜消失、核仁解体，细胞内开始出现纺锤丝。

**2. 中期Ⅰ**

中期Ⅰ染色体的螺旋已经达到最大程度。两条同源染色体分别排列在赤道面两侧，纺锤体形成。

**3. 后期Ⅰ**

后期Ⅰ纺锤丝牵引两条同源染色体向两极移动，两条同源染色体彼此分离。

**4. 末期Ⅰ**

两组染色体分别到达各自的一极。此时，某些物种的细胞会重新形成核膜，染色体解螺旋，而有些物种则不发生此现象。

在完成减数分裂第一次分裂后，有些细胞会在赤道面处形成细胞板，发生胞质分裂，形成两个子细胞，此时的两个子细胞彼此相连，称为二分体。有些植物要在第二次分裂后才进行细胞质的分裂。

## （二）减数分裂第二次分裂（减数分裂Ⅱ）

第一次减数分裂完成后紧接着第二次分裂，或者有一个短暂的分裂间期。在第二次分裂之前，并没有DNA的复制和染色体的加倍，而是两条姐妹染色单体的彼此分离，产生单倍体的子细胞。通常，可以将减数分裂Ⅱ分为以下4个时期。

**1. 前期Ⅱ**

减数分裂的前期Ⅱ根据末期Ⅰ是否发生染色体解螺旋而有所不同。如果在末期Ⅰ时已经发生染色体螺旋解体，则染色体重新形成螺旋而缩短；如果没有发生螺旋解体，则前期Ⅱ通常会很短暂。在本期的最末，会在两个极区之间形成纺锤体，核膜再次消失。

**2. 中期Ⅱ**

此时，染色体的着丝粒排列在赤道面上，两条染色单体分列在赤道面两侧，纺锤体重新形成。

**3. 后期Ⅱ**

着丝点分裂，两条染色单体彼此分开，并在纺锤丝的牵引下分别移向两极。

**4. 末期Ⅱ**

核膜重新出现，染色体解螺旋，核仁重新出现。而后，在赤道面处形成细胞板，细胞质发生分裂，形成两个子细胞。减数分裂后所形成的 4 个子细胞没有发生分离前称为四分体。四分体中的 4 个细胞彼此分离后所形成的子细胞染色体数目只有母细胞的一半。

减数分裂产生的子细胞都是单倍性的，通过生殖细胞的融合形成二倍体的合子，使细胞中染色体的倍性得到恢复，从而保证了遗传的稳定性。另外，在减数分裂过程中，同源染色体发生了染色体片段的交换，使遗传物质发生重组，丰富了植物的变异，有利于后代适应环境的变化（图 1-18）。

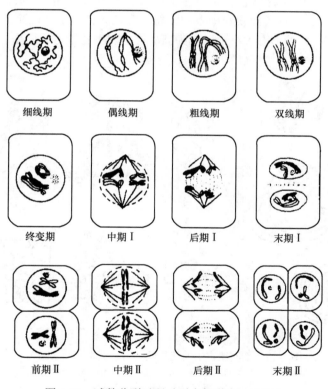

图 1-18　减数分裂过程（引自杨世杰，2000）

# 知识点四　后　含　物

植物细胞在生活过程中，除了为自身的发育提供营养物质和能量外，还会产生代谢的中间产物、贮藏的营养物质及代谢废弃物，即后含物。后含物是指植物细胞原生质体代谢过程中的产物，包括贮藏的营养物质，如淀粉、蛋白质、脂类等；以及代谢废弃物，如草酸钙晶体和碳酸钙晶体；还有次生代谢产物如酚类、生物碱等。它们都是细胞代谢过程中的产物，可以在细胞生活的不同时期产生和消失。

## 一、淀粉

淀粉是植物细胞中最普遍的贮藏物质，通常呈颗粒状存在，被称为淀粉粒。淀粉是植物在光合作用过程中形成的，贮存在造粉体内，一个造粉体内可以形成一个或多个淀粉粒。淀粉粒形成时从一个中心开始，从内向外层层沉积直链淀粉和支链淀粉。这个中心称为脐点或粒心，环绕脐点的同心层次称为轮纹。轮纹的形成是因为直链淀粉和支链淀粉相互交替、分层沉积，且二者对水的亲和力不同，从而产生了折光上的差异。淀粉粒通常分为单粒、复粒和半复粒三种。单粒淀粉只有一个脐点，围绕脐点形成许多轮纹；复粒淀粉有两个以上的脐点，每个脐点有各自的轮纹；半复粒淀粉除每个脐点有各自的轮纹外，外面还包围着共同的轮纹。

不同植物中的淀粉粒的形态、大小差别较大（图 1-19）。稻米的淀粉粒全是复粒淀粉，大小为 3～5μm；马铃薯淀粉粒中单粒淀粉、复粒淀粉和半复粒淀粉均可见，其大小为 70～100μm。淀粉粒的形态大小可以作为商品检验和生药鉴定的依据。

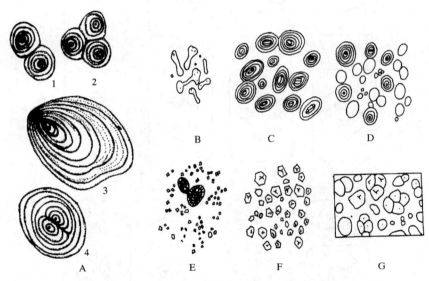

图 1-19  不同植物中的淀粉粒（引自贺学礼，2008）

A. 马铃薯；B. 大戟；C. 菜豆；D. 小麦；E. 水稻；F. 玉米；G. 甘薯

1，2. 复粒；3. 单粒；4. 半复粒

## 二、蛋白质

贮藏的蛋白质与构成原生质体的蛋白质不同，一般呈无活性、比较稳定的状态。贮藏的蛋白质有拟晶体和糊粉粒两种形式。拟晶体呈结晶状，具有晶体和胶体的双重性质，

因此称拟晶体。蓖麻的胚乳细胞（图1-20）、马铃薯块茎近外围的薄壁细胞中，蛋白质都以拟晶体形式存在。糊粉粒是在液泡中形成的无定形的蛋白质，常呈圆球状。在玉米、水稻、小麦（图1-21）等胚乳的最外层细胞中含有较多的糊粉粒，因此这一层细胞被称为糊粉层。

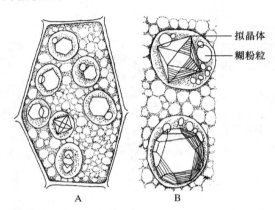

图1-20　蓖麻种子的糊粉粒（引自姜在民等，2006）
A. 一个胚乳细胞；B. A中一部分的放大，示拟晶体和糊粉粒

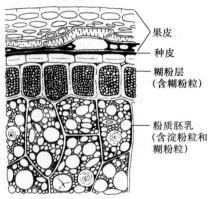

图1-21　小麦籽粒横切面
（引自姜在民等，2006）

## 三、脂类

脂类物质在氧化时可以释放出较多的能量，因此是植物细胞中体积最小但释放能量最多的贮藏物。在常温下为固体的称为脂肪，为液体的则称为油滴（图1-22）。植物细胞中或多或少都有脂类物质，但通常以种子和果实中含量最多，如大豆、花生、油菜等的子叶，蓖麻的胚乳中也含有大量的脂肪。脂类物质的形成有多种途径，质体和圆球体都能积聚脂类物质，发育成油滴。

## 四、晶体

在植物细胞中，无机盐会形成各种不同形状的晶体。最常见的晶体是草酸钙晶体和碳酸钙晶体。晶体一般在液泡中形成，通常被认为是代谢废弃物，形成晶体后避免了其对细胞的毒害作用，但是有一些也可以被再利用。

图1-22　椰子胚乳细胞中的油滴
（引自胡金良等，2012）

晶体在植物体内分布很普遍，不同的植物体及不同部位中都含有晶体。草酸钙晶体一般有多种形态，如针晶、单晶、晶簇（图1-23）。碳酸钙晶体一般呈钟乳体状态存在。

## 五、次生代谢产物

### （一）酚类

植物体内所含的酚类称为内源性酚。植物体内常见的酚类就是单宁。单宁是一类酚

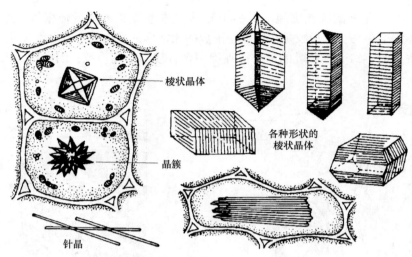

图 1-23 晶体的类型（引自徐汉卿等，1996）

类化合物的衍生物，又称为鞣质，广泛存在于植物的根、茎、叶及果实中。在光学显微镜下，是一些黄色、红色或棕色颗粒状物质。单宁在植物生活中起防腐及保护的作用。单宁能使蛋白质变性，因此单宁可以沉淀唾液中的蛋白质，产生涩味而被拒食，从而对植物起到保护作用。

### （二）类黄酮

类黄酮是植物体内一类重要的次生代谢产物。目前已鉴定的类黄酮已有 2000 多种。常见的类黄酮有花色苷、黄酮醇和黄酮。花色苷是花色素与糖以糖苷键结合而成的一类化合物，广泛存在于植物的花、果实、茎、叶和根器官的细胞液中，花色素在不同 pH 条件下颜色不同，一般中性条件下呈紫色，酸性条件下呈橙红色，碱性条件下呈蓝色。

类黄酮除了与花色有关外，在植物的传粉受精、防止紫外线灼伤及病原菌侵害等方面也具有重要作用。

### （三）生物碱

生物碱是植物体内广泛存在的一类含氮的碱性有机化合物，多为白色晶体，具有水溶性。目前已发现的生物碱有 3000 多种，如咖啡、茶叶中含有咖啡因，烟草中含有烟碱等。一般亲缘关系比较近的植物常含相同或相近的生物碱。一种植物也可以含多种生物碱。大多数生物碱对动物是有毒的，从而使植物本身可以免受其他生物的侵害，起到保护作用。许多生物碱都是重要的医药资源，如吗啡、小檗碱等具有驱虫作用，咖啡和茶中的咖啡因具有兴奋作用。

### （四）非蛋白质氨基酸

非蛋白质氨基酸是植物体内含有的一些不被结合到蛋白质内的氨基酸，主要起防御作用。它们在结构上与蛋白质氨基酸相似，但是当这些氨基酸被结合进正常的蛋白质序列中时，便可以导致动物体内由其合成的蛋白质丧失功能，从而使其不能正常生长发育甚至死亡。

# 知识点五　植物细胞的生长、分化与死亡

## 一、生长

细胞生长是指分裂形成的子细胞的体积和重量增加的过程。植物细胞经过分裂产生的新细胞体积较小，只有原来母细胞的一半，子细胞不断地合成新的原生质体和细胞壁物质，最后生长为与原来的母细胞一样大。细胞生长是植物个体生长发育的基础，对于单细胞生物，细胞的生长就是个体的生长。

植物细胞在生长过程中，细胞壁和内部结构都发生了较大的变化。细胞壁的生长包括表面积的增加和厚度的增加，原生质体在细胞生长过程中不断分泌细胞壁物质，使细胞壁随原生质体的长大而延伸，同时厚度和物质组成也发生了相应的变化。原生质体生长过程中最显著的变化是细胞的液泡化程度增加，最后形成了中央大液泡。在液泡化程度增加的同时，细胞内的其他细胞器也发生了相应的变化，如内质网增加、质体逐渐发育、细胞核移至细胞的一侧等。

植物细胞最后的大小受遗传因子的控制，同时也受环境条件的影响。当植物细胞生长到一定大小后即停止生长。

## 二、分化

细胞分化是指多细胞植物体中，具有不同生理功能的细胞在形态、结构和功能上发生的特化。例如，表皮细胞具有保护功能，细胞就逐渐变为扁平，同时在细胞的表面会形成角质层；维管组织要承担物质的长距离运输，所以细胞就进行伸长生长，并发育成长管状。细胞分化是植物进化的表现，植物进化程度越高，细胞分化程度也越高。

细胞分化受多种因素的调节和控制。细胞在发育的过程中，有的遗传信息被表达，有的遗传信息被抑制，这就形成了各种不同类型的细胞。一般认为，基因的选择性表达可能与以下因素相关：特定的环境条件可以促进一部分遗传信息的表达，从而抑制另一部分信息的表达，如不同的光周期可以促进或者抑制花芽的分化；细胞在植物体内所处的位置不同，以及细胞之间的相互作用，可以导致细胞分化的途径不同；极性现象的存在，使得构成植物体或植物器官两端的细胞朝着不同的方向发展。极性是指细胞的一端与另一端在结构与生理上的差异，常表现为细胞内两端细胞质不均匀等。极性的建立常导致细胞不均等分裂，为细胞分化提供了可能性。

## 三、死亡

细胞的死亡可分为坏死和程序性死亡两种形式。细胞坏死是指外界的强烈刺激导致细胞的死亡，是病理性变化。细胞程序性死亡也称为细胞凋亡，是指体内健康细胞在特定细胞外信号的诱导下进入死亡途径，是在相关基因的调控下发生的死亡过程，这是一个正常的生理性死亡。

细胞程序性死亡启动后，细胞内会发生一系列变化，如细胞质凝缩、细胞萎缩、细胞骨架解体、核纤层分解、核被膜破裂、内质网膨胀成泡状，各个细胞器的自溶作用表现强烈。此外，细胞程序性死亡过程中，细胞核 DNA 分解成片段，出现梯形电泳图，这也是细胞程序性死亡的主要特征之一。

细胞程序性死亡是植物有机体自我调节的、主动的自然死亡过程，是一种主动调节细胞群体相对平衡的方式。在这一过程中，可主动清除多余的与机体不相适应的、已经完成其生理功能并不再需要的，或是存在潜在危险的细胞。植物细胞程序性死亡是植物体内广泛存在的现象。例如，花药发育过程中绒毡层细胞的瓦解和死亡；大孢子形成过程中多余大孢子细胞的退化和死亡；超敏性反应是植物体通过局部的死亡来保证整个机体安全的保护性机制。总之，细胞程序性死亡是生物体内普遍发生的一种积极的生物学过程，对有机体的正常发育有重要意义，是长期演化过程中进化的结果。

### 扩展阅读

## 细胞壁的防御功能研究进展

植物细胞壁不仅是细胞防御外来病原体入侵的结构屏障，而且在受到感染和创伤时，能积极参与防御反应，包括：①植物细胞壁中的酶水解真菌病原体细胞壁中的多糖成分，其水解碎片中的活性成分诱导植物抗毒素合成酶基因的表达。②病原体在入侵植物时，必须水解植物细胞壁中的结构多糖，其降解产物也有类似植物抗毒素诱导物的活性；此外，植物在受到侵染时，细胞壁中产生抑制物质，可抑制病原体释放的酶。③在没有病原体入侵但受到创伤时，植物自身也会产生一些水解酶，降解细胞壁的组分，诱导防御反应以及修护伤口。

细胞壁中的凝集素（lectin）是一类非免疫来源的、能凝集细胞或沉淀含糖大分子的蛋白质或糖蛋白。通常由数个亚基联结而成。多数凝集素中存在疏水结合部位，含有金属离子。植物凝集素在植物自身机体内一个极其重要的生理功能是参与植物的防御体系。果糖结合的凝集素可抑制生长素引起的上胚轴切段伸长、细胞壁松弛及木葡聚糖分解。

植物细胞初生壁多糖降解物碎片中有一类具有一定生物活性的分子，称为寡糖素（oligosaccharin），这是近年来新发现的一类有调节活性的分子。细胞壁中果胶多糖水解片段多与细胞的抗病机制有关。参与细胞防御功能的寡糖素可能以以下三种形式起作用。

**1. 作为诱导物诱导植物抗毒素的形成**

植物抗毒素（phytoalexins）（也称为植物抗生素或植保素）在植物体的防御反应中有重要作用，它们由一定的诱导物（elicitor）诱导形成。细胞壁内同型半乳糖醛酸聚糖（homogalacturonan）和其他富含半乳糖醛酸的寡糖片段可作为内源诱导物诱导组织合成植物抗毒素。此外，真菌细胞壁中的专一性寡糖β-葡糖苷也是植物抗毒素的诱导物。

诱导物诱导抗毒素形成的机制可能是通过改变受体细胞的代谢及诱导与抗毒素合成有关的 mRNA 和酶系的重新合成，但目前还不清楚这些寡糖素是如何激发专一性基因表达的。有研究结果表明寡糖素的受体可能在细胞壁的微粒体中，两者结合具有高度专一性。

病原微生物与宿主细胞相互作用，导致宿主植物释放寡聚糖，进而诱导抗毒素形成，这一过程可能是植物的一种重要而广泛的防御机制。

**2. 作为蛋白酶抑制剂诱导因子诱导细胞产生病原体蛋白酶的抑制剂**

有些植物的细胞壁片段以另一种形式保护植物免受外来侵害。当植物受到伤害时，某些细胞壁片段可诱导植物合成大量特异蛋白质，这些蛋白质具有抑制微生物和昆虫蛋白酶的作用，从而在一定程度上减轻外来的侵害。

由伤害诱导蛋白酶抑制剂合成和积累的信号称为蛋白酶抑制剂诱导因子（proteinase inhibitor inducing factor，PIIF）。据分析，推测 PIIF 是寡糖素，为一系列半乳糖醛酸的寡聚体。细胞壁中具有 PIIF 活性区域。

**3. 作为毒性物质诱导细胞的致死效应**

当植物受到病原体感染时，感染部位的细胞超敏致死（hypersensitive cell death），这也是一种重要的快速防御反应。细胞壁的某些寡糖片段参与了这一反应。从悬浮培养的挪威槭和玉米细胞壁中提取到的这种寡糖片段，能有效地抑制细胞的蛋白质合成，引起细胞死亡。入侵的病原体分泌的酶可能诱发这种毒性寡糖片段的释放，但这类寡糖片段的结构还不清楚，可能是果胶性质的。

这种致死效应的生物学意义可能在于受感染部位细胞的死亡以及质壁分离，可以阻止病原向周围细胞扩散，使相邻的细胞免受感染，从而达到防御的目的。

植物细胞壁的研究方兴未艾，正从解剖学、生理学、生物化学、细胞学和分子生物学等方面深化和积累。寡糖素的发现向我们展示了一种新的调节分子，对它们的研究将有助于更全面地了解植物细胞的生长、发育和抗病等生理过程的调节机制，寡糖素及其类似物的应用将在农业生产中发挥作用。

## 主要参考文献

曹慧娟. 1992. 植物学. 2 版. 北京：中国林业出版社

胡金良，李新华，王庆亚，等. 2012. 植物学. 北京：中国农业大学出版社

姜在民，贺学礼，李志军，等. 2006. 植物学. 西安：西北工业大学出版社

曲波，张春宇. 2011. 植物学. 北京：高等教育出版社

徐汉卿，宋协志，谢中稳，等. 1996. 植物学. 北京：中国农业大学出版社

许玉凤，曲波. 2008. 植物学. 北京：中国农业大学出版社

杨世杰. 2000. 植物生物学. 北京：科学出版社

余叔文，汤章诚. 1998. 植物生理与分子生物学. 北京：科学出版社

郑景生，吕蓓. 2003. PCR 技术及实用方法. 分子植物育种，1（3）：381-394

Amos L A. 1977. Arrangement of high molecular weight associated proteins on purified mammalian brain microtubules. The Journal of Cell Biology, 72: 642-654

Franke W W. 1974. Structure, biochemistry, and functions of the nuclear envelope. International Review of Cytology, Suppl 4: 71-236

Glaumann H, Jansson H, Arborgh B. 1975. Isolation of liver lysosomes by iron loading. Ultrastructural characterization. Journal of Cell Biology, 67(3): 887-894

Karp G. 2013. Cell and Molecular Biology. 7th ed. New Jersey: Wiley Press

Liu C, Qi X, Zhao Q, et al. 2013. Characterization and functional analysis of the potato pollen-specific microtubule-associated protein SBgLR in tobacco. PLoS ONE, 8 (3): e60543

Mauseth J D. 1998. Botany: an Introduction of Plant Biology. 2nd ed. Austin: University of Texas

McDougall G J, Morrison I M, Stewart D, et al. 1996. Plant cell walls as dietary fiber: range, structure, processing and function. Journal of the Science of Food and Agriculture, 70 (2): 133-150

Pollard T D, Earnshaw W C, Lippincott-Schwartz J, et al. 2017. Cell Biology. 3rd ed. Amsterdam: Elsevier

## 第二章　植物组织

**【主要内容】**

　　植物通过分化形成了不同类型的细胞，通常把形态结构相似、功能相同的一种或数种类型细胞群组成的结构和功能单位，称为组织。本章将学习植物组织的类型、细胞组成、结构及其在植物生长发育过程中的生理功能。

**【学习指南】**

　　掌握植物组织的概念和类型；分生组织、保护组织、薄壁组织、机械组织、输导组织、分泌结构的形态、类型、功能和存在部位。熟悉分泌结构、复合组织、维管束的概念及其类型；熟悉组织系统的概念。了解各类组织在完成特定生理功能过程中的相互依赖与配合。

# 知识点一　植物的分生组织

　　种子植物在胚胎发育的早期阶段，所有的胚细胞均能进行分裂，但细胞的这种分裂能力随着胚的发育逐渐局限于植物体的某些特定部位。这些位于植物体上特定部位，具有持久性或周期性分裂能力的细胞群称为分生组织。分生组织的细胞能持续地保持强烈的分裂能力，一方面可以不断增加新细胞到植物体中，进一步分化形成其他各类组织，另一方面使分生组织自身不断得到新细胞的补充而"永续"下去。

　　分生组织的细胞一般排列紧密；细胞体积较小，呈等径多面体；细胞壁薄，不特化，主要由纤维素和果胶质等物质构成；细胞质浓厚，细胞核大，质体分化处于前质体阶段，有较多的细胞器和发达的膜系统，代谢活动旺盛；缺乏贮藏物质和晶体。分生组织是植物体生长和发育的基础，在植物的成长中起着重要作用。根据分生组织的来源和在植物体上的位置，可以将分生组织分成各种类型。

## 一、按来源性质分

　　分生组织可以根据组织细胞的来源、发育程度和性质划分为原分生组织（promeristem）、初生分生组织（primary meristem）和次生分生组织（secondary meristem）。

### （一）原分生组织

　　原分生组织是一类胚性细胞，包括胚和成熟植株的茎尖、根尖分生组织前端的原始细胞。原分生组织的细胞较小，近于等径，细胞核较大，细胞质丰富，无明显液泡，具有持久而强烈的分裂能力。

### （二）初生分生组织

　　初生分生组织紧接于原分生组织，是由原分生组织衍生而来的，细胞在形态上出现了最初的分化，但仍具有很强的分裂能力。初生分生组织的细胞体积增大，液泡逐渐明显，初步分化为原表皮（protoderm）、基本分生组织（ground meristem）和原形成层（procambium）。因此，初生分生组织是一类边分裂、边分化的组织，是分生组织向成熟组织过渡的组织。

### （三）次生分生组织

次生分生组织是由成熟组织的细胞脱分化，重新恢复分裂能力而形成的分生组织。细胞有明显的分化特征，呈长扁形或不等轴的多边形，存在不同程度的液泡化，通常包括维管形成层和木栓形成层（phellogen）。

## 二、按在植物体上的位置分

分生组织按在植物体上的位置可以分为顶端分生组织（apical meristem）、侧生分生组织（lateral meristem）和居间分生组织（intercalary meristem）。

### （一）顶端分生组织

顶端分生组织位于植物的根、茎和侧枝的顶端分生区（图 2-1），包括最顶端的原分生组织及其衍生的初生分生组织。它们的分裂活动可以使根和茎不断伸长，并在茎上形成侧枝和叶，扩大植物体的营养面积。

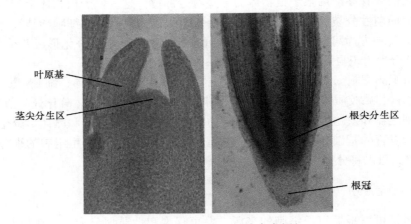

叶原基

茎尖分生区

根尖分生区

根冠

图 2-1　顶端分生组织（许存宾摄）

顶端分生组织细胞的特征是：细胞小而等径，细胞壁薄，细胞核位于中央并占有较大的体积，液泡小而分散，原生质浓厚，细胞内通常缺少后含物。

### （二）侧生分生组织

侧生分生组织位于根和茎的外周，靠近器官的边缘，它包括维管形成层（cambium）和木栓形成层（phellogen）。维管形成层位于次生木质部与次生韧皮部之间，其活动能使根和茎不断增粗，以适应植物营养面积的扩大。木栓形成层能使长粗的根、茎表面或受伤的器官表面形成新的保护组织。

侧生分生组织并不普遍存在于所有种子植物中，它们主要存在于裸子植物和木本双子叶植物中。草本双子叶植物中的侧生分生组织只有微弱的活动或根本不存在，在单子叶植物中侧生分生组织一般不存在，因此，草本双子叶植物和单子叶植物的根和茎没有明显的增粗生长。

侧生分生组织细胞的特征是：大部分呈长梭形，原生质体高度液泡化，细胞质不浓厚，与顶端分生组织的细胞有明显的区别。侧生分生组织细胞的分裂活动往往随季节的变化具有明显的周期性。

### （三）居间分生组织

居间分生组织是位于成熟组织之间的初生分生组织，它是顶端分生组织在某些器官中局部区域的保留。典型的居间分生组织存在于许多单子叶植物中，如水稻、小麦、玉米等禾本科植物茎的节间基部和叶、叶鞘基部，所以当顶端分化成幼穗后，可以利用居间分生组织的活动使茎急剧长高来进行拔节和抽穗。葱、蒜、韭菜和草坪草等植物的叶片割断后，还能重新伸长，也是叶基部的居间分生组织活动的结果。花生（*Arachis hypogaea* L.）雌蕊柄基部居间分生组织的分裂活动，能把开花后的子房推入土中，形成"入土结实"现象。

居间分生组织细胞的特征是：细胞核大，细胞质浓厚，有一定程度的液泡化，主要进行横向分裂，使器官沿纵轴方向伸长。居间分生组织细胞持续活动的时间较短，分裂一段时间后，所有的细胞完全分化为成熟组织。

植物分生组织的这两种分类方法是统一的，顶端分生组织包括原分生组织和初生分生组织；居间分生组织是顶端分生组织在某些器官局部区域的保留，应从属于初生分生组织；侧生分生组织的细胞由成熟组织经脱分化而来，因此为次生分生组织。

# 知识点二　植物的成熟组织

分生组织衍生的大部分细胞逐渐丧失分裂的能力，进一步生长和分化形成的各种组织，称为成熟组织，又称永久组织（permanent tissue）。各种成熟组织可以具有不同的分化程度，有些组织的细胞与分生组织的差异极小，具有一般的代谢活动，并且也能进行分裂。而另一些组织的细胞则有很大的形态改变，功能专一，并且完全丧失了分裂能力。成熟组织的"成熟"或"永久"程度是相对的，有些成熟组织在一定的条件下，又可以脱分化（或去分化，dedifferentiation）转变为次生分生组织。

成熟组织是植物生长和成熟的基础，也是植物体内分布最广、占比最大的组织。根据成熟组织的细胞来源、在植物体内所处的位置和承担的生理功能，一般可将其分为保护组织（protective tissue）、薄壁组织（parenchyma tissue）、机械组织（mechanical tissue）、输导组织（conducting tissue）和分泌结构（secretory structure）五类。

## 一、保护组织

保护组织是覆盖于植物体表面起保护作用的组织，由一层或数层细胞构成，它的作用包括控制植物体的水分蒸腾，调节植物体与环境的气体交换，抵御病虫害侵袭和防止机械、化学损伤等。保护组织分为植物早期形成的初生保护组织——表皮（epidermis）和植物后期增粗生长形成的次生保护组织——周皮（periderm）。

## （一）表皮

表皮是包被在幼嫩的根、茎、叶、花、果实和种子表面的细胞群，是植物体直接与外界环境接触的细胞层。表皮是由初生分生组织原表皮分化而来的活细胞，是保护植物免受外界侵害的初生保护组织。表皮一般由一层细胞构成（少数植物具多层细胞构成的复表皮，如夹竹桃的叶子），其中最主要的是一类不具叶绿体的无色细胞——表皮细胞，表皮细胞之间还分布有一些其他类型的细胞，如气孔保卫细胞、表皮毛、腺毛等。

### 1. 表皮细胞

表皮细胞多呈各种形状的扁平体（叶）或长方体（根茎），细胞间排列十分紧密，除气孔外，无细胞间隙，彼此常呈波状或不规则紧密嵌合（图2-2）。表皮细胞是生活细胞，有细胞核和大液泡，一般不具叶绿体，但常有白色体和有色体，细胞内贮藏有淀粉粒和其他代谢物，如色素、单宁、晶体等。茎和叶等器官气生部分的表皮细胞，其外弦向壁往往较厚，并角质化形成角质层，使表皮具有高度的不透水性，有效地减少了体内的水分蒸腾，坚硬的角质层对防止病菌的侵入和增加机械支持具有一定的作用。有些植物（如甘蔗的茎，葡萄、苹果的果实）的角质层外还具有一层蜡质的"霜"，它能使表皮表面不易浸湿，具有防止病菌孢子在体表萌发的作用。

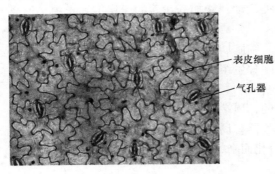

图 2-2 表皮细胞及气孔器（蚕豆叶下表皮，许存宾摄）

### 2. 气孔器

气孔器（stoma）是表皮结构的重要组成部分，主要分布于叶片和幼茎的表面，是气体出入植物体的门户。气孔器通常是由2个特殊的细胞，即保卫细胞（guard cell）和它们间的孔口共同组成的，有时单把形成的孔口称为气孔。有些植物的气孔器还具有副卫细胞，位于保卫细胞的外侧或周围，在发育上和机能上与保卫细胞有密切关系，它们的数目、分布位置与气孔器的类型有关。不同植物的叶、同一植物的不同叶、同一片叶的不同部位（包括上、下表皮）的气孔器分布特征都不同。浮水植物只有上表皮分布着气孔器，陆生植物叶片的上、下表皮都有分布，一般阳生植物叶的下表皮多于上表皮。

双子叶植物的保卫细胞通常呈肾形，近气孔间隙的壁厚，与表皮细胞或副卫细胞相接的部分比较薄。稻、麦等单子叶植物的保卫细胞呈哑铃形，中间部分的壁厚，两头壁薄，两个副卫细胞呈菱形。保卫细胞内细胞器的种类比其他表皮细胞多，特别是含有叶绿体，叶绿体内含有淀粉粒，在白天光照时淀粉会减少，而暗中淀粉则积累，这和正常的光合组织中恰恰相反。此外，保卫细胞中还含有异常丰富的线粒体，为气孔开放时的离子转运提供能量。

### 3. 附属物

表皮还可以具有各种单细胞或多细胞的毛状附属物，形态多种多样，称为毛状体（图2-3）。毛状体由表皮细胞分化而来，具有保护和防止植物水分丧失的作用，如棉花就是种皮上的表皮毛。有些植物有具分泌功能的表皮毛，可以分泌出芳香油、黏液、树脂、樟脑等物质。根的表皮主要与吸收水分和无机盐有关，因此，它是一种吸收组织（absorptive tissue）。根的表皮细胞具有薄的壁和薄的角质层，许多细胞的外壁向外延伸，形成细长的管状突起，称为根毛（root hair）。根毛极大地扩大了根的吸收表面积。

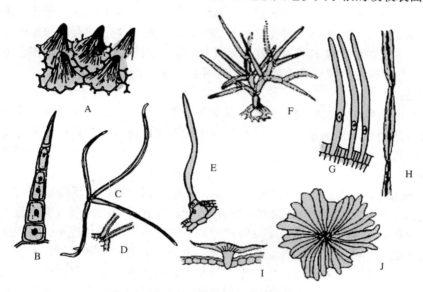

图 2-3　表皮的毛状附属物（许存宾仿绘）

A. 三色堇花瓣上的乳头状毛；B. 南瓜叶上的多细胞表皮毛；C，D. 棉属叶上的簇生毛；
E. 大豆叶上的表皮毛；F. 薰衣草属叶上的分枝毛；G，H. 棉属种子上的表皮毛（G 为幼
期、H 为成熟期）；I，J. 橄榄叶上的盾状毛（I 为侧面观、J 为顶面观）

表皮在植物体上存在的时间，依所在器官是否具有加粗生长而异。对于具有明显加粗生长的器官，如裸子植物和大部分双子叶植物的根和茎，其表皮会因器官的增粗而受到破坏，然后脱落，被内侧产生的次生保护组织——周皮所取代。在较少或没有次生生长的器官上，如叶、果实、大部分单子叶植物的根和茎上，表皮可长期存在。

## （二）周皮

周皮存在于裸子植物和双子叶植物老根、老茎等能增粗生长的器官外表，是取代表皮的次生保护组织。它由木栓形成层向外分裂分化形成的木栓层（phellem 或 cork）和向内分裂分化形成的栓内层（phelloderm）共同组成，即木栓层、木栓形成层和栓内层合称周皮。

### 1. 木栓形成层

木栓形成层是产生周皮的侧生分生组织，细胞结构比较简单，形状也比较规则，在横切面上看为扁长方形，在纵切面上看为长方形或多边形。不同植物器官内木栓形成层的起源各异，根中最初的木栓形成层起源于中柱鞘；在茎中，有些起源于表皮（如柳、苹果、夹竹桃），多数起源于皮层（如桃、白杨、木兰、胡桃、榆）。有些植物的木栓形成层作用期很长，甚至终生起作用，但多数植物的木栓形成层作用期都较短。在茎和根不断加粗，原有的周皮失去作用前，在茎和根的内部逐渐向内形成新的木栓形成层，使

周皮的位置越来越深，直到在次生韧皮部内发生。

**2. 木栓层**

木栓层是由木栓形成层向外形成的保护组织，具有多层细胞，在横切面上细胞呈长方形，径向排列整齐紧密，细胞壁较厚且栓质化，细胞成熟时原生质体死亡解体，细胞腔内充满空气。这些细胞特征使木栓层具有高度不透水性，并有抗压、隔热、绝缘、质地轻、具弹性、抗有机溶剂和多种化学药品的特性，对植物体起到有效的保护作用。木栓层的形成及其组织肌理使其具有广泛的商业用途，可用于轻质绝缘材料和救生设备的制备等。栓皮槠、栓皮栎和黄檗（黄柏）是商用木栓的主要来源。

**3. 栓内层**

栓内层是由木栓形成层向内产生的薄壁细胞，常常只有一层细胞，其细胞结构及生理功能和其他薄壁组织细胞相同。但是它们与木栓形成层排成径向行列，易与皮层中其他薄壁细胞区别。

**4. 皮孔**

皮孔（lenticel）是周皮上的次生的通气结构，位于周皮内的生活细胞能通过它们与外界进行气体交换。皮孔常在气孔所在的部位发生。气孔里面的薄壁组织细胞先开始分裂，形成产生皮孔的木栓形成层，逐渐与产生周皮的木栓形成层相连接。但产生皮孔的木栓形成层细胞不形成正常的木栓，而是形成一群球形细胞，排列疏松，有较发达的细胞间隙，称为补充组织。补充组织的细胞数目很多，将表皮和木栓层胀破，裂成唇状突起，显出圆形、椭圆形以及线形的轮廓，即皮孔。皮孔的形状、大小、排列、颜色各有不同，有圆形、椭圆形和线形；大小为1～20mm；有纵向、横向排列；褐色、黄色或铁锈色。因此，冬季树木落叶后，皮孔的形态可作为鉴别树种的依据之一。周皮在生长过程中，一直保持有皮孔，木栓形成层在形成木栓层的过程中，不断产生新的皮孔。

## 二、薄壁组织

薄壁组织因细胞具有薄的初生壁而得名，是最基本、最少特化、分布最广的一类细胞群，担负着吸收、同化、贮藏、通气、传递等营养功能，故又称为营养组织或基本组织。薄壁组织通常在植物体内占有的分量最多，在根、茎、叶、花、果实中均含有这种组织。植物体的其他组织，如机械组织和输导组织等，常包埋于薄壁组织中。

薄壁组织的细胞中含有生活的原生质体，包括质体、线粒体、内质网、高尔基体、液泡等多种细胞器，因而是植物器官进行各种代谢活动的主要组织，光合作用、呼吸作用、贮藏作用及各类代谢物的合成和转化都主要由它进行。薄壁组织细胞因较少特化而较接近分生组织，有很强的分生潜能，较容易脱分化而转变为分生组织，或特化为其他组织，并参与侧生分生组织的发生。因此，薄壁组织细胞参与了植物组织创伤愈合、再生作用形成不定根和不定芽以及嫁接愈合等过程。所以，从某种意义上讲，薄壁组织是植物体组成的基础，薄壁组织因功能不同可分成不同的类型，它们在形态上有各自的特点。

## （一）同化组织

同化组织（assimilating tissue）是一类营光合作用的薄壁组织，分布于植物的一切绿色部位，如叶和幼茎的皮层、发育中的果实和种子中，叶肉是典型的同化组织。同化组织细胞的特点是细胞质中含有大量的叶绿体，能进行光合作用合成有机物，所以又称为绿色组织（chlorenchyma），细胞内通常有一个或多个液泡。

### （二）贮藏组织

贮藏组织（storage tissue）是一类贮藏大量营养物质的薄壁组织，主要存在于各类贮藏器官，如块根、块茎、球茎、鳞茎、果实和种子中（图2-4），根和茎的皮层、髓等薄壁组织也都具有贮藏的功能。贮藏组织细胞一般较大，细胞内可贮存大量的后含物。

### （三）贮水组织

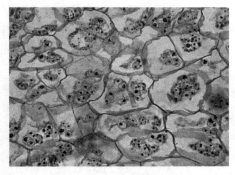

图 2-4 贮藏组织（甘薯块根切片，许存宾摄）

贮水组织（aqueous tissue）是一类贮藏有丰富水分的薄壁组织，常分布于旱生、盐生植物，如仙人掌、龙舌兰、景天、芦荟、猪毛菜等植物的光合器官中。贮水组织细胞通常有较大的液泡，内含大量的水分和黏性汁液，一般缺乏叶绿体。

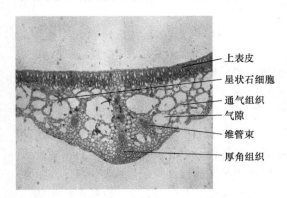

上表皮
星状石细胞
通气组织
气隙
维管束
厚角组织

图 2-5 通气组织（睡莲叶横切，许存宾摄）

### （四）通气组织

通气组织（aerenchyma）是一类细胞间具明显间隙的薄壁组织，形成宽阔的气腔或曲折连贯的通气道，贮存大量空气，常分布在水生、湿生植物，如稻、莲、睡莲（图2-5）等的根、茎、叶中。通气组织的薄壁细胞间有很大的间隙，在体内形成一个相互贯通的通气系统，使光合作用产生的氧气通过它进入根中。此类组织中还常具有星状石细胞或内生毛状体，可以加强对通气道的支持作用，防止气道凹陷，让空气自由流通。通气组织与植物在水中的浮力和支持作用有关。

### （五）传递细胞

传递细胞（transfer cell）分布在溶质短途密集运输的部位，如小叶脉、茎节、子叶节、花序轴节部等部位。传递细胞最显著的特征是细胞壁内突生长，即细胞壁向内突入细胞腔内，形成许多乳突状、指状或鹿角状的不规则突起，使紧贴在壁内侧的质膜面积大大增加，扩大了原生质体的表面积与体积之比，有利于细胞迅速地吸收和释放物质。传递细胞是活细胞，细胞壁一般为初生壁，胞间连丝发达，细胞形状多样，其他如线粒体、高尔基体、核糖体、微体等细胞器的数量也比较丰富，显示出代谢活跃的生理特征。

## 三、机械组织

机械组织是对植物起主要支持作用的组织，其细胞壁不同程度加厚，具有抗张、抗压和抗曲折性能。植物的枝干能挺立，叶片能伸展，能经受狂风暴雨而不倒，都与机械组织相关。根据细胞结构和细胞壁的加厚方式的不同，机械组织可分为厚角组织（collenchyma）和厚壁组织（sclerenchyma）两类。

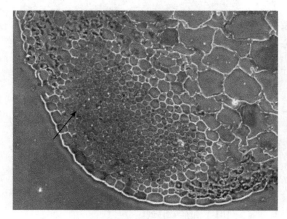

图 2-6  芹菜叶柄横切示厚角组织（↑）（许存宾摄）

### （一）厚角组织

厚角组织是植物的一类机械组织，其最明显的特征是细胞初生壁不均匀增厚，增厚部位常发生在几个细胞相互毗邻的角处，故称厚角组织（图 2-6），但有些植物细胞壁加厚在切向壁或近胞间隙的部位。厚角组织常分布于茎、叶柄、叶片、花柄等器官的外围，或直接在表皮下，或表皮下几层细胞，根中一般不存在。

厚角组织细胞为长柱形，相互重叠排列，增厚部分集中在一起形成柱状或板状，有效地加强了机械强度。壁增厚的成分为纤维素、果胶质和半纤维素，无木质素；细胞内有原生质体，含叶绿体，具脱分化能力；常呈环状、束状分布在表皮内方。厚角组织是植物生长的支持组织，该组织的作用既能使器官直立，又能适应器官的迅速生长，所以普遍存在于正在生长或经常摆动的器官之中。许多矮小的草本双子叶植物茎中，厚角组织为其终生的机械组织；较高大的草本和木本双子叶植物中，由于产生了大量次生结构，形成了厚壁组织，代替了厚角组织的支持作用。厚角组织与薄壁组织细胞一样具有一定的分裂潜能，在许多植物中参与木栓形成层的形成，因此也有人将它归类于特殊的薄壁组织。

### （二）厚壁组织

厚壁组织是一类由坚硬、木质化的细胞构成的机械组织，起支撑作用。厚壁组织细胞最明显的特征是具有均匀增厚的次生壁，常常木质化，有明显的层纹和孔纹，细胞腔较小，成熟的厚壁组织细胞为死细胞。根据细胞的形态，厚壁组织可分为石细胞（sclereid 或 stone cell）和纤维（fiber）两类。

**1. 石细胞**

石细胞是一种具有支持作用的厚壁细胞，具有高度木质化的次生壁。石细胞形状各异，分枝、星状、长柱形等（图 2-7）。由于细胞壁特别厚，壁上的很多圆形的单纹孔形成了管状的纹孔

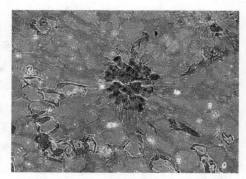

图 2-7  梨果实中的石细胞（许存宾摄）

道。通常，纹孔道随壁的增厚彼此汇合，形成特殊的分支纹孔道。石细胞成熟时原生质体通常消失，只留下空而小的细胞腔。

石细胞广泛分布于植物的茎、叶、果实和种子中，有增加器官的硬度和支持的作用。它们常常单个散生或数个集合成簇包埋于薄壁组织中，有时也可连续成片地分布形成坚实、完整的一层。我们常见的梨果肉中坚硬的颗粒，便是成簇的石细胞，它们数量的多少是梨品质优劣的一个重要指标。茶、桂花的叶片中，具有单个的分支状石细胞，散布于叶肉细胞间，增加了叶的硬度。核桃、桃、椰子的果实中坚硬的果皮，便是由多层连续的石细胞组成的，有些豆类的种皮也因具多层石细胞而变得很硬。石细胞的分布、形态可因植物的属、种不同而有差异，有时可作为物种鉴定的参考依据。

**2. 纤维**

纤维是广泛分布在种子植物中的一种厚壁组织，由纤维细胞相互以尖端穿插连接构成，多成束、成片地分布于植物体中，主要起机械支持作用。纤维细胞细长，如苎麻（*Boehmeria nivea*）纤维细胞长 0.5m，两端尖细，细胞壁明显地次生增厚，细胞壁可占据细胞体积的 90% 以上，但木质化程度很不一致，从非木质化到高度木质化都有。细胞壁上常有单纹孔，但较石细胞的稀少，并常呈缝隙状。成熟时原生质体一般都消失，细胞腔中空，少数纤维细胞可保留原生质体生活较长一段时间。根据纤维存在的部位，可将纤维分为木质部外纤维与木质部纤维两大类。

1）木质部外纤维：包括韧皮纤维、皮层纤维和围绕维管束的纤维，有时也将后两者统称为韧皮纤维。这类纤维一般为长纺锤形，两端尖锐，有的两端为钝形分叉。细胞壁较厚，相对地细胞腔较小。细胞壁具不同程度木质化或完全没有木质化，初生纤维通常要比次生纤维长。

2）木质部纤维：存在于被子植物的木质部中，是木质部的主要组成部分，又称木纤维。木纤维也是长纺锤形细胞，但较韧皮纤维为短，通常约 1mm。细胞壁增厚的情况和细胞的长度因植物而异，也和生长期有关。通常木纤维细胞壁厚，且木质化程度高，细胞腔小，因而木纤维硬度大，抗压力强，可增强树干的支持性和坚实性。

四、输导组织

输导组织是植物体中担负物质长距离运输的主要组织。在植物体中，水分和溶于水中的无机盐的运输和有机物的运输，分别由两类输导组织来承担，一类为木质部（xylem），根从土壤中吸收的水分和无机盐由木质部运送到地上各部位；另一类为韧皮部（phloem），叶的光合作用产物由韧皮部运送到根、茎、花、果实中去。植物体各部分之间经常进行的物质重新分配和转移，也要通过输导组织来进行。

**（一）木质部**

木质部是由几种不同类型的细胞构成的一种复合组织，包括管胞（tracheid）、导管分子（vessel element 或 vessel member）、纤维和薄壁细胞等。管胞和导管分子是木质部最重要的成分，水的运输主要是通过它们来实现的。

管胞和导管分子是一类管状分子（tracheary element），它们是厚壁的纵向伸长细胞，成熟时都没有生活的原生质体，次生壁具有各种不同程度和样式的木质化增厚，在壁上呈现环纹状、螺纹状、梯纹状、网纹状和孔纹状的木质化增厚（图 2-8，图 2-9），在植物体中还兼有支持的功能。

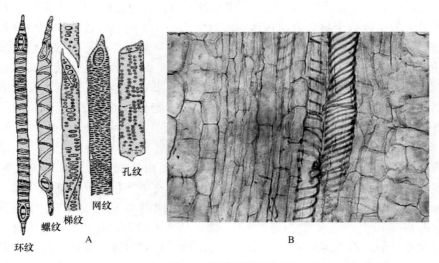

图 2-8　导管的类型

A. 不同类型导管示意图（引自贺学礼，2008）；B. 苋茎纵切示导管（许存宾摄）

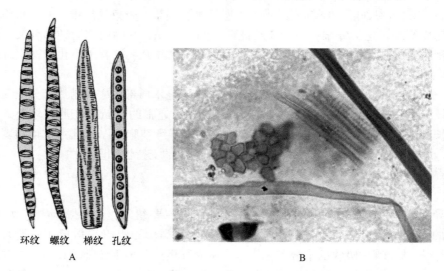

图 2-9　管胞的类型

A. 不同类型管胞示意图（引自贺学礼，2008）；B. 桑树皮离析示管胞（许存宾摄）

　　管胞是单个两端斜尖的管状死细胞，一般长 1~2mm，在器官中纵向连接时，上、下两个细胞的端部紧密重叠，水分和无机盐通过管胞壁上的纹孔以及未木质化增厚的部分，从一个细胞流向另一个细胞。所有维管植物都具有管胞，而且大多数蕨类植物和裸子植物的木质部只具管胞。在系统发育中，管胞向两个方向演化，一个方向是细胞壁更加增厚，壁上纹孔变窄，特化为专营支持功能的木纤维；另一个方向是细胞端壁溶解，特化为专营输导功能的导管分子。

管胞和导管分子在结构和运输能力上是不同的。导管分子与管胞的区别主要是导管分子细胞的端壁溶解，形成一个或数个大的孔，称为穿孔（perforation），具穿孔的端壁称穿孔板。在木质部中，许多导管分子纵向地连接，通过穿孔直接沟通，这样的导管分子链就称为导管（vessel）。导管长短不一，几厘米到 1m 左右，有些藤本植物可长达数米。导管分子的管径一般比管胞粗大，具有较高的输水效率。被子植物中除了最原始的类群外，木质部中主要含有导管，而大多数裸子植物和蕨类植物则缺乏导管，这是被子植物更能适应陆生环境的重要原因之一。

木质部中的纤维称为木纤维，是末端尖锐的伸长细胞，在同一植物中，一般比管胞有较厚的壁，而且高度木质化，成熟时原生质体通常死亡，但也有些植物的木纤维能生活较长的时间。木纤维的存在更加强了木质部的支持功能。

木质部的薄壁细胞，称为木薄壁细胞。在发育后期，薄壁细胞的壁通常也木质化，这些细胞常含有淀粉和结晶，具有贮藏功能。

## （二）韧皮部

韧皮部也是一种复合组织，由筛管分子或者筛胞、伴胞、韧皮纤维和韧皮薄壁细胞等不同类型的细胞组成，位于树皮和形成层之间。筛管分子或筛胞与韧皮部中有机物的运输直接相关。

筛管分子（sieve element 或 sieve-tube member）与导管分子相似，是管状细胞，在植物体中纵向连接，形成长的细胞行列，称为筛管（sieve tube）。筛管是被子植物中长距离运输有机物质的结构。筛管分子主要分布在被子植物中，只具初生壁，不次生加厚，具有生活的原生质体，成熟的筛管分子没有细胞核，液泡膜也解体，细胞质中保留有线粒体、质体、P-蛋白体和一部分的内质网。筛管分子的上下端壁上存在着成群的小孔——筛孔（sieve pore），具有筛孔的端壁特称筛板（sieve plate），具有筛孔的凹陷区域特化为初生纹孔场，称为筛域（sieve area）。穿过筛孔连接两个相邻筛管分子的原生质呈束状，称为原生质联络索（connecting strand）。联络索通过筛孔彼此连接而使筛管相互贯通，形成运输光合作用产物的通道。随着筛管的成熟老化或不良环境影响，在筛孔的附近沉积胼胝质（callose），以至形成垫状物，称为胼胝体（callosity），胼胝体覆盖于筛板上，筛管就暂时或永久地失去输导功能。

伴胞（companion cell）常与筛管分子相毗邻，与筛管分子起源于同一个原始细胞，功能上从属于筛管分子，协助和保障筛管分子的活性与运输功能。伴胞一般细长且两端尖，长度与筛管分子相等或稍短，细胞核明显，细胞质浓厚，有丰富的细胞器和发达的膜系统，与筛管分子相邻的壁上有稠密的筛域相互贯通。伴胞为被子植物所特有，蕨类及裸子植物则不存在。

裸子植物和蕨类植物中一般没有筛管，运输有机物的分子是筛胞（sieve cell）。它与筛管分子都是生活细胞，成熟后无细胞核，主要区别在于：筛胞为单个细胞，细胞端壁不特化成筛板和筛孔，原生质体中也没有 P-蛋白体，并且其旁侧也无伴胞，有机物的运输主要通过侧壁上的筛域。因此，筛胞的输导功能不如筛管，是比较原始的运输有机养料的结构。

韧皮部的纤维称为韧皮纤维，起支持作用。韧皮纤维的细胞壁木质化程度较弱，或不木质化，因而质地较坚韧。许多植物的韧皮纤维发达，细胞长、纤维素含量高、质地柔软，是商用纤维的重要来源，如苎麻、亚麻、罗布麻等的韧皮纤维长而不木质化，可作为衣着和帐篷的原料；黄麻、洋麻、苘麻等的韧皮纤维较短，有一定程度的木质化，可用于制作麻袋和绳索等。

韧皮部的薄壁细胞称为韧皮薄壁细胞，主要起贮藏和横向运输的作用，常含有结晶和各类贮藏物。

## 五、分泌结构

分泌结构（secretory structure）是分布在植物体内或表面能产生分泌物质的细胞或细胞群的统称。植物分泌物的种类繁多，多为植物代谢的次生物质，包括生物碱、单宁、树脂、油类、蛋白质、酶、杀菌素、生长素、维生素及多种无机盐等，这些分泌物在植物的生活中起着多种作用。有些分泌物具有重要的经济价值，如橡胶、生漆、芳香油等。这些分泌物聚集在细胞内，或胞内隙里，或腔、道中，或通过一定的细胞组成的结构排出体外。

植物产生分泌物的细胞来源各异，形态多样，分布方式也不尽相同，有的单个分散于其他组织中，也有的集中分布，或特化成一定结构，根据分泌物是否排出体外，分泌结构可分成外分泌结构和内分泌结构两大类。

### （一）外分泌结构

外分泌结构常分布于植物体的外表，将分泌物排于植物体的表面，包括腺表皮（glandular epidermis）、腺毛（glandular hair）、蜜腺（nectary）、盐腺（salt gland）和排水器（hydathode）等。

**1. 腺表皮**

腺表皮即植物某些部位的表皮细胞特化为腺性细胞，具有分泌功能。例如，矮牵牛、漆树等许多植物花的柱头表皮即腺表皮，细胞呈乳头状突起，具有浓厚的细胞质，被有薄的角质层，能分泌出含有糖、氨基酸、酚类化合物等的柱头液，利于黏着花粉和控制花粉萌发。

**2. 腺毛**

腺毛是具有分泌功能的表皮毛状附属物（图 2-10）。有单细胞腺毛（分泌细胞）和多细胞腺毛（分泌组织），腺毛呈棒状或盘状。腺毛一般具有头部和柄部两部分，头部由单个或多个能产生分泌物的细胞组成，柄部由不具分泌功能的薄壁细胞组成。薰衣草、棉、烟草、天竺葵、薄荷等植物的茎和叶上均有腺毛分布。荨麻属的螯毛具有特殊的结构，它是单个的分泌细胞，基部膨大，上端呈毛细管状，顶部封闭为小圆球状。当毛与皮肤接触时，圆球顶部原有的缝线破裂，露出锋利的边缘，刺进皮肤，将含有的蚁酸和组织胺等液体挤进伤口。许多木本植物如梨

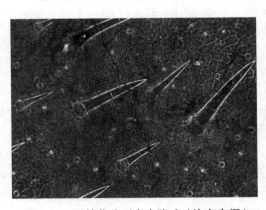

图 2-10 天竺葵叶下表皮腺毛（许存宾摄）

属、山核桃属、桦木属等在幼小的叶片上具有黏液毛，分泌树胶类物质覆盖整个叶芽，仿佛给芽提供了一个保护性外套。食虫植物的变态叶上可以有多种腺毛，分别分泌蜜露、黏液和消化酶等，有引诱、黏着和消化昆虫的作用。

**3. 蜜腺**

蜜腺是一种分泌糖液的外分泌结构，由表皮或表皮及其内层细胞共同组成。生长于花部的称为花蜜腺，如油菜花托上的蜜腺；生长于茎、叶、花梗等营养体部位上的称为花外蜜腺，如棉花叶中脉上的蜜腺。花蜜腺可分泌花蜜，提供传粉昆虫所需的食物，与花的色彩和香味相配合，是适应虫媒传粉的特征之一。花外蜜腺被认为与植物进化过程中招引蚂蚁及避免其他食草害虫的危害有关，花外蜜腺不仅存在于被子植物，在某些蕨类植物的叶上也存在。蜜腺的形态多样，有的无特殊外形，只是腺表皮类型。例如，紫云英的花蜜腺是在雄蕊和雌蕊之间的花托表皮具腺性，能分泌花蜜；旱金莲是花距的内表皮能分泌花蜜。有的植物蜜腺分化成具一定外形的特殊结构，如油菜花蜜腺在花托上呈4个绿色的小颗粒；三色堇的花蜜腺在两个雄蕊上，使药隔延伸成的两个棒状物伸入花距内；乌桕和一品红的花外蜜腺分别呈盘状和杯状，存在于叶柄和花序总苞片上。蜜腺的内部结构比较一致，分泌组织大多包括表皮及表皮下的几层薄壁细胞。这些细胞体积较小，细胞质浓厚、细胞核较大，常具有发达的内质网和高尔基体，有时发育成传递细胞。分泌组织附近常具有维管束。由于蜜的原料来自韧皮部的汁液，因此这些维管束中韧皮部和木质部的比例与蜜汁的成分有关，当韧皮部发达时，蜜中糖分含量较高；反之，木质部发达时，糖分含量降低，水分含量增高。

**4. 盐腺**

盐腺是一类常见于盐生植物用于分泌离子和矿物质的特化结构，可将吸收到植物体内的盐分再分泌到体外，从而避免离子的毒害。盐生植物中的矶松属、柽柳属等植物，其基部、叶表面具有排盐的盐腺。盐腺主要由分泌细胞、收集细胞、基细胞或柄细胞等组成，腺体中除渗入区外，几乎全部被有一层角质。

**5. 排水器**

排水器是植物将叶片内部过剩的水分释放到表面的结构。排水器由水孔（water pore）、通水组织（epithem，复数为 epithemata）以及与它们相连的维管束的末端管胞组成。水孔大多存在于叶片的边缘或顶端，是表皮上两个保卫细胞包围形成的孔隙，水孔的保卫细胞一般已丧失控制开闭的能力。通水组织是水孔下方的一团变态叶肉组织，细胞排列疏松，不含叶绿体。当植物体内水分多余时，水通过小叶脉末端的管胞，经过通水组织，最终从水孔排出体外，这种排水过程称为吐水作用（guttation）。许多植物，如地榆、旱金莲、卷心菜、番茄、草莓等都有明显的吐水现象；浮叶水生植物，如菱、睡莲等吐水更为普遍。

## （二）内分泌结构

内分泌结构是将分泌物贮存于体内不排到体外的分泌结构，包括分泌细胞（secretory cell）、分泌腔（secretory cavity）或分泌道（secretory canal）以及乳汁管（laticifer）。

**1. 分泌细胞**

分泌细胞由分生组织细胞分化而来，通常单独分散在植物体其他细胞之中，细胞内可含有树脂、挥发油、单宁或黏液等特殊的次生分泌物，且不分泌到细胞外。分泌细胞一般为薄壁细胞，体积通常明显地较相邻细胞大，并常呈多种形状。根据分泌物质的类型，可分为油细胞（樟科、木兰科、蜡梅科等）、黏液细胞（仙人掌科、锦葵科、椴树科等）、含晶细胞（桑科、石蒜科、鸭跖草科等）、鞣质细胞（葡萄科、景天科、蔷薇科等），以及芥子酶细胞（白花菜科、十字花科）等。

**2. 分泌腔和分泌道**

分泌腔和分泌道是由多细胞组成的贮藏分泌物的腔室和管状结构。根据形成的方式，常常可以分为两类：一类是溶生分泌腔或溶生分泌道（lysigenous），细胞解体后形成的；另一类是裂生分泌腔或裂生分泌道（schizogenous），是因细胞中层溶解，细胞相互分开而形成的。还有一种比较特殊的形式，是这两种方式相结合而形成的（裂溶生的，schizo-lysigenous）。例如，柑橘的叶和果皮中常看到的黄色透明小点，便是溶生方式形成的分泌腔（图 2-11）。最初部分细胞中形成芳香油，后来这些细胞破裂，内含物释放到溶生的腔内。在溶生分泌腔的周围可以看到部分损坏的细胞。松柏类木质部中的树脂道和漆树韧皮部中的漆汁道是裂生分泌道，它们是分泌细胞之间的中层溶解形成的纵向或横向的长形细胞间隙，完整的分泌细胞分布在分泌道的周围，树脂或漆液由这些细胞排出，积累在管道中（图 2-12）。芒果属的叶和茎中的分泌道是裂溶生方式起源的。

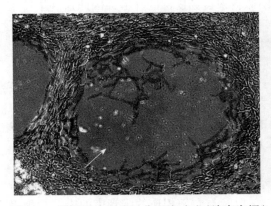 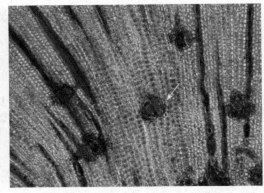

图 2-11 柑橘果皮切片示分泌腔（↑）（许存宾摄）　　图 2-12 松茎横切示树脂道（↑）（许存宾摄）

**3. 乳汁管**

乳汁管是分泌乳汁的管状结构，有无节乳汁管（nonarticulate laticifer）和有节乳汁管（articulate laticifer）两种类型。无节乳汁管由单个细胞发育而来，随着植物的生长而伸长和形成分支，长度可达几米以上，贯穿于植物体中，如夹竹桃科、桑科和大戟科植物的乳汁管；有节乳汁管是由许多管状细胞在发育过程中彼此相连，相连的细胞壁融化消失而形成的管状结构，如菊科、罂粟科、番木瓜科、芭蕉科、旋花科等植物的乳汁管。有些植物体中同时存在有节乳汁管和无节乳汁管，如橡胶树（*Hevea brasiliensis*）初生韧皮部中为无节乳汁管，在次生韧皮部中却是有节乳汁管，但是无节乳汁管随着茎的发育很早被破坏，而有节乳汁管则能保留很长的时间。乳汁管的细胞壁是初生壁，一般不发生木质化，成熟时是多核的，液泡与细胞质之间没有明显的界线，原生质体包围着乳汁。

乳汁的成分比较复杂，各种植物乳汁的成分和颜色也不相同，常见的乳汁成分有糖类、蛋白质、脂肪、鞣质、植物碱、盐类、树脂及橡胶等。罂粟的乳汁中含有大量的罂粟碱、咖啡因等植物碱，菊科的乳汁中常含有糖类，番木瓜的乳汁中含木瓜蛋白酶。橡胶树的乳汁中含有橡胶（一种萜烯类物质，呈小型颗粒悬浮于乳汁中），是天然橡胶的来源。乳汁对植物可能具有保护功能，在防御其他生物侵袭时，乳汁能够覆盖创伤，很多乳汁具有较高的药用和经济价值。

植物组织的类型总结

# 知识点三　复合组织和组织系统

## 一、简单组织和复合组织

　　种子植物是多细胞、多组织和多器官构成的有机体，具有复杂形态和结构。植物组织类型中只由一种类型细胞构成的组织称为简单组织（simple tissue），如分生组织、薄壁组织和机械组织；由多种类型细胞构成的组织称为复合组织（compound tissue），如周皮、木质部、韧皮部和维管束等。

## 二、复合组织

### （一）周皮

　　周皮由木栓层、木栓形成层和栓内层共同构成，从组织分类来看，木栓层属于次生保护组织，木栓形成层属于次生分生组织，而栓内层属于次生薄壁组织，因此周皮是由三种不同组织组成的复合组织。

### （二）木质部和韧皮部

　　木质部和韧皮部是植物体内主要起输导和支持作用的组织。木质部一般包括导管、管胞、木薄壁细胞和木纤维等，韧皮部包括筛管、伴胞、韧皮薄壁细胞和韧皮纤维等。木质部和韧皮部的组成包含输导组织、薄壁组织和机械组织等几种组织，因而属于复合组织。由于木质部或韧皮部主要是管状结构，因此常将木质部和韧皮部或其中之一称为维管组织。维管组织的形成，在植物系统进化过程中，对于适应陆生生活有着重要意义。从蕨类植物开始，它们体内就已有维管组织的分化出现。种子植物体内的维管组织则更为进化发达。通常将蕨类植物和种子植物总称为维管植物。

### （三）维管束

　　维管束（vascular bundle）是指维管植物中的维管组织，由原形成层产生木质部和韧皮部成束状排列形成的结构。维管束能彼此连接，构成维管系统来进行水分、无机盐及有机物质的输导，并对植物体起支持作用。不同种类的植物或不同的器官中，原形成层分化成木质部和韧皮部的情况不同，也就形成了不同类型的维管束。根据维管束中形成层的有无，可将其分为有限维管束和无限维管束两大类型。

　　有限维管束（closed vascular bundle）：蕨类植物和单子叶植物的原形成层完全分化为木质部和韧皮部，维管束中不再有形成层，不能发育出新的木质部和韧皮部。这种维管束不再继续生长，称为有限维管束。

无限维管束（open vascular bundle）：裸子植物和双子叶植物的原形成层大部分分化成木质部和韧皮部，但在两者之间还保留一层分生组织发育形成维管形成层（束中形成层），这类维管束可以通过束中形成层的分裂活动，产生次生韧皮部和次生木质部，维管束可以继续发展扩大，称为无限维管束。很多双子叶植物和裸子植物的维管束即为此类维管束。

另外，也可根据木质部和韧皮部的位置和排列情况，将维管束分为下列几种。

外韧维管束（collateral vascular bundle）：指木质部和韧皮部内外相接而成的维管束，木质部排列在内，韧皮部排列在外，一般种子植物的茎、叶中具有这种维管束。在茎的外侧分化为韧皮部，在茎的内侧分化为木质部；在叶则位于近轴面的为木质部，远轴面的为韧皮部。如果联系形成层的有无一并考虑，则可分为无限外韧维管束和有限外韧维管束，前者束内有形成层，如双子叶植物的维管束；后者束内无形成层，如单子叶植物的维管束。

双韧维管束（bicollateral vascular bundle）：木质部内外都有韧皮部的维管束，如瓜类、茄类、马铃薯、甘薯等茎中的维管束。初生韧皮部在初生木质部的内外两侧，出现在木质部内侧的韧皮部，称为内生韧皮部，以此与外生韧皮部区别，如南瓜属的茎。

周木维管束（amphivasal vascular bundle）：木质部围绕着韧皮部呈同心排列的维管束称为周木维管束，即韧皮部位于中央，木质部包于其外，如芹菜、胡椒科的一些植物的茎中和少数单子叶植物（如香蒲、鸢尾）的根状茎中有周木维管束。

周韧维管束（amphicribral vascular bundle）：韧皮部围绕着木质部的维管束称为周韧维管束，即木质部在中心，韧皮部列于其周围，如被子植物花的花丝中，以及蕨类植物的根状茎中为周韧维管束。

三、组织系统

植物器官都由一定类型的组织构成，不同功能的器官中，组织的类型不同，排列方式也不同。然而，植物体是一个有机的整体，各个器官除了具有功能上的相互联系外，在它们的内部结构上也必然具有连续性和统一性。植物体或植物器官中的各类组织进一步在结构和功能上组成的复合单位，称为组织系统（tissue system）。维管植物的主要组织可归并成三种组织系统，即皮组织系统（dermal tissue system）、维管组织系统（vascular tissue system）和基本组织系统（fundamental tissue system），它们分别简称为皮系统（dermal system）、维管系统（vascular system）和基本系统（fundamental system）。

## （一）皮组织系统

皮组织系统是指覆盖于植物各器官外表的表皮和周皮，它们形成一个包裹整个植物体的连续的保护层。皮组织系统在植物个体发育的不同时期，分别对植物体起着不同程度的保护作用，同时位于皮组织系统上的特定通道负责控制植物与环境的物质交换。表皮是植物体幼嫩部分或绿色部分的保护组织，草本植物的表皮终生存在。木本植物根、茎的表皮只存在一段时间，由于根、茎的增粗生长，表皮被挤压破坏而脱落，由周皮代替。

## （二）基本组织系统

基本组织系统位于皮组织系统和维管组织系统之间，主要包括各类薄壁组织、厚角组织和厚壁组织，是植物体内最大、分布最广的组织系统。植物整体的结构表现为维管组织系统贯穿于基本组织系统之中，基本组织系统外面又覆盖着皮组织系统。植物体的营养代谢、贮藏、支持等功能都由基本组织系统实现，并由其把植物体的地上部分和地下部分、营养与繁殖的各种器官连接成一个有机整体。该系统中的代谢产物与贮藏物质是人类生存和发展的重要资源物质。

## （三）维管组织系统

维管组织系统包括输导有机养料的韧皮部和输导水分和无机盐的木质部，它们连续地贯穿于整个植物体内，把生长区、发育区与有机养料制造区和贮藏区连接起来，并且还有支持和巩固的作用。蕨类植物、裸子植物和被子植物均有维管组织系统，统称为维管植物。根据维管组织系统形成的先后和组成特性，可将其分为初生维管系统和次生维管系统。初生维管系统主要存在于初生成熟组织，如绝大多数单子叶植物、裸子植物、双子叶植物幼嫩的根、茎、叶等的维管组织。次生维管系统则是次生成熟组织中的维管组织，主要存在于双子叶植物和裸子植物的老根和老茎之中。在植物进化过程中，维管组织系统的出现，对于植物适应陆生环境具有重大意义。

### 扩展阅读

## 植物组织的演化、发生与关联

### 1. 植物组织的演化

植物的演化遵循从单细胞至多细胞群体，再发展为多细胞有机体，多细胞个体内出现了细胞的分化，产生了组织。因此，各种组织的出现是不同步的，组织的复杂程度也是不相同的。

原始的单细胞生物逐渐进化成藻类植物，藻类植物体的构造简单，没有根、茎、叶的分化，多为单细胞、群体或多细胞的叶状体，藻类植物的生活是离不开水的。大约在5亿年前，地球上出现了最初的陆生高等植物——裸蕨类，它们是由原始的藻类植物进化而成的，没有叶，也没有真正的根，只能靠假根着生在地面上，用茎进行光合作用。裸蕨类已经具有简单的维管束组织和典型的原生中柱，表皮形成了角质层和气孔。裸蕨类登陆成功后，逐渐分化出各种古代蕨类植物。古代蕨类植物不仅有高大的茎干，还有了真正的根和叶，但是它们的生殖还是离不开水。在2亿多年前，由于剧烈的地壳运动和气候变化等，蕨类植物大量消亡，一些古代蕨类植物逐渐演变成古代裸子植物。后来，古代裸子植物逐渐演变成古代被子植物。裸子植物和被子植物的生殖过程完全摆脱了水的限制，在形态结构上更加适应陆地生活，最终成为地球上最占优势的类群。

因此，在植物系统演化过程中，较低等的植物仅有简单组织，较高等的植物除有简单组织外，还出现了复合组织。在植物组织中薄壁组织出现得较早，而输导组织、机械组织和分泌结构出现得较晚。维管组织的出现是植物由水生到陆生进化的标志，现在只有蕨类植物和种子植物才有维管组织，特别是被子植物体内的维管组织高度发达与完善。保护组织中的表皮具有彼此嵌合紧密的表皮细胞、发达的角质膜、毛状体、气孔器等，都是植物适应陆生生活的体现。周皮作为次生保护组织到裸子植物和被子植物才逐渐发展形成，使多年生的木本植物可以在严寒、干旱的环境中生存。分泌结构的细胞来源各异，通常外分泌结构来源于表皮或薄壁组织等初生组织，而内分泌结构的分泌腔、乳汁管具有明显的次生进化特征，因此常常认为外分泌结构的腺体要比内分泌结构发生至少早1亿年。

### 2. 植物组织的发生与关联

在植物的个体发育过程中，植物体的各个组织均来源于胚胎。种子植物在胚胎发育的早期阶段，所有的胚细胞均能进行分裂，称为胚性细胞。随着胚的发育，这种胚性细胞只保留在了植物的特定部位，如茎尖和根尖，即原分生组织。原分生组织分裂产生的大部分细胞衍生出初生分生组织。初生分生组织进一步分化为原表皮和原形成层，以及两者之间的基本分生组织。由这三部分的细胞经分裂、生长、分化而形成的成熟组织，称为初生成熟组织（primary mature tissue），如表皮、初生木质部、初生韧皮部等。

裸子植物、大多数双子叶植物和部分蕨类植物的根和茎在初生成熟组织的基础上进一步形成次生分生组织——维管形成层和木栓形成层。维管形成层分裂的细胞向外分化形成次生韧皮部，向内形成次生木质部，共同组成次生维管组织。维管形成层的活动，使根和茎不断增粗，初生的表皮组织受到挤压而破损，需要产生新的保护组织周皮。根中一般由中柱鞘、茎中由表皮或皮层的细胞转化为木栓形成层，木栓形成层向外产生木栓层，向内产生栓内层，共同组成周皮，周皮在表皮和皮层被挤毁时代替表皮起保护作用。这类由形成层产生的组织，称为次生成熟组织（secondary mature tissue）。

在次生生长中，有些植物的根和茎的次生成熟组织中，某些部位的木薄壁细胞或韧皮薄壁细胞重新恢复分裂能力，转变成副形成层或额外形成层，可进行三生生长，又称为三生分生组织。副形成层的活动分别在内外侧产生三生木质部和三生韧皮部，构成三生维管束。三生维管束属三生成熟组织（tertiary mature tissue），如此不断地分裂、生长和成熟，使植株的特定器官不断扩大和增粗。

## 主要参考文献

胡宝忠，胡国宣. 2002. 植物学. 北京：中国农业出版社

金银根. 2010. 植物学. 2版. 北京：科学出版社

马炜梁，王幼芳，李宏庆. 2016. 植物学. 2版. 北京：高等教育出版社

杨世杰. 2000. 植物生物学. 北京：科学出版社

Lincoln T, Eduardo Z. 2010. Plant Physiology. 5th ed. Sunderland: Sinauer Associates Inc.

# 第三章 种子植物的根

## 【主要内容】

本章按照根尖发育的逻辑顺序重点介绍了种子植物根的结构。涵盖被子植物根的发生与根系类型、根的初生结构和根的次生结构等知识点。主要内容包括根的生理功能、根的发生和根系的类型、根系在土壤中的生长和分布、根尖的分区及其生长动态、根的初生结构和次生结构、侧根的形成及根瘤和菌根。

## 【学习指南】

了解根的生理功能，根和根系的类型，并了解根瘤和菌根的形成原因。掌握被子植物根的发育和结构。重点掌握根的初生结构和次生结构。

# 知识点一 根的生理功能和用途

根（root）是植物在长期陆生生活过程中进化形成的器官，构成了植物体的地下部分。根的生理功能主要表现在以下几方面。

## 一、吸收

根最主要的功能是从土壤中吸收水分和溶于水中的矿物质与氮素，如吸收土壤中的水、$CO_2$ 和硫酸盐、硝酸盐、磷酸盐等无机盐类，以及 $K^+$、$Ca^{2+}$、$Mg^{2+}$ 等离子。植物体内所需要的物质，除一部分由叶和幼嫩的茎自空气中吸收外，大部分是由土壤中获得的。水分是原生质体的组成成分之一，是制造有机物的原料，是细胞膨压的维持者，保障生命活动的持续进行，同时水分影响着植物的形态。$CO_2$ 是植物光合作用的原料，不仅可以利用叶从空气中获得，还可以由根从土壤中吸取相应的溶解态 $CO_2$ 或碳酸盐供植物的光合作用使用。无机盐和离子可随水一同进入植物体内，维持植物的生命活动。

## 二、输导作用

植物不仅可以从土壤中吸收水分、无机盐等，还可以通过维管组织将这些物质输送到枝，同时叶所制造的有机养料经过茎可输送到根，再经根的维管组织运送到根的各个部分，以维持根的生长和生活需要。

## 三、固着和支持作用

植物体的地上部分在适应环境过程中要经历诸如风、雨、冰雹、雪、动物等各种因素的侵袭和影响，庞大的根系为植物的地上部分提供了极大的支撑，使植物能巍然屹立在生境中。

## 四、合成作用

根可合成某些重要的有机物，如氨基酸、生物碱、有机氮、激素等都是在根中合成的，其中氨基酸再输导到生长部分进而合成蛋白质，这些蛋白质可构成新细胞的材料。

而激素和生物碱对植物的发育有着非常重要的影响。

## 五、贮藏与繁殖

　　根由于其薄壁组织比较发达，常具有贮藏功能，贮藏物有淀粉（红薯）、维生素、胡萝卜素（胡萝卜）、糖类（甜菜）等。不少植物的根能产生不定芽，有些植物的根，在伤口处更易形成不定芽，因此可用于营养繁殖中的根扦插，产生不定芽，长成新的植株。

　　根有很多种用途，具备多种经济价值，如食用、药用、观赏用，也可以作为工业原料，还可以用于治沙固土等。甘薯、胡萝卜、萝卜等皆可食用，也可作饲料；人参、当归、龙胆等可供药用；甜菜可作为制糖原料；红薯可作为粉丝原料；杜鹃、苹果、檵木、葡萄等的根可雕刻成各种形状供观赏用；多数植物，如羊草等在治沙固土、防止水土流失、保护堤坝等方面有着重要应用。

# 知识点二　根的发生与根系类型

　　根是种子植物三大营养器官之一，根的伸长生长是向地的，越近茎基的部分越老，离茎基越远的部分越嫩。伸长生长主要在根尖部分进行。

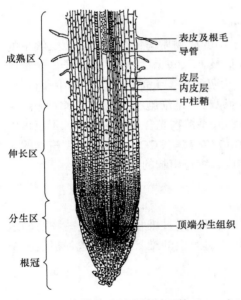

图 3-1　根尖结构（引自陆时万等，1991）

## 一、根尖的分区及生长动态

　　种子植物的根可发生于胚根或茎、叶等非固定部位。胚根首先形成的是主根，主根直接与茎相连。主根上再产生的根为侧根。因主根和侧根均有固定的发生部位，因此均称为定根，而有些根不从主根产生，从茎、侧茎基部、叶产生的根，称为不定根。

　　根尖（root tip）是植物根的先端，是根中生命活动最旺盛、最重要的部分。根据根尖的外部构造和内部组织分化的不同，人为地将根尖分成 4 个区：根冠（区）、分生区、伸长区和成熟区（图 3-1）。根尖的 4 个区在形态上没有明显的分界，由分生区细胞分裂所形成的新细胞经过生长、伸长，同时细胞逐渐分化，是一个连续发育、生长和成熟的过程。

图中标注：表皮及根毛、导管、皮层、内皮层、中柱鞘、顶端分生组织；成熟区、伸长区、分生区、根冠

## （一）根冠

　　根冠（root cap）形似帽套，位于根尖最前端，覆盖分生区，是根的特有结构。根冠由多层排列不规则的薄壁细胞组成，根冠细胞的下侧分布着许多淀粉体（造粉体），起感受重力的作用。当根不断生长，在土壤中向下延伸时，根冠外层细胞被土壤中的沙砾等不断地磨损而脱落，此时由分生区细胞不断分裂而产生新的根冠细胞，使其外层被磨损的细胞相继得到补充，因此根冠始终能保持一定的形态和厚度。所以根冠的

主要作用是保护根分生区的顶端分生组织，同时使根在伸长过程中顺利穿越土壤，不受破坏。除了有些寄生植物和有菌根共生的植物其根部无根冠外，绝大多数植物的根尖都有根冠。

### （二）分生区

分生区（division zone）位于根冠的上方或内方，是根冠的顶端分生组织，呈圆锥状，长约 1mm，具有很强的分生能力，是细胞分裂最旺盛的部分，又称为生长锥。分生区先端的一群细胞，来源于种子的胚，属于原分生组织，细胞排列紧密，细胞壁薄，细胞质浓，细胞核相对较大。分生区细胞可不断地进行分裂，增加细胞数目，分裂产生的细胞进一步生长、分化。逐渐形成根的表皮、皮层和中柱等结构。

根的顶端分生组织的最前端有一团细胞，有丝分裂的频率低于周围的细胞，研究发现这些细胞很少有 DNA 合成，这个区域称为不活动中心（quiescent centre）或静止中心。不活动中心并不包括根冠原始细胞。在根以后的生长中，旺盛的有丝分裂活动是在不活动中心外的部分进行的。

### （三）伸长区

伸长区（elongation zone）位于生长锥上方到出现根毛的地方，介于分生区和成熟区之间。多数细胞已逐渐停止分裂，体积扩大，细胞沿根的长轴方向显著延伸，故称为伸长区。伸长区的细胞除显著延伸外，同时也开始出现了细胞分化，相继出现导管和筛管，细胞的形状上开始有了差异。根的伸长生长是分生区细胞的分裂、增大和伸长区细胞的延伸共同实现的。细胞分裂、伸长等的活动产生的力将根不断地向土壤深处推进，吸收不同深度土层的水分和无机盐。

### （四）成熟区

成熟区（maturation zone）位于伸长区上方，在该区内各种细胞均已停止伸长，并且多数已分化成熟，故称为成熟区。成熟区典型的特征是表皮细胞的外壁向外突出延伸形成根毛（root hair），因此又称为根毛区（root hair zone）。根毛的产生增加了根的吸收面积。根毛的寿命很短，一般只有几天或十几天。随着分生区细胞的不断分裂，伸长区细胞不断分化、伸长，新的根毛不断产生，根毛不断更新，新产生的根毛随着根的生长，不断向前推移，进入新的土壤区域，这对于根的吸收是极为有利的。

## 二、根系类型

一株植物所有根的总和称为根系（root system）。根据其形态可分为直根系（tap root system）和须根系（fibrous root system）两大类。

### （一）直根系

直根系的主根粗壮，大多主根的生长占优势，主要由定根组成，形态上明显可见粗壮的主根和逐级变细的各级侧根。裸子植物和绝大多数的种子植物的根系是直根系。通常直根系植物的主根发达，能深入到土壤的深层，具有深根性。

## （二）须根系

主根不发达或早期死亡，而从茎的基部节上生长出许多大小长短相仿的不定根，形态上可见根的粗细较均匀，呈丛生状态。单子叶植物如小麦、水稻等的根都属于须根系。须根系在水平方向上生长占优势，主要生长在浅层土壤中，具有浅根性。

# 知识点三　根的初生结构

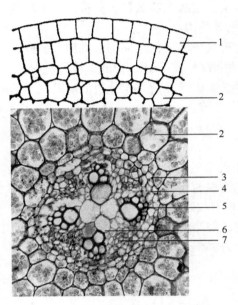

图 3-2　双子叶植物幼根的初生构造
（于志海摄）
1. 表皮；2. 皮层；3. 内皮层；4. 中柱鞘；
5. 原生木质部；6. 后生木质部；7. 初生韧皮部

根尖顶端分生组织经过分裂、生长、分化形成成熟区的过程，称为根的初生生长（primary growth）。由初生生长所形成的各种成熟组织，称为初生组织（primary tissue），由初生组织所形成的根的结构，称为根的初生结构（primary structure）。

## 一、双子叶植物根的初生结构

通过根尖的成熟区作一横切面，双子叶植物根的初生结构从外到内依次为表皮、皮层和维管柱三部分（图 3-2）。

📖 双子叶植物根的初生结构

## （一）表皮

表皮（epidermis）位于根的成熟区的最外层，由初生分生组织的原表皮发育而来，一般由一层表皮细胞组成。细胞特征为类长方形、排列整齐、紧密、无细胞间隙、细胞壁薄、不角质化，细胞壁由纤维素和果胶构成、富有通透性，无气孔。有部分细胞向外突出形成根毛，增加了根与土壤的接触面积，从而扩大了吸收面积。这与根的吸收功能是相适应的。

## （二）皮层

皮层（cortex）位于表皮与维管柱之间，由初生分生组织里的基本分生组织发育而成，由多层薄壁细胞所组成，细胞排列疏松，有明显的细胞间隙，占根的相当大部分。通常可分为外皮层、皮层薄壁细胞和内皮层。

### 1. 外皮层

外皮层（exodermis）由皮层最外方紧邻表皮的一层或数层细胞构成，细胞较小，排列整齐、紧密。在表皮被破坏脱落后，外皮层细胞的壁常增厚，栓质化，能替代表皮起保护作用。

### 2. 皮层薄壁细胞

皮层薄壁细胞（cortex parenchyma）位于外皮层内方，由多层细胞组成，细胞壁薄、排列疏松、有明显的细胞间隙。皮层薄壁细胞具有将根毛所吸收的水和溶质横向输导至根内维管柱中的作用，又可将维管柱内的有机养料转运出来，有的还有贮藏功能。所以皮层为兼具吸收、运输和贮藏功能的基本组织。

### 3．内皮层

内皮层（endodermis）是皮层最内方的一层细胞，排列紧密整齐，无细胞间隙。内皮层细胞的细胞壁常增厚，其增厚情况较特殊，可分为两种类型。一种是在内皮层细胞的径向壁（侧壁）和上下壁（横壁）上，形成木质化或木栓化的局部增厚，增厚部分呈带状，环绕径向壁和上下壁呈一整圈，称为凯氏带（casparian strip）。凯氏带的宽度不一，从横切面观，增厚的部分呈点状，故又称为凯氏点（casparian dot）。另一种是在内皮层细胞的径向壁、上下壁以及内切向壁（内壁）上显著增厚，只有外切向壁（外壁）较薄，因此横切面观时，内皮层细胞增厚部分呈五面加厚，也有的内皮层细胞壁全部木栓化增厚。在内皮层细胞增厚的过程中，有少数正对初生木质部束的内皮层细胞不增厚，这些细胞称为通道细胞（passage cell），起着皮层和维管柱之间物质交流的作用。

## （三）维管柱

根的皮层以内的所有组织构造统称为维管柱（vascular cylinder），是由初生分生组织的原形成层发育而成的。包括中柱鞘、初生木质部、初生韧皮部和薄壁细胞4部分，有的植物还有髓部。

### 1．中柱鞘

中柱鞘（pericycle）是维管柱最外层的组织。通常由一层细胞构成，常为薄壁细胞，如多数双子叶植物；少数有二至多层，如桃、桑及裸子植物等。也有中柱鞘为厚壁组织的，如竹、菝葜等。在适当条件下，根的中柱鞘细胞恢复分生能力，产生侧根、不定根、不定芽等，在进行增粗生长时还可以产生一部分木栓形成层和形成层等。

### 2．初生木质部和初生韧皮部

初生木质部（primary xylem）和初生韧皮部（primary phloem）是根的初生维管组织和输导系统，由原形成层直接分化形成。二者各自成束，相间排列。由于根的初生木质部在成熟分化过程中，是由外方向内方逐渐发育成熟的，这种发育方式称为外始式（exarch）。近中柱鞘部位的木质部最先分化成熟，称为原生木质部（protoxylem），多由管腔较小的环纹和螺纹导管组成。向内成熟较迟的部分，称为后生木质部（metaxylem），由管腔较大的梯纹、网纹和孔纹导管组成。

根的初生木质部横切面呈辐射状，而原生木质部构成辐射状的脊。脊的数目因植物种类而异，如十字花科、伞形科的一些植物根中，脊数为2，称为二原型（diarch）；毛茛科唐松草属的脊数为3，称为三原型（triarch）；葫芦科、杨柳科及毛茛科毛茛属的一些植物的脊数是4，称为四原型（tetrarch）；棉花和向日葵的脊数为4或5，蚕豆为4～6，称为多原型（polyarch）。一般双子叶植物的脊数少，为二至六原型；单子叶植物的脊数多，即多原型，有些单子叶植物的脊数可达百数之多。

初生韧皮部的脊数和初生木质部的脊数相同，分化方式也是外始式，先分化形成的称为原生韧皮部（protophloem），后分化成熟的称为后生韧皮部（metaphloem）。被子植物中的初生韧皮部一般由筛管、伴胞、韧皮薄壁细胞组成，偶有韧皮纤维；裸子植物的初生韧皮部主要有筛胞。

**3. 薄壁细胞**

初生木质部和初生韧皮部之间为薄壁细胞，这些薄壁细胞在根进行次生生长时，可以恢复分生能力转化成形成层的一部分。

## 二、单子叶植物根的初生结构

单子叶植物根的初生结构也可分为表皮、皮层和维管柱三部分，但各部分结构均有其特点。

### （一）表皮

根最外层的一层细胞为表皮，在根毛枯死后，往往解体而脱落。某些单子叶植物，如热带兰科植物和一些附生的天南星科植物的气生根中，表皮无根毛，而有由表皮细胞平周分裂形成多层紧密排列的细胞构成的根被，是一种复表皮，具有减少蒸腾和作为机械组织保护内部细胞的作用。

### （二）皮层

靠近表皮的一至数层细胞为外皮层，排列紧密。在根发育后期，位于表皮内方的一至数层细胞往往转变为厚壁的机械组织，起支持和保护作用。

外皮层的内侧为细胞数量较多的皮层薄壁组织。水稻老根中，部分皮层薄壁细胞互相分离后，解体形成大的气腔。气腔间被离解的皮层薄壁细胞及残留细胞壁所构成的薄片所隔开。水稻根、茎、叶中气腔互相连通，有利于通气。叶片中的氧气可通过气腔进入根部，供给根呼吸，所以水稻能够生长在湿生环境中。

单子叶植物的内皮层加厚和双子叶植物的内皮层加厚明显不同，在根发育后期，其内皮层细胞呈五面加厚，只有外切向壁未加厚。在横切面上看，这些内皮层细胞的细胞壁呈马蹄形加厚。少数正对初生木质部辐射角处的内皮层细胞不加厚，称为通道细胞（图 3-3），一般认为通道细胞是维管柱内外物质运输的主要途径，但有些植物根的内皮层上无通道细胞，电子显微镜下发现内皮层栓质化的细胞壁上有许多胞间连丝，是物质运输的通道。

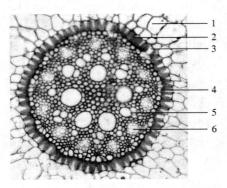

图 3-3　鸢尾属植物幼根部分横切面结构
（于志海摄）

1. 皮层薄壁组织；2. 内皮层；3. 通道细胞；
4. 中柱鞘；5. 初生木质部；6. 初生韧皮部

### （三）维管柱

维管柱最外一层薄壁细胞组成中柱鞘，是侧根的发生处。在根的较老部分，中柱鞘细胞木质化增厚，产生侧根的能力减弱。所以，禾本科植物常在地下茎节（分蘖节）上长出大量的不定根。

初生木质部一般在六原型以上，其发育方式为外始式。每个原生木质部由几个小型导管组成，其内侧有一个大型的后生木质部导管与之相连，或者在两束原生木质部的内侧部分只有一个后生木质部的大导管，这样，判断根的原型就必须依据原生木质部的束数来定。例如，水稻不定根的原生木质部为6～10束，小麦为7～8束或10束以上，玉米为12束。维管柱中央常有发达的髓，由薄壁细胞组成，后期可发育成厚壁细胞。但小麦的细小胚根，其维管柱中央有时只为1或2个后生木质部导管所占据，这样就不存在髓。

初生韧皮部主要由少数筛管和伴胞组成，与原生木质部相间排列，原生韧皮部常只有1个筛管和2个伴胞，其内方有1或2个大型的后生韧皮部筛管。在整个发育期内，筛管不丧失输导功能。初生木质部与初生韧皮部之间的薄壁细胞不能恢复分裂能力，不产生形成层。以后，薄壁细胞的细胞壁木质化而变为厚壁组织。在水稻老根中，除韧皮部外，所有组织都木质化增厚，整个维管柱既保持输导功能，又起坚强的支持和巩固作用。

## 三、侧根的形成

种子植物的各级侧根，无论是发生在主根、侧根上，还是发生在不定根上，通常起源于中柱鞘，而内皮层可能以不同程度参与到新的侧根原基形成的过程中。侧根起源于母根组织内部，因此，种子植物侧根的起源称为内起源（endogenous origin）。

侧根起源于中柱鞘，因而和母根的维管组织紧密地靠在一起，侧根的维管组织以后也会和母根的维管组织连接起来。侧根在母根上发生的位置，在同一种植物上较为稳定，这是由于侧根的发生和母根初生木质部的类型有关（图3-4）。在初生木质部为二原型的根上，侧根发生位置有几种情况：一是正对着原生木质部，如萝卜根，其外部仍呈两列纵根；二是位于原生木质部两侧，即在初生韧皮部与初生木质部之间，如胡萝卜根，其外部则呈四列纵根；三是位于原生韧皮部外侧。在三原型、四原型等的根上，侧根正对着原生木质部发生。在多原型的根上，侧根是对着原生韧皮部发生的。由于侧根位置一定，因此在母根表面上，侧根常较规则地纵列成行。除二原型外，一般植物根的外部侧根列数与初生木质部束数相同。

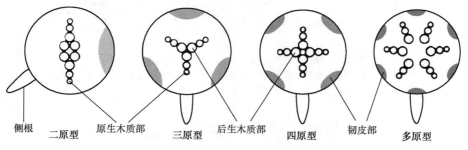

图3-4 侧根原基可能发生的部位（引自许玉凤和曲波，2008）

侧根开始发生时，中柱鞘的某些细胞开始分裂，最初的几次分裂是平周分裂，结果使细胞层数增加，因而新生的组织就产生向外的突起。以后的分裂，包括平周分裂和垂周分裂等多方向分裂，这就使原有突起继续生长，形成侧根的根原基（root primordium），这是侧根最早的分化阶段，以后侧根的根原基分裂、生长逐渐分化出生长点和根冠。生长点细胞继续分裂、增大并分化为侧根的根尖，穿过母根皮层和表皮，露出母根以外，进入土壤，形成侧根。侧根突破母根的表皮和皮层等的力量，一方面来自于侧根不断增长所产生的机械压力作用；另一方面来自于侧根根冠所分泌的物质对表皮和皮层细胞的分解作用。

　　侧根的发生，在根毛区就已经开始，但突破表皮深入土壤中，则常在根毛区后部（图 3-5）。这样就不会由于侧根的产生而破坏根毛，影响母根的吸收功能，这是长期以来自然选择和植物适应环境的结果。侧根可因生长素或其他生长调节物质的刺激而形成，也可因母根内源抑制物质的存在，而在分布和数量上受到控制。主根和侧根有着密切的联系，当主根切断时，能促进侧根的产生和生长。因此，在农、林、园艺工作中，利用这个特性，在移苗时常切断主根，以引起更多侧根的发生，保证植株根系旺盛发育，从而促使整个植株能更好地生长或便于以后移栽。

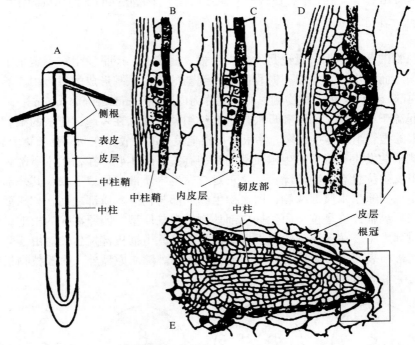

图 3-5　侧根发生过程（引自许玉凤和曲波，2008）

A. 根纵切面简图；B. 中柱鞘细胞恢复分生能力；C. 恢复分生能力的中柱鞘细胞继续分裂；
D. 侧根突破内皮层；E. 侧根形成

# 知识点四　根的次生结构

　　多数双子叶植物和裸子植物根的初生生长进行到一定程度后，根中形成层细胞分裂、分化而产生新的组织，使根逐渐加粗，这种使根增粗的生长称为次生生长（secondary growth），由次生生长所产生的各种组织称为次生组织（secondary tissue），由次生组织所形成的结构称为次生结构（secondary structure）。绝大多数蕨类植物和单子叶植物的根，无次生分生组织，不发生次生生长，一直保持着初生结构，而一般双子叶植物和裸子植物的根，可发生次生生长，形成次生结构。次生结构是由次生分生组织（维管形成层和木栓形成层）细胞的分裂、分化产生的。

## 一、维管形成层的发生及其活动

根进行次生生长时，初生木质部和初生韧皮部之间的一些薄壁细胞恢复分裂能力，转变为最初的条状形成层带，并逐渐向初生木质部束外方的中柱鞘部位发展，使相连的中柱鞘细胞也开始分裂成为形成层的一部分，这样形成层就由起初的几个弧形片段，相互连接成一个凹凸相间的形成层环（图3-6）。此后，在韧皮部下方的形成层持续进行次生生长，由于其向内分裂速度较快，次生木质部产生的量较多，因此，形成层凹入的部分大量向外推移，致使凹凸相间的形成层环变成圆环状。

双子叶植物根维管形成层的发生

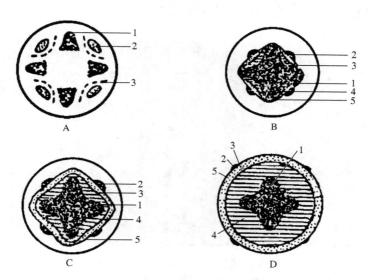

图 3-6　根的次生生长图解（引自陆时万等，1991）
A. 幼根初生结构；B. 形成层发生；C. 形成层产生次生结构；D. 形成层变成圆环状
1. 初生木质部；2. 初生韧皮部；3. 形成层；4. 次生木质部；5. 次生韧皮部

维管形成层的原始细胞只有一层，但在生长季节，由于刚分裂出来的尚未分化的衍生细胞与原始细胞相似，形成多层细胞，合称为形成层区。形成层细胞不断进行平周分裂，向内产生新的木质部，加于初生木质部的外方，称为次生木质部（secondary xylem），包括导管、管胞、木薄壁细胞和木纤维；向外产生新的韧皮部，加于初生韧皮部的内方，称为次生韧皮部（secondary phloem），包括筛胞、伴胞、韧皮薄壁细胞和韧皮纤维。此时，维管束由初生结构中木质部和韧皮部相间排列的辐射维管束转变为木质部在内方、韧皮部在外方的外韧型维管束，形成次生韧皮部在外、次生木质部在内的相对排列。次生木质部和次生韧皮部合称为次生维管组织，是次生结构的重要部分。

形成层形成次生维管组织时，在一定部位分生一些薄壁组织，这些薄壁组织沿径向延长，呈辐射状排列，贯穿在次生维管组织中，称为次生射线（secondary ray）。贯穿在木质部的称为木射线（xylem ray），贯穿在韧皮部的称为韧皮射线（phloem ray），两者合称为维管射线（vascular ray），具有横向运输水分和营养物质的功能。

## 二、木栓形成层的发生及其活动

形成层的分裂活动使根不断加粗，维管柱外方的中柱鞘随次生生长而扩大，但最外方的表皮及部分皮层不能相应加粗而被破坏。此时，根中的中柱鞘细胞恢复分裂能力，形成木栓形成层（phellogen），向外产生木栓层（phellem），向内产生栓内层（phelloderm）。木栓层由数层木栓细胞组成，细胞排列整齐紧密，细胞壁木栓化，呈黄褐色；栓内层为数层薄壁细胞，排列较疏松，有的栓内层较发达，有"次生皮层"之称。栓内层、木栓形成层和木栓层共同组成次生保护组织周皮（periderm）。周皮外方的各种组织（主要是皮层和表皮）和内部失去水分与营养的联系而全部枯死。因此一般根的次生构造中没有表皮和皮层，被周皮所替代（图3-7）。

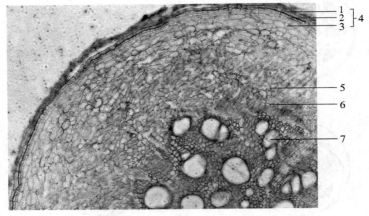

图 3-7 根的木栓形成层（于志海摄）

1. 木栓层；2. 木栓形成层；3. 栓内层；4. 周皮；
5. 次生韧皮部；6. 形成层；7. 次生木质部

多年生植物中，木栓形成层的活动可持续多年，但随着根的进一步加粗，到一定的时期，木栓形成层便终止了活动，在其内方的薄壁细胞又恢复分生能力产生新的木栓形成层，进而形成新的周皮。

## 三、根的异常构造

某些双子植物的根在发育过程中，除了正常的次生构造外，还产生一些由额外形成层而形成的维管束，即异常维管束，称为根的异常构造（anomalous structure），也称三生构造（tertiary structure）。常见的有以下几种。

### （一）同心环状异常维管束

某些双子植物的根，正常的次生生长发育到一定阶段后，形成层往往失去分裂能力，而在相当于中柱鞘部位的薄壁细胞恢复分生能力，形成新的形成层，向外分裂产生大量薄壁细胞和一圈异型无限外韧维管束，如此反复多次，形成多圈异型维管束，并有薄壁细胞相间隔，呈同心环状排列。在植物中，异常维管束呈轮状排列，在同一种植物中，根的直径越粗，每轮异常维管束的数目越多。

### （二）异心的异常维管束

一些双子叶植物的根正常形成维管束后，皮层中部分薄壁细胞恢复分生能力，形成多个新的形成层环，而产生异心的异常维管束，形成根的异常构造。例如，何首乌块根在正常维管束形成后，其皮层薄壁细胞恢复分裂能力，产生一些单独和复合的异常维管束，在其横切面上可看到一些大小不等的圆圈状花纹，称为"云锦花纹"，是鉴别何首乌的重要特征。

### （三）木间木栓

有些双子叶植物的根，在次生木质部内形成木栓带，称为木间木栓或内涵周皮（interxylary cork）。有些植物老根中央的木质部可见木栓环，如黄芩；有些植物的根中形成多个单独的木间木栓环包围一部分韧皮部和木质部，将维管柱分隔成 2～5 束，如甘松。

双子叶植物根的次生结构示意图　　双子叶植物根的发育形成过程

# 知识点五　根瘤和菌根

种子植物的根和土壤内的微生物有着非常密切的关系。微生物不但存在于土壤中，影响着植物的生存活动，而且有些微生物还能进入植物的根中，与植物共同生活。微生物从根的组织中取得供其生活的营养物质，而植物也由于微生物的作用，而获得它所需要的物质。这种植物和微生物双方互利共赢的关系称为共生（symbiosis）。种子植物和微生物间的共生关系现象，一般有两种类型，即根瘤（root nodule）和菌根（mycorrhiza）。

## 一、根瘤

豆科植物的根系上，常具有许多形状各异、大小不等的瘤状突起，称为根瘤。生活在土壤中的根瘤菌侵入根的皮层内，一方面，根瘤菌在皮层细胞内迅速分裂繁殖；另一方面，受根瘤菌侵入的皮层细胞，因根瘤菌分泌物的刺激迅速分裂，进而产生大量的新细胞，使皮层部分体积膨大突出，形成根瘤。

豆科植物和根瘤菌是互利共赢的共生关系。根瘤菌从根的皮层细胞中吸取其生长发育所需的水分和养料，同时根瘤菌能固定空气中游离的氮素，转变成为氨（这种作用叫作固氮作用），供豆科植物利用。而且根瘤菌所制造的一部分含氮物质还可以从豆科植物的根部释放到土壤中，供其他植物利用，"种豆肥田"就是这个道理，这也是农业生产中施用根瘤菌肥的原理。大豆、花生的生产中施用根瘤菌菌肥，能提高蛋白质含量，且增产效果显著。需要注意的是，根瘤菌和豆科植物之间具有选择性，即一种豆科植物只能与一种或几种根瘤菌相互适应而共生。

自然界中，除豆科植物外，还发现有 100 多种植物，如胡颓子属、看麦娘属、木麻黄属等植物的根，可以结瘤固氮。

## 二、菌根

除了根瘤菌外，某些种子植物的根也能和真菌形成共生关系。这些和真菌共生的根称为菌根。菌根主要有两种类型，即外生菌根（ectotrophic mycorrhiza）和内生菌根（endotrophic mycorrhiza）。

（1）外生菌根　　真菌的菌丝大部分包被在植物幼根的表面，有时也侵入根的皮层细胞间隙中，但不侵入细胞内，形成白色的丝状物覆盖层。以菌丝代替了根毛的功能，增加了根的吸收表面积，具有外生菌根的根尖通常略变粗，如马尾松、云杉等。

（2）内生菌根　　真菌的菌丝通过细胞壁大部分侵入幼根皮层活细胞内，呈盘旋状。显微镜下可见表皮细胞和皮层细胞内散布着菌丝，这是内生菌根的特点，如胡桃、李、杜鹃及兰科植物等均有内生菌根。

另外，还有一些植物具有两种类型的混合型，称为内外生菌根。在这种菌根中，真菌的菌丝不仅从外面包围根尖，还伸入皮层细胞间隙和细胞腔内，如草莓的菌根。

具体来说，菌根和种子植物之间的共生关系表现在，真菌将所吸收的水分、无机盐类和转化的有机物质，供给种子植物，而种子植物把它所制造和贮藏的有机养料，包括氨基酸供给真菌。此外，菌根还可以促进根细胞内贮藏物质的分解，增加植物根部的输导和吸收作用，产生植物激素和维生素 $B_1$，促进根系的生长。

### 扩展阅读

## 根的向性生长

向性生长是植物应对环境变化而趋利避害的有效机制，特别是根的向性生长极为明显，为植物的生长和繁殖提供了有利条件（Sato et al., 2015）。根的向性生长受到多种环境因子的调控。具体环境因子对植物根向性生长的影响机制的研究是当前植物学研究的热点之一，是阐明植物根的感应机制的重要课题。印度科学家研究发现，在培养基中添加一定量的葡萄糖可以对拟南芥幼苗根的生长方向进行调控。其可能的调控机制是己糖激酶依赖途径和己糖激酶非依赖途径。葡萄糖可提高油菜素内酯受体的数量，而油菜素内酯受体数量的增加恰好能降低 PP2A（protein phosphatase 2A，蛋白磷酸酶 2A）的活性，从而使根偏离垂直生长。也正因为如此，油菜素内酯受体将葡萄糖和油菜素内酯信号途径联系了起来。这些结果同时也显示了生长素的作用可能处于油菜素内酯的下游。提高葡萄糖的用量或直接通过油菜素内酯和生长素的效应可影响根的生长方向（Singh et al., 2014）。德国科学家研究发现，气体扩散、重力和光照可影响水稻被水淹没部分二次根系的形态建成（Lin and Sauter, 2018），并且进一步研究发现乙烯能促进水稻不定根的发生，重力和光照决定它们的重力性定点角（相对垂直方向的偏离角度）。德国科学家在研究植物根在低氧环境下生长时发现初生根（primary root）向着一边生长，可能是在逃离土壤中缺氧的环境（Eysholdt-Derzso and Sauter, 2017）。即使当前对影响向性生长的相关因素有诸多研究，但仍然存在许多有待探讨的问题（Sato et al., 2015）：①对于自然界中的重力感应受体知之甚少；②关于重力信号的转导，当前的活细胞拍摄技术还不能完全满足和监控植物体内细胞间的信号转导；③当根尖的角度达到 40° 时，恢复生长素的对称分布，但问题是余下的根尖弯曲度是如何调控的呢？

在根的向性生长中还有很多问题等待解答。

# 主要参考文献

董诚明，王丽红．2016．药用植物学．北京：中国医药科技出版社

路金才．2016．药用植物学．北京：中国医药科技出版社

陆时万，徐祥生，沈敏健．1991．植物学．2 版．上册．北京：高等教育出版社

许玉凤，曲波．2008．植物学．北京：中国农业大学出版社

Eysholdt-Derzso E, Sauter M. 2017. Root bending is antagonistically affected by hypoxia and ERF-mediated transcription via auxin signaling. Plant Physiology, 175: 412-423

Lin C, Sauter M. 2018. Control of adventitious root architecture in rice by darkness, light, and gravity. Plant Physiology, 176: 1352-1364

Sato E M, Hijazi H, Bennett M J, et al. 2015. New insights into root gravitropic signalling. Journal of Experimental Botany, 66: 2155-2165

Singh M, Gupta A, Laxmi A. 2014. Glucose control of root growth direction in *Arabidopsis thaliana*. Journal of Experimental Botany, 65: 2981-2993

# 第四章 种子植物的茎

**【主要内容】**

　　本章主要介绍了种子植物茎的生理功能和经济价值、形态特征与分枝方式、初生生长和初生结构及次生生长和次生结构。

**【学习指南】**

　　了解茎尖的分区及形态结构与其功能的一致性；掌握双子叶植物茎的初生生长及初生结构特点；掌握双子叶植物茎的次生生长及次生结构特点；掌握单子叶植物茎和裸子植物茎的结构特点，并与双子叶植物茎的结构作比较。重点是茎的初生生长与初生结构、茎的次生生长与次生结构。难点是茎的次生生长与次生结构。

## 知识点一　茎的生理功能和经济价值

　　茎是植物的营养器官之一，一般是组成地上部分的枝干，主要功能是输导和支持。

### 一、茎的生理功能

#### （一）输导作用

　　茎的输导作用是和它的结构紧密相关的，由茎的维管组织中的木质部和韧皮部负责。根尖上由幼嫩的表皮和根毛从土壤中吸收的水分和无机盐，通过根的木质部，然后是茎的木质部（导管和管胞）运送到植物体的各部分。而大多数的裸子植物中，管胞是唯一输导水分和无机盐的结构。茎的韧皮部的筛管或筛胞（裸子植物），将叶的光合作用产物运送到植物体的各个部分。

#### （二）支持作用

　　茎的支持作用也和茎的结构有着密切关系。茎内的机械组织，特别是纤维和石细胞，分布在基本组织和维管组织中，以及木质部中的导管、管胞，在构成植物体坚固有力的结构中，起着巨大的支持作用。庞大的枝叶和大量的花、果，加上自然界中的强风、暴雨和冰雪的侵袭，使得植物如果没有茎的坚强支持和抵御，是无法在空间展布的。

#### （三）贮藏和繁殖作用

　　茎的基本组织中的薄壁组织细胞往往贮存着大量物质，其中变态茎中，如地下茎中的根状茎（藕）、球茎（慈姑）、块茎（马铃薯）等的贮藏物质尤为丰富，可作食品和工业原料。不少植物茎能形成不定根和不定芽，可进行营养繁殖，用扦插、压条来繁殖苗木，便是利用茎的这种习性。

## 二、茎的经济价值

茎的经济价值是多方面的，包括食用、药用、以及作为工业原料、木材、竹材等，为工农业及其他方面提供了极为丰富的原材料。例如，甘蔗、马铃薯、芋、莴苣、茭白、藕、慈姑，以及姜、桂皮等都是常用的食品；杜仲、合欢皮、桂枝、半夏、天麻、黄精等都是著名的药材，奎宁是金鸡纳树（*Cinchona ledgeriana*）树皮中的生物碱，为著名的抗疟药；其他如纤维、橡胶、生漆、软木、木材、竹材以及木材干馏制成的化工原料等，更是用途极广的工业原料。随着科学的发展，对茎的利用，特别是综合利用，将会日益广泛。

# 知识点二　茎的形态特征与分枝方式

## 一、茎的基本形态

### （一）茎的外形

茎是植株地上部分的主轴，常为圆柱形、扁平状、三棱形、四棱形等，是叶、花、果等器官着生的轴，着生叶和芽的茎称为枝条和小枝（图4-1）。

**1. 节和节间**

在茎上着生叶的部位称为节，两节之间的部分称为节间。

**2. 长枝和短枝**

不同的植物，节间长度是不同的。一般来讲，节间显著伸长的枝条称为长枝；节间显著短缩，各节紧密相接的枝条称为短枝。节间的长短与枝条延伸生长的强弱有关，长枝是着生叶的枝条，故又称营养枝；花多生于短枝上，故短枝也称为果枝（图4-2）。

**3. 叶痕、托叶痕与芽鳞痕**

叶从小枝脱落后留下的痕迹叫叶痕。叶痕中的点状突起是枝条与叶柄间的维管束断离后留下的痕迹，称为叶迹。叶痕的形状、大小多与叶柄形状有关。有些树木在叶痕两侧还有托叶脱落后遗留的托叶痕，如玉兰的托叶痕呈环状。此外，芽鳞脱落后在茎上留下的痕迹叫芽鳞痕。这是由于顶芽生长时，其芽鳞片脱落后，在枝条上留下的密集痕迹。在季节性明显的地区，往往可以根据枝条上芽鳞痕的数目，来判断其生长年龄和生长速度。

**4. 皮孔**

皮孔是枝条上的通气结构，其形状、大小、分布密度和颜色因植物而异。

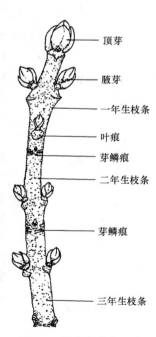

图4-1　枝条的外部形态
（引自贺学礼，2008）

（图中标注自上而下：顶芽；腋芽；一年生枝条；叶痕；芽鳞痕；二年生枝条；芽鳞痕；三年生枝条）

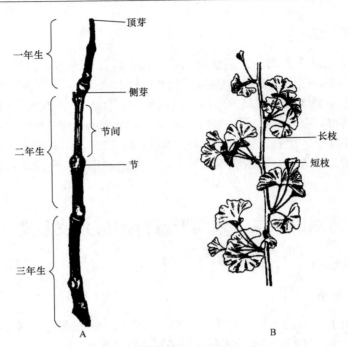

图 4-2　长枝与短枝（引自许玉凤和曲波，2008）

A. 黄檗；B. 银杏

## （二）芽的类型及构造

芽是处于幼态而未伸展的枝条、叶或花。

图 4-3　顶芽与腋芽
（曲波摄）

### 1. 按着生位置划分（图 4-3）

1）顶芽：生在主干或枝条顶端的芽。

2）腋芽：着生在枝的侧面叶腋内的芽，通常一个单生。当腋芽超过一个时，后生的芽称为副芽，如金银花。被叶柄膨大的基部覆盖的腋芽叫叶柄下芽，如悬铃木。

3）不定芽：除去顶芽与腋芽以外，着生于根、茎的节间、叶片等非固定部位上的芽叫不定芽，如刺槐根部的不定芽、柳树老茎上的不定芽、秋海棠叶上的不定芽等。

### 2. 按芽鳞的有无划分（图 4-4）

1）鳞芽：外面生有鳞片（变态叶）包被的芽，称为鳞芽。

2）裸芽：没有鳞片包被的芽称为裸芽。

### 3. 按芽将形成的器官划分（图 4-5）

1）枝芽：发育为枝的芽，有时也被不恰当地称为叶芽。

2）花芽：产生花或花序的芽。

3）混合芽：同时产生枝和花（花序）的芽。

### 4. 按芽的活动状态划分

1）活动芽：在生长季节活动的芽，即能在生长季节形成新的枝、花或花序的芽。

2）休眠芽：在生长季节不生长而处于休眠状态的芽。

图4-4　裸芽（A）与鳞芽（B）（曲波摄）　　　　图4-5　芽的类型（引自陆时万等，1991）

榆树枝芽　　　　小檗花芽　　　　苹果混合芽

## 二、茎的生长习性和分枝

### （一）茎的生长习性

茎根据其生长习性不同，相应地分为以下几类。

1）直立茎：茎垂直于地面。绝大多数植物的茎为直立茎。

2）平卧茎：茎平卧于地面，节上不生根，如地锦草、酢浆草等。

3）匍匐茎：茎平卧于地面，但在节上生根，如草莓、蕨麻等。

4）攀缘茎：借助卷须、吸盘或其他特殊器官攀附着他物而上升的茎。攀缘茎上常有5种攀缘结构：卷须，如瓜类、葡萄、豌豆；气生根，如常春藤、络石、薜荔；叶柄，如旱金莲、铁线莲；钩刺，如猪殃殃、白藤；吸盘，如五叶地锦。

5）缠绕茎：借助植物体本身缠绕他物而上升的茎。左旋的有牵牛、菜豆；右旋的有葎草、薯蓣；中性的有何首乌。

### （二）茎的分枝方式

各种植物由于其芽的性质和活动情况不同，所产生的枝的组成和外部形态也不同，因而分枝的方式各异，但植物的分枝有一定的规律，种子植物的分枝方式一般有三种（图4-6）：单轴分枝、合轴分枝、假二叉分枝。

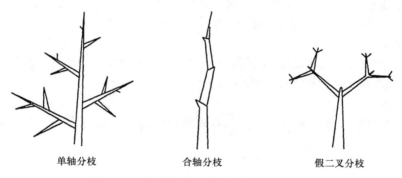

单轴分枝　　　　　合轴分枝　　　　　假二叉分枝

图4-6　茎的分枝方式（引自马炜梁，2009）

**1. 单轴分枝**

顶芽活动始终占优势，产生明显主轴，各级侧枝依次变细。裸子植物和很多被子植物多为单轴分枝，如杉木、白杨等。

**2. 合轴分枝**

主茎顶芽生长活动形成一段主轴后即停止生长或形成花芽，由下侧的一个腋芽代替主芽继续生长，又形成一段主轴，之后又停止生长或形成花芽，再由其下侧的腋芽接替生长，如此继续下去。因此，植物的主轴是由主茎和相继接替的各级侧枝共同组成的，如苹果、桑、棉花等。

**3. 假二叉分枝**

具对生叶的植物，在顶芽停止生长后，由顶芽下的两侧腋芽同时发育成的二叉状分枝，这是合轴分枝的一种特殊形式，如丁香、石竹等。

此外，由生长锥直接分为叉状的两个新生长锥并各自长成新枝的分枝方式，称为二叉分枝，这种分枝方式常见于低等植物及部分苔藓植物和蕨类植物中。

### （三）禾本科植物的分蘖

小麦茎的节间极短，几个节密集在基部，称为分蘖节。分蘖节上产生腋芽和不定根，腋芽迅速生长形成分枝，这种方式的分枝称为分蘖。主茎上的分蘖称为一级分蘖，一级分蘖上产生的分蘖称为二级分蘖，其余类推。分蘖发生在第几节上，称为第几蘖位。能抽穗结实的分蘖称为有效分蘖，不能抽穗结实的分蘖称为无效分蘖。

# 知识点三　茎的初生生长和初生结构

## 一、茎的顶端分生组织

### （一）茎的顶端分区

茎尖从顶端开始可分为分生区、伸长区和成熟区三部分，但它的最前端无类似根冠的结构，而是被许多幼叶紧紧包裹（图 4-7）。

**1. 分生区**

茎尖最前端的圆锥形区域就是分生区，由原分生组织和初生分生组织组成。原分生组织由原始细胞组成，其下有各种分化程度的细胞，是原始细胞的衍生细胞，体积小、没有液泡或有一些小液泡，有分化能力，称为初生分生组织。

**2. 伸长区**

位于分生区下方，细胞纵向伸长迅速，主要由初生分生组织组成。但初生分生组织的分裂活动逐渐减弱，并初步分化出一些初生组织。

**3. 成熟区**

成熟区的细胞分裂基本停止，内部各成熟组织的分化已经完成，形成了茎的初生结构。

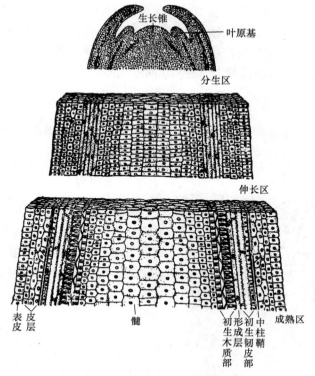

图 4-7　茎尖及其分区的纵切面（引自曲波和张春宇，2011）

## （二）叶原基和芽原基

### 1. 叶的起源

叶是由叶原基逐步发育而成的。裸子植物和双子叶植物中，叶原基的细胞分裂一般是在顶端分生组织表面的第二层或第三层出现。平周分裂增加细胞的结果，促进了叶原基的侧面突起。突起的表面出现垂周分裂，以后这种分裂在较深入的各层中和平周分裂同时进行。单子叶植物叶原基的发生，常由顶端分生组织表层中的平周分裂开始。

刚开始发生的侧面突起，是叶原基形成中的开始阶段，通常称为叶原座（leaf buttress），它是整个叶的萌芽，而不是叶的一部分。叶原基出现在顶端分生组织的周围，其相对位置与枝上的叶序相一致。

### 2. 芽的起源

顶芽发生在茎端（枝端），包括主枝和侧枝上的顶端分生组织，而腋芽起源于腋芽原基。大多数被子植物的腋芽原基，发生在叶原基的叶腋处。腋芽原基的发生，一般比包在它们外面的叶原基要晚。腋芽的起源很像叶，在叶腋处的一些细胞经过平周分裂和垂周分裂而形成突起，细胞排列与茎端相似，并且本身也可能开始形成叶原基。不过，在腋芽形成过程中，在它们离开茎端一定距离以前，一般并不形成很多叶原基。

茎上的叶和芽起源于分生组织表面第一层或第二、第三层细胞，这种起源的方式称为外起源。不定芽的发生和顶芽、腋芽有别，它的发生与一般顶端分生组织无直接关系，它们可以发生在插条或近伤口的愈伤组织、形成层或维管柱的外围，甚至在表皮上，以及根、茎、下胚轴和叶上。当芽开始形成时，由细胞分裂组成顶端分生组织，当这种分生组织形成第一叶时，不定芽与产生芽的原结构之间建立起维管组织的连续，而这种连续是由不定芽的分化和原有的维管组织的相接而形成的。

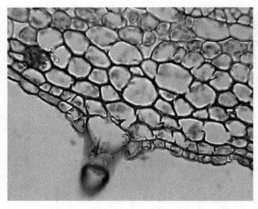

🔲 双子叶植物茎的初生结构

## 二、双子叶植物茎的初生结构

双子叶植物茎的初生结构由初生分生组织分裂、分化而来，其初生结构从外向内分为表皮、皮层和维管柱三部分。

### （一）表皮

表皮由一层原表皮发育而来的初生保护组织细胞构成，细胞呈砖形，长径与茎的长轴平行，外壁较厚，并角质化形成角质膜。表皮常有气孔器和表皮毛（图 4-8）。

### （二）皮层

皮层位于表皮和中柱之间，在表皮的内方，常有几层厚角组织细胞，担负幼茎的支持作用，厚角组织中常含叶绿体，使幼茎呈绿色。往内为几层薄壁细胞。一些植物茎的皮层中，存在分泌结构（棉花、松等）和通

图 4-8　茎的表皮（季长波摄）

气组织（水生植物）。茎的皮层一般无内皮层分化，但有些植物皮层的最内层细胞富含淀粉粒，特称为淀粉鞘。

### （三）维管柱

维管柱是皮层以内的中轴部分，由维管束、髓射线和髓三部分组成（图 4-9）。

**1. 维管束**

维管束呈束状，在横切面上排成一圆环。由初生韧皮部、束中形成层和初生木质部组成。多数植物的韧皮部在外，木质部在内，但也有少数植物在初生木质部的内外方都有韧皮部。

初生韧皮部由筛管分子、伴胞、韧皮薄壁细胞和韧皮纤维组成，分为外方的原生韧皮部和内方的后生韧皮部。

▶ 双子叶植物茎初生结构的维管柱

初生木质部位于维管束内侧，由导管分子、管胞、木薄壁细胞和木纤维组成，由内方的原生木质部和外方的后生木质部两部分组成。其发育方式为内始式（endarch），即茎的初生木质部在成熟分化过程中，是由内方向外方逐渐发育成熟的。

束中形成层位于初生韧皮部与初生木质部之间，是由原形成层保留下来的一层分生组织。

**2. 髓**

髓位于幼茎中央，由薄壁细胞组成，其细胞体积较大，常含淀粉粒，有时也含有晶

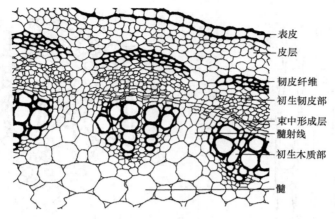

表皮
皮层
韧皮纤维
初生韧皮部
束中形成层
髓射线
初生木质部
髓

图 4-9　双子叶植物苜蓿茎横切面图（示初生结构）
（引自贺学礼，2008）

体等物质。

**3. 髓射线**

位于维管束之间，其细胞常径向伸长，连接皮层和髓，具有横向运输作用。髓射线的部分细胞将来还可恢复分裂能力，构成束间形成层，参与次生结构的形成。

## 三、单子叶植物茎的结构

单子叶植物中禾本科植物茎的节与节间明显，节间有中空和实心两种类型。其节间解剖结构有两大特点：一是维管束星散分布，没有皮层和中柱的界限，整个结构由表皮、机械组织、基本组织和维管束组成；二是维管束为有限外韧维管束，无束中形成层，无次生生长和次生结构。

### （一）表皮

表皮由长细胞和短细胞（硅细胞和栓细胞）组成，外壁角质化并硅质化。气孔的保卫细胞呈哑铃形，有副卫细胞（图 4-10）。

### （二）机械组织

机械组织是位于表皮内的厚壁组织。

### （三）基本组织

基本组织是占茎的大部分体积的薄壁组织，其中常有气腔或气道。

### （四）维管束

维管束分散在基本组织中，在实心茎中星散分布，在中空茎中排成疏松的两环。维管束由初生韧皮部、初生木质部和维管束鞘三部分组成，无束中形成层，为有限外韧维管束。初生木质部成熟方式为内始式；初生韧皮部由筛管和伴胞组成；维管束鞘由厚壁细胞组成（图 4-11）。

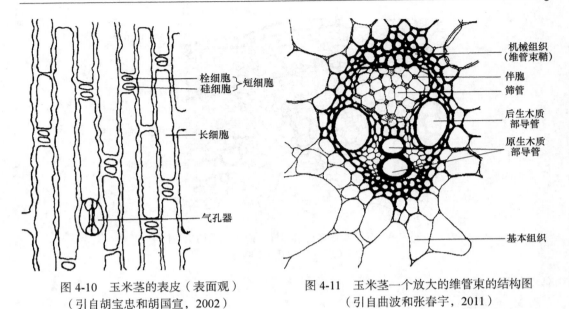

图 4-10　玉米茎的表皮（表面观）
（引自胡宝忠和胡国宣，2002）

图 4-11　玉米茎一个放大的维管束的结构图
（引自曲波和张春宇，2011）

（图4-10标注）栓细胞、硅细胞 } 短细胞；长细胞；气孔器

（图4-11标注）机械组织（维管束鞘）；伴胞；筛管；后生木质部导管；原生木质部导管；基本组织

# 知识点四　双子叶植物茎的次生生长和次生结构

双子叶植物的茎发育到一定阶段，茎中的侧生分生组织开始分裂、生长和分化，茎的加粗过程称为次生生长，由次生生长而产生的次生组织成为茎的次生结构。

## 一、维管形成层的发生及活动

在原形成层分化为维管束时，在初生木质部和初生韧皮部之间，保留了一层具分生潜能的束中形成层，在次生生长开始时，与束中形成层连接的部分髓射线细胞，恢复分裂能力，变为束间形成层，这样束间形成层和束中形成层连成一环，它们共同构成维管形成层（图 4-12）。

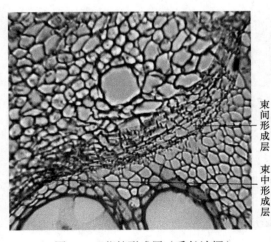

束间形成层
束中形成层

图 4-12　茎的形成层（季长波摄）

维管形成层由纺锤状原始细胞和射线原始细胞组成，前者细胞长而扁，两端尖斜；而后者细胞近乎等径，分布于纺锤状原始细胞之间。

维管形成层形成后，纺锤状原始细胞随即进行平周分裂，向外形成次生韧皮部，加在初生韧皮部的内方；向内形成次生木质部，加在初生木质部的外方。与此同时，射线原始细胞也进行平周分裂形成维管射线，在木质部部分称为木射线，在韧皮部部分称为韧皮射线。木射线和韧皮射线均由径向排列的薄壁细胞组成，是茎内进行横向运输的次生结构。维管形成层在不断产生次生结构的同时，也进行径向或横向分裂，扩大原始细胞本身周径以适应内方次生木质部的不断增加。

## 二、木栓形成层的发生及活动

维管形成层的活动产生大量的次生维管组织，使茎不断增粗。为适应内部组织不断增多，由表皮或皮层细胞恢复分裂能力，形成木栓形成层。木栓形成层形成后，向外分裂形成木栓层，向内分裂形成栓内层，共同组成周皮，代替表皮的保护作用。

木栓形成层的活动有一定期限，当茎继续加粗时，原有的周皮破裂而失去作用，在其内方又产生新的木栓形成层，形成新的周皮。这样，木栓形成层的发生部位则依次内移，直至次生韧皮部。随着新周皮的形成，其外方的各种细胞由于水分和营养物质的供应中断，就相继死亡形成树皮。

在形成周皮的过程中，在原来气孔位置下面的木栓形成层不形成木栓细胞，而产生一团圆球形、排列疏松的薄壁细胞，称为补充细胞。由于补充细胞增多，向外胀大突出，形成裂口，因此在枝条的表面形成许多皮孔，通过皮孔，茎内细胞可与外界进行气体交换（图4-13）。

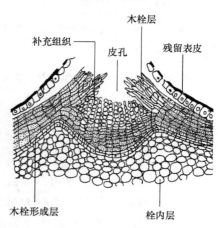

图4-13　周皮和皮孔（引自贺学礼，2008）

## 三、木材结构

在春季，随着气候逐渐变暖，维管形成层的活动也随之增强，形成的导管、管胞直径大而壁薄，木材的颜色较浅，材质也较疏松，称为早材或春材。到了夏末秋初，气候条件逐渐不适宜于树木生长，形成层活动减弱，形成的导管、管胞直径小而壁厚，木材较紧密且颜色较深，称为晚材或秋材。同一年的早材和晚材构成一个年轮，年轮一般一年一轮。因此，年轮的数目通常可作为推断木材年龄的参考（图4-14，图4-15）。

次生木质部由导管、管胞、木薄壁细胞和木纤维组成，是茎输导水分的主要结构。随

图4-14　年轮（季长波摄）

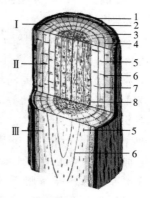

图4-15　木材三切面（引自胡宝忠和胡国宣，2002）

Ⅰ. 横切面；Ⅱ. 径向切面；Ⅲ. 切向切面

1. 外树皮；2. 内树皮；3. 形成层；4. 次生木质部；
5. 射线；6. 年轮；7. 边材；8. 心材

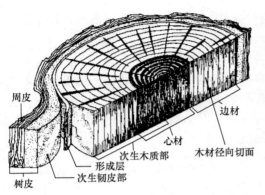

周皮

边材

心材

次生木质部　木材径向切面

形成层
次生韧皮部

树皮

图4-16　木本植物茎次生结构示意图
（引自贺学礼，2008）

着茎不断增粗，靠近中央部分的次生木质部导管被侵填体堵塞，失去输导功能，这部分木材形成较早，颜色也较深，称为心材；而靠近树皮的次生木质部，颜色较浅，导管有输导功能，称为边材。形成层每年都产生新的边材，同时原来边材的内侧部分则逐渐转变为心材。

四、树皮

狭义的树皮是指历年形成的周皮及它们之间的死亡组织；广义的树皮是指维管形成层以外的所有组织，包括狭义的树皮及其内方正在执行功能的次生韧皮部（图4-16）。

扩展阅读

## 顶端分生组织起源的几种理论

茎的顶端分生组织由许多细胞组成，且有多种方式的排列。在18世纪中叶，顶端分生组织的起源就已经开始引起植物学家的重视了，以后陆续提出了一些理论，下面介绍其中三种。

### 1. 组织原学说

1868年，韩士汀（J. von Hanstein）提出了组织原学说（histogen theory）。他认为，被子植物的茎端是由三个组织区（表皮、皮层、维管柱）的前身，即组织原组成的，每一组织原由一个原始细胞或一群原始细胞组成。这三个组织原分别称为表皮原（dermatogen）、皮层原（periblem）和中柱原（plerome），它们以后的活动能分别形成表皮、皮层和维管柱，包括髓（如果存在）。由于之后的研究发现茎端不能显著地划分出这三层组织原，因此这个学说在茎中是不适用的。但此学说在描述根端组织时比较方便，因而组织原概念，在根中沿用到现在。组织原学说的提出，使人们对顶端分生组织的认识有了提高，对顶端分生组织的研究也起到了积极的推动作用。

### 2. 原套-原体学说

史密特（A. Schmidt）对被子植物的茎端进行研究后，于1924年提出了有关茎端原始细胞分层的概念，通常称为原套-原体学说（tunica-corpus theory）。这个学说认为，茎的顶端分生组织原始区域包括原套（tunica）和原体（corpus）两个部分，组成原套的一层或几层细胞只进行垂周分裂（径向分裂），保持表面生长的连续进行；组成原体的多层细胞进行着平周分裂（切向分裂）和各个方向的分裂，连续地增加体积，使茎端加大。这样，原套就成为表面的覆盖层，覆盖着下面组成芯的原体。原套和原体都存在着各自的原始细胞。原套的原始细胞位于轴的中央位置，原体的原始细胞位于原套的原始细胞下面。这些原始细胞都能经过分裂产生新的细胞归入各自的部分。原套和原体都不能无限扩展和无限增大，因为当它们形成新细胞时，较老的细胞就和顶端分生组织下面的茎的成熟区域结合在一起。被子植物中原套的细胞层数各有不同，根据观察，过半数的双子叶植物具有两层，还曾发现有多至4或5层的，但由于不同学者的划分依据不同，因此存在争议。单子叶植物的原套，一般认为只有一或两层细胞。原套-原体学说认为，顶端分生组织（原分生组织部分）的组成上并没有预先决定的组织分区，除表皮始终是由原套的表面细胞层所分化形成的以外，其他较内的各层衍生细胞的发育并不能预先知道它们将形成什么组织，这一点是和组织原学说最大的区别。

**3. 细胞学分区概念**

裸子植物茎端没有稳定地只进行垂周分裂的表面层，也就是没有原套状的结构[除南洋杉属（*Araucaria*）和麻黄属（*Ephedra*）外]，因此，对于多数裸子植物茎端的描述来讲，原套-原体学说是不适合的。福斯特（A. S. Foster）根据细胞的特征，特别是不同染色的反应，于1935年在银杏（*Ginkgo biloba*）茎端观察到显著的细胞学分区现象，并提出了细胞学分区概念（concept of cytological zonation）。细胞学分区认为：银杏茎端表面有一群原始细胞即顶端原始细胞群，在它们的下面是中央母细胞区，是由顶端原始细胞群衍生而来的。中央母细胞区向下有过渡区。中央部位再向下衍生成髓分生组织，以后形成肋状分生组织；原始细胞群和中央母细胞向侧方衍生的细胞形成周围区（或周围分生组织）。中央母细胞区的细胞特征是一般染色较淡，较液泡化和较少分裂。过渡区的细胞在活动高潮时，进行有丝分裂，很像维管形成层。髓分生组织一般只有几层，它的细胞液泡化程度高，能横向分裂，衍生的细胞形成纵向排列的肋状分生组织。周围区染色较深，有活跃的有丝分裂，它的局部较强分裂活动的结果是形成叶原基。周围区平周分裂的结果能引起茎的增粗，而垂周分裂则能引起茎的伸长。这种细胞分区现象后来在其他裸子植物和不少被子植物的茎端也被观察到，但分区的情况有着较大的变化。对茎端组织的化学研究发现，各区细胞不仅形态不同，生物化学方面，如RNA、DNA、总蛋白质等的浓度，也有差异，这就反映出分区情况的变化是由于局部区域之间真正生理上不同。因此，某一植株茎端的分区，在个体发育的不同时期以及不同种之间都可能存在差异。由于这种分区的研究不再停留在原分生组织的部分，而扩展到衍生区域，因此茎的顶端分生组织的概念也就扩大了。原来将原分生组织和顶端分生组织作为同义词来看，也就不再适合了，因而把顶端分生组织的最远端称为原分生组织，似乎更适合些。

## 主要参考文献

高信增. 1992. 植物学（上册）. 北京：高等教育出版社

贺学礼. 2008. 植物学. 北京：科学出版社

胡宝忠，胡国宣. 2002. 植物学. 北京：中国农业出版社

李扬汉. 1988. 植物学. 北京：高等教育出版社

陆时万，徐祥生，沈敏健. 1991. 植物学. 2版. 北京：高等教育出版社

马炜梁. 2009. 植物学. 北京：高等教育出版社

曲波，张春宇. 2011. 植物学. 北京：高等教育出版社

徐汉卿. 1996. 植物学. 北京：中国农业出版社

许玉凤，曲波. 2008. 植物学. 北京：中国农业大学出版社

吴万春. 1991. 植物学. 北京：高等教育出版社

杨继. 1999. 植物生物学. 北京：高等教育出版社

# 第五章 种子植物的叶

## 【主要内容】

叶是种子植物重要的营养器官，光合作用和蒸腾作用是其主要的生理功能。此外，种子植物叶片还具有气体交换、吸收、繁殖等功能。

双子叶植物的叶由叶片、叶柄和托叶三部分组成，而禾本科植物的叶由叶片、叶鞘、叶舌和叶耳四部分组成，不同类型植物的叶片具有不同的解剖结构特点。叶的形态多种多样，是识别物种的重要分类特征之一。叶存在能最大限度地利用阳光的叶镶嵌现象。

叶由叶原基上部经顶端生长、边缘生长和居间生长逐渐形成叶的基本结构，即表皮、叶肉和叶脉，叶有一定寿命，生活期结束时，叶衰老、脱落。

## 【学习指南】

了解叶的生理功能；了解叶的基本形态及叶的分类形态术语；了解叶的发生和生长；掌握叶的解剖结构；了解叶的生态类型，叶的衰老与落叶；理解叶的形态结构与生理功能及其与生态环境相适应的生物学观点。重点是叶的分类形态术语及叶的解剖结构。难点是叶的生态类型，即叶的形态结构与生理功能及生态环境的关系。

# 知识点一 叶的生理功能

种子植物所需的有机养料依赖叶制造，所以叶是重要的营养器官。叶的主要生理功能是进行光合作用（photosynthesis）和蒸腾作用（transpiration）。此外，叶还具有气体交换、吸收及繁殖的功能等。

## 一、光合作用

光合作用是绿色植物利用光能，同化二氧化碳和水制造有机物质（主要为碳水化合物），并将光能转化为化学能贮藏在合成的有机物中，同时释放氧气的过程。叶是光合作用的重要器官，植物通过光合作用合成的有机物不仅是维持植物生长发育所需的物质和能量的根本来源，也是其他生物物质和能量的来源。在农林业生产上，光合产物的多少直接影响植物体的生长发育，关系到植物的产量与品质。

## 二、蒸腾作用

蒸腾作用是指植物体内的水分以气态形式从叶的表面散失到大气中的过程。叶是蒸腾作用的主要器官，植物根吸收的大量水分，绝大部分通过叶片的气孔散失到体外。叶的蒸腾作用在植物的生命活动中主要有三方面的重要意义：①它是植物吸收和运输水分的主要动力，蒸腾拉力保证了根系可以源源不断地吸收土壤中的水分；②它可以促进矿质元素在植物体内的运输和分布，根系吸收的矿质元素主要随蒸腾流向上运输；③它可以使叶片免受强光的灼伤，在蒸腾过程中，水由液态变为气态，要消耗很多能量，从而降低叶内温度。此外，蒸腾作用还可以调节空气湿度。

## 三、气体交换

植物的光合作用所需要的 $CO_2$ 和所释放的 $O_2$，以及呼吸作用所需要的 $O_2$ 和释放的 $CO_2$，都是通过叶片上的气孔进行交换的。因此，叶片是植物体进行气体交换的主要器官。

## 四、吸收功能

有些植物的叶片还可吸收 $SO_2$、$CO$、$HF$、$Cl_2$ 等有毒气体，并积存在叶片组织内。据有关资料计算，1t 树叶能吸收 $10\sim30$kg 的 $SO_2$ 与 $Cl_2$，以及约 4kg 的氟。因此，植物的叶片可以起到净化空气的作用。植物吸收污染物的能力因树种不同而不同，女贞、夹竹桃、刺槐、杨树等为吸收能力强的树种，合理栽种此类树种对改善环境有重要意义。在农业生产中，利用叶片的吸收功能，可以进行叶面施肥进而实现作物产量的提高。

## 五、繁殖功能

有些植物的叶，在一定条件下能够形成不定根或不定芽，可进行营养繁殖，在园林栽培中常用叶扦插繁殖，如秋海棠、落地生根等。

除上述普遍存在的功能外，叶还具有一些特殊功能。例如，豌豆复叶顶端的小叶变为卷须，具有攀缘作用；洋葱、百合的鳞叶肥厚，具有贮藏作用；紫叶小檗的叶变态形成叶刺，具有保护作用；猪笼草的叶形成囊状，具有捕食昆虫的作用等。

# 知识点二　叶的基本形态

## 一、叶的组成

双子叶植物的叶一般由叶片（blade）、叶柄（petiole）和托叶（stipule）三部分组成（图 5-1）。具有叶片、叶柄和托叶三部分的叶称为完全叶（complete leaf），如棉花、桃、大豆的叶。缺少其中的一部分或两部分的叶称为不完全叶（incomplete leaf），如石竹、莴苣等的叶缺少叶柄和托叶，荠菜等的叶缺少叶柄，杨树、油菜、樟树等的叶缺少托叶；还有些植物如台湾相思等甚至不具叶片，而是由叶柄扩展成扁平状着生在茎上，称为叶状柄（phyllode）。

### （一）叶片

叶片通常是绿色扁平状的，扩大了叶片与外界环境接触的表面积，有利于气体的交换和光能的吸收，叶的光合作用和蒸腾作用主要通过叶片进行。

叶片

叶柄

托叶

图 5-1　完全叶的组成（曲波摄）

不同植物具有不同的叶片形态和大小,叶片由叶尖、叶基和叶缘等部分组成,叶片内分布着大小不同的叶脉。

## (二)叶柄

叶柄是紧接叶片基部的柄状部分,是连接叶片和茎的结构,主要起输导作用(是茎、叶之间水分和营养物质的运输通道)和支持作用(能够支持叶片)。叶柄通过自身的长短变化和扭曲使叶片在空间中伸展,使叶片排列互相不遮挡,以接受较多的阳光,有利于光合作用,这种现象称为叶镶嵌(leaf mosaic)。叶柄常呈细长的圆柱形、半圆形或稍扁平的结构。其形状因植物种类的不同而有较大的差异,如凤眼莲属、菱属等水生植物的叶柄上具膨胀的气囊,其结构有利于叶片浮水。有的植物叶柄基部稍微膨大,称为叶枕(pulvinus),叶枕具有调节叶片的位置和方向的功能;大部分豆科植物具有叶枕,如含羞草。有的叶柄能围绕各种物体做螺旋状扭曲,起攀缘作用,如旱金莲。也有的植物叶片退化,叶柄变成叶片状,以代替叶片的功能,称为叶状柄,如台湾相思等。

## (三)托叶

托叶生于叶柄的两侧,是叶柄基部的附属,通常成对而生,性状和作用因植物种类而不同,如梨的托叶为线形,刺槐的托叶为刺状。也有的托叶着生在叶腋处,荞麦的托叶二片合生如鞘状包围着茎,称为托叶鞘(ocrea)。一般植物的托叶都有保护幼叶的功能,也有保护幼芽的功能,如木兰属植物。

小麦、水稻等禾本科植物的叶(图5-2),从外形上仅能区分叶片和叶鞘两部分,无叶柄。叶片一般呈扁平、带状,其上分布着纵向的平行叶脉;叶鞘长而抱茎,具有保护茎上的幼芽和居间分生组织,以及增强茎的机械支持力的功能。有些植物在叶片与叶鞘相接处的内侧,有膜状的突出物,称为叶舌(ligule),叶舌能使叶片向外弯曲,使叶片接受更多的阳光,同时可以防止雨水、病虫害等进入叶鞘内,起保护作用。有些禾本科植物叶舌的两旁,有一对从叶片基部边缘延伸出来的突出物,称为叶耳(auricle)。叶舌和叶耳的有无、大小及形状等常作为识别禾本科植物的依据之一。例如,水稻有叶舌和叶耳,稗草则无叶舌和叶耳,据此可识别两者的幼苗。叶片与叶鞘连接处的外侧称为叶

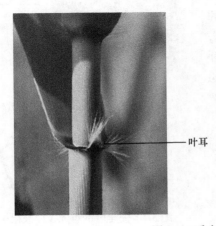
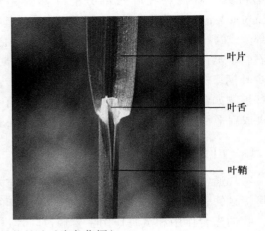

叶耳

叶片

叶舌

叶鞘

图 5-2　禾本科植物的叶(李鲁华摄)

颈，它具有弹性和延伸性，可以调节叶片的位置。水稻的叶颈为淡青黄色，称为叶环，栽培学上称为叶枕。这不同于某些双子叶植物叶柄基部膨大的叶枕。植物学上所称的叶枕，一般是指植物叶柄或叶片基部显著突出或较扁的膨大部分，如豆科植物含羞草，其叶枕包括复叶的总叶柄及小叶基部等的膨大部分。

## 二、叶片的形态

叶的形态是多种多样的，每种植物的叶都具有特定的形态。因此，叶的形态是识别植物种的重要分类特征之一。

### （一）叶形

叶片的形状是按照叶片的长度和宽度的比例以及最宽处的位置来划分的，见图5-3。

图 5-3　常见的叶片形状（李鲁华摄）

1）阔卵形：叶的长宽大约相等或长稍大于宽，最宽处近叶基部，如梓树。

2）圆形：叶的长宽相等，形如圆盘，如莲。

3）倒阔卵形：与阔卵形相反，最宽处近叶尖，如玉兰。

4）卵形：叶形如鸡卵，长约为宽的 2 倍或较少，中部以下最宽，向上渐狭，如女贞。

5）阔椭圆形：叶片中部宽而两端较狭，两侧叶缘呈弧形，如地肤。

6）倒卵形：与卵形叶相反，最宽处近叶尖，如紫云英。

7）披针形：叶的长为宽的 3～4 倍，中部以上最宽，向上渐狭，如桃。

8）长椭圆形：叶的长为宽的 3～4 倍，最宽处在中部，如栓皮栎。

9）倒披针形：是披针形的颠倒，如细叶小檗。

10）线形：叶的长为宽的 5 倍以上，且叶全长的宽度略等，两侧边缘近平行，如小麦和韭菜。

11）剑形：长而稍宽，先端尖，常稍厚而强壮，形似剑，如鸢尾。

12）鳞形：叶细小呈鳞片状，如侧柏、柽柳。

13）针形：叶细长，先端尖如针状，如马尾松、油松等松属植物。

14）锥形：叶短而狭，较硬，先端尖，基部略粗，如柳杉、台湾杉。

15）心形：形如心脏，先端尖或渐尖，基部内凹陷，如紫荆。

16）肾形：叶片基部凹入成钝形，先端钝圆，基部凹入，形如肾形，称为肾形叶，如连钱草的叶。

17）菱形：叶片呈等边斜方形，称菱形叶，如菱、乌桕。

18）管形：叶的长度超过宽度许多倍，圆管状，中空，常多汁，如葱。

19）扇形：叶形如扇，如银杏。

以上所述，只是叶片的基本形状，许多植物叶形常为中间类型，这样的叶形常用复合名词来描述，如加拿大的叶为三角状卵形。

## （二）叶尖

叶尖是指叶片的尖端形状，常见的有下列几种。

1）急尖：叶尖较短而尖，如女贞。

2）渐尖：先端逐渐狭窄而尖，两边内弯，如垂柳。

3）钝尖：叶尖钝而不尖，或近圆形，如厚朴、大叶黄杨。

4）微凹：先端圆而且有不明显的凹缺，如锦鸡儿。

5）微缺：先端有一小的缺刻，如苜蓿。

6）尾尖：先端渐狭成长尾状，如尾叶香茶菜。

7）突尖：先端平圆，中央突出一短而钝的渐尖头，如玉兰。

8）具短尖：先端圆，中脉伸出叶端呈一细小的短尖，如刺槐。

9）倒心形：叶尖具较深凹陷或凹缺，如酢浆草。

## （三）叶基

叶基是叶片的基部，其常见类型如下。

1）心形：基部两边的夹角明显大于平角，下端略呈心形，两侧叶耳宽大圆钝，如紫荆。

2）耳垂形：基部两边夹角明显大于平角，下端略呈耳形，两侧叶耳宽大圆钝，如苣荬菜。

3）箭形：叶基两侧小裂片尖锐，向下，形似箭头，如慈姑。

4）楔形：基部两边的夹角为锐角，两边较平直，叶片向下延至叶柄，如野山楂。

5）戟形：叶基两侧小裂片向外，呈戟形，如戟叶蓼。

6）盾形：叶柄着生在叶片背面的中央或边缘内，而不在叶的基部或边缘，如蓖麻。

7）偏斜形：叶基偏斜，如朴树、黑榆。

8）抱茎：叶基部抱茎，如抱茎苦荬菜。

9）截形：基部平截，略呈一平线，如平基槭。

10）渐狭：基部两边的夹角为锐角，两边弯曲，向下渐趋尖狭，但叶片不下延至叶柄的基部，如樟树。

## （四）叶缘

叶缘是指叶片边缘的形状，主要有以下类型。

1）全缘：叶缘呈一连续的平线，不具任何锯齿或缺刻，如玉兰。

2）波形：叶缘起伏如微波，如茄。

3）锯齿：叶缘有尖端锐齿，齿端向前，齿两边不等，如桃、梅。

4）重锯齿：叶缘锯齿上有小锯齿，如珍珠梅。

5）钝齿：边缘具钝头的齿，如大叶黄杨。

6）齿状：叶缘具尖锐齿，两侧边近等长，齿端向外，如荚蒾。

## （五）叶裂

叶片边缘凹凸不齐，凸出或凹入的程度较齿状叶缘大而深的为叶裂，有羽状分裂和掌状分裂两种，简述如下。

**1. 羽状分裂**

叶片长形，裂片自主脉两侧排列成羽毛状，依其缺裂深浅程度分为以下3种。

1）羽状浅裂：缺裂深度不超过叶片宽度1/4的羽状分裂，如一品红。

2）羽状深裂：缺裂深度超过叶片宽度1/4的羽状分裂，如山楂。

3）羽状全裂：缺裂深度几达中脉的羽状分裂，如委陵菜。

**2. 掌状分裂**

叶近圆形，裂片呈掌状排列，依其缺裂的深度又分为以下3种。

1）掌状浅裂：缺裂深度不超过叶片宽度1/4的掌状分裂，如槭树。

2）掌状深裂：缺裂深度超过叶片宽度1/4的掌状分裂，如蓖麻。

3）掌状全裂：缺裂深度几达中脉的掌状分裂，如大麻。

## （六）叶脉

在叶片上分布着粗细不同的维管束，称为叶脉。位居叶片中央最大的为中脉（主脉），从中脉上发出的分支称为侧脉，其余从侧脉上发生的分支称为细脉，最细的细脉末

平行脉　　　　　　　　网状脉

图 5-4　叶脉（李鲁华摄）

端为脉梢。脉序主要有平行脉和网状脉，如图 5-4 所示。

**1．平行脉**

各叶脉大致平行分布，多见于单子叶植物中。

1）直出脉：各叶脉自基部平行直达叶尖，如小麦、水稻、竹。

2）横出脉：叶脉自中脉横出至叶缘，彼此平行，如美人蕉。

3）射出脉：各叶脉自基部辐射而出，如棕榈。

4）弧形脉：各叶脉自基部平行出发，但彼此逐渐远离，稍作弧形，最后在叶尖汇合，如车前。

**2．网状脉**

叶脉连接成网状，多见于双子叶植物中。

1）羽状网脉：或称羽状脉，中脉明显，侧脉由中脉两侧分出，细脉连接成网状，如榆树。

2）掌状网脉：或称掌状脉，叶柄顶端同时有数条大叶脉呈掌状射出，细脉连接成网状，如毛白杨。

## 三、单叶和复叶

### （一）单叶

在一个叶柄上只着生一片叶，如垂柳。

### （二）复叶

在一个叶柄上着生两片以上的叶。复叶的叶柄称为总叶柄，总叶柄上着生的叶称为小叶，着生小叶的轴状部分称为叶轴，如槐。

一般认为，复叶由单叶演化而来，即单叶经过叶全缘至叶缘有缺刻、叶缘深裂至全裂，且小叶柄出现或小叶与叶轴间关节明显时，便形成了复叶。根据小叶在总叶柄上的排列方式，可将复叶分为羽状复叶、掌状复叶、三出复叶和单身复叶。

（1）羽状复叶　　3 个以上小叶，排列在叶轴左右两侧，呈羽毛状。根据叶轴分枝的情况分为以下几种。

1）一回羽状复叶：叶轴不分枝，小叶直接着生在叶轴上，如刺槐。

2）二回羽状复叶：叶轴分枝一次后再着生小叶，如合欢。

3）三回羽状复叶：叶轴分枝两次后再着生小叶，如楝树。

4）多回羽状复叶：叶轴分枝三次以上，如南天竹。

（2）掌状复叶　　小叶在总叶柄顶端着生在一个点上，向各方向展开而成手掌状的叶，如五叶地锦。

（3）三出复叶　　只有 3 个小叶着生在总叶柄的顶端，如苜蓿。

（4）单身复叶　　两个侧生小叶退化，总叶柄顶端只着生一个小叶，总叶柄顶端与小叶连接处有关节，如柑橘。

### （三）单叶与复叶的区别

1）单叶的叶腋处有腋芽，复叶的小叶叶腋处无腋芽。

2）在具托叶的类型中，单叶的叶柄基部有托叶，复叶的小叶柄无托叶。

3）单叶所着生的小枝顶端有芽，复叶的叶轴顶端无芽。

4）单叶在茎上排列成各种叶序，复叶的小叶无论多少或具有几"回"均排列在同一平面上，且以叶轴形成某种叶序在茎上分布。

5）落叶时单叶叶柄与叶片同时脱落，复叶常为小叶先落，叶轴后落。

### （四）复叶与小枝的区别

1）复叶的叶轴顶端无顶芽，枝条顶端有顶芽。

2）复叶总叶柄基部有腋芽，小叶柄基部无腋芽；枝条基部无腋芽；叶片基部有腋芽。

3）复叶的所有小叶排列在同一平面上；叶片在枝条上呈多方位排列，相互镶嵌。

4）复叶的小叶先脱落，叶轴最后脱落；叶片脱落，枝条一般不落。

## 四、叶序和叶镶嵌

### （一）叶序

叶在茎上的排列方式称为叶序。叶序分为以下几种类型（图 5-5）。

互生　　　　　对生　　　　　轮生　　　　　簇生

图 5-5　叶序（引自胡宝忠和胡国宣，2002）

（1）互生　　是指茎或枝条的每个节上只着生一枚叶，交互而生或呈螺旋状着生，如木槿。

（2）对生　　是指茎或枝条的每个节上相对着生两枚叶，如薄荷。

（3）轮生　　是指茎或枝条着生 3 枚或 3 枚以上叶，如茜草。

（4）簇生　　是指两枚或两枚以上的叶着生于极度缩短的枝上，如银杏。

（5）基生　　是指叶着生在茎基部近地面处，如车前、蒲公英。

### （二）叶镶嵌

无论是哪种叶序，为了获得更多的阳光资源，上下相邻的两节上的叶片不会完全重叠，总是错开一定的角度。植物通过选择叶柄的着生位置、控制叶柄长度、调整叶柄扭曲角度和叶片伸展方向，使叶片之间交互排列，互不遮蔽，实现最大限度地利用阳光，植物的这种特性称为叶镶嵌。通常，枝条上部叶的叶柄较短，下部叶的叶柄较长。叶镶嵌也出现在节间短、叶簇生在茎上的植物中，如蒲公英、白菜等。这些植物的叶虽然生长得很密集，但都以一定角度彼此嵌生，并且下部的叶柄较长，上部的叶柄较短，从顶上看上去，呈明显的镶嵌形状。植物的叶镶嵌现象在自然界中是非常普遍的。

## 五、异形叶性

一般情况下，一种植物具有一定形状的叶，但有些植物在一个植株上具有明显不同形状的叶，称为异形叶性。植物在不同发育阶段和不同的环境条件下，都有异形叶性的现象。异形叶性又分为系统发育异形叶性和生态异形叶性。由于发育年龄不同而产生的，称为系统发育异形叶性，如圆柏幼树和萌发枝的叶为刺形，老龄树的叶为鳞形。由于环境因素的影响而产生的，称为生态异形叶性，如水毛茛的气生叶扁平宽广，沉水叶却裂成丝状。异形叶性说明了外界条件在植物个体发育和系统发育过程中对植物叶器官形态有影响。同时，也反映了叶对外界条件适应所产生的变异性和可塑性是较大的。

# 知识点三　叶的生长与结构

## 一、叶的发育

### （一）叶的发生

叶由叶原基发育而成，而叶原基源于茎尖生长锥的侧面。当芽形成和生长时，茎尖生长锥的亚顶端周缘分生组织区域的外层细胞不断分裂，形成侧生的突起，突起进一步分裂生长形成叶原基。叶原基是一团原分生组织细胞，由表皮细胞或其下方的一层或几层细胞经过平周分裂和垂周分裂形成。叶片是由叶原基上部经顶端生长、边缘生长和居间生长形成的。叶原基上部的细胞先进行顶端生长，使叶原基迅速增长；接着叶原基两侧产生边缘分生组织，使叶原基向两侧生长即边缘生长，叶片变宽；同时，叶原基还进行平周分裂使叶片厚度增加。至此，叶原基发育成为扁平形状的幼叶。叶原基的先端部分，形成叶片与叶柄，基部形成叶基和托叶。在此基础上，幼叶开始进行居间生长，增加细胞的体积，使幼叶的长度和宽度增加并最终发育成为成熟叶。起源于植物表层或浅层组织的器官发生方式称为外起源，叶的发育属于外起源。

### （二）叶的生长

叶的生长一般是有限的，叶达到一定大小后，生长即停止。但有些单子叶植物叶的基部保留着居间分生组织，可以保持较长期的居间生长。叶原基首先进行顶端生长，通过顶端生长使整个叶原基伸长成为一个锥体，称为叶轴，它是没有分化的叶片和叶柄。具有托叶的植物，叶原基细胞迅速分裂、生长并分化出托叶原基，包围着叶轴。随后，在叶轴两侧的细胞开始分裂进行边缘生长，形成具有背腹型的扁平锥形的幼叶。叶轴基部没有进行边缘生长的部分分化形成叶柄。如果是复叶，则通过边缘生长形成多个小叶片。边缘生长进行一段时间后，顶端生长停止。当幼叶逐渐由芽内伸出、展开时，边缘生长停止，此时整个叶片基本上由居间分生组织组成，并由其进行近似平均的居间生长。居间生长伴随着内部组织的分化成熟，以及叶柄和托叶的形成，最后成为成熟叶。由于不同部位居间生长的速度不同，结果形成不同形状的叶。当叶轴发育形成幼叶后，幼叶内已经没有边缘分生组织存在了，这时幼叶最外层为原表皮层，原表皮层内是由几层细胞构成的基本分生组织，基本分生组织中分布着原形成层束。在居间生长过程中，原表皮发育成表皮，基本分生组织发育成叶肉，原形成层束发育成叶脉，共同构成一片成熟的叶。同时，居间分生组织因本身分化为成熟组织而逐渐消失，不再形成新的分生组织。因此，叶的生长是有限的。由于叶的顶端生长很早就已经停止了，而顶端分生组织也没有保留下来，因此，叶的形状和大小是由后期的边缘生长和居间生长决定的。葱、韭菜等剪去上部叶片后，叶仍然能够继续生长，就是居间分生组织活动的结果。

## 二、双子叶植物叶的一般结构

### （一）叶片

双子叶植物叶片多具腹面（近轴面）和背面（远轴面）之分，腹面深绿色，直接接受阳光照射，背面浅绿色背光。因此，叶片的内部结构存在着差异。叶片的横切面（图 5-6）分为表皮、叶肉和叶脉 3 个基本组成部分。

📖双子叶植物叶的一般结构模式图

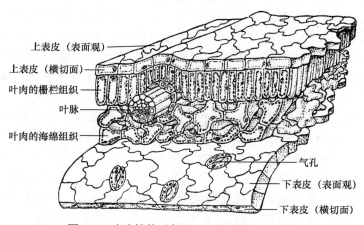

上表皮（表面观）
上表皮（横切面）
叶肉的栅栏组织
叶脉
叶肉的海绵组织
气孔
下表皮（表面观）
下表皮（横切面）

图 5-6　叶片结构（胡宝忠和胡国宣，2006）

#### 1. 表皮

表皮由初生分生组织的原表皮发育而来，是位于叶片上方（腹面）和叶片下方（背面）的初生保护组织。叶的最外层有上、下表皮之分。叶的表皮由表皮细胞和气孔器（图 5-6）或表皮附属物与排水器组成。

（1）表皮细胞　　叶片的表皮通常由一层生活细胞组成，如棉花；但有的植物叶片的表皮由多层细胞组成，称为复表皮，如海桐叶的表皮为 2 或 3 层细胞，印度橡胶树叶的表皮为 3 或 4 层细胞。从叶的正面观察细胞呈不规则的波状，与相邻的表皮细胞彼此紧密镶嵌（图 5-6）。

（2）气孔器　　气孔器分布在叶表皮，与叶片的光合作用和蒸腾作用紧密相关。

双子叶植物的气孔器由两个肾形或半月形的保卫细胞和它们之间形成的胞间隙即气孔所组成，而气孔是叶片与外界环境之间气体交换的孔道。有些植物如甘薯的气孔器，在保卫细胞之外，还有整齐的副卫细胞。保卫细胞的细胞壁厚薄不均，靠近气孔的细胞壁（腹壁）较厚，而与表皮细胞相接的细胞壁（背壁）较薄，这种特点与气孔的开闭密切相关。

▶双子叶植物叶
表皮气孔的类型

多数植物叶片的气孔与其周围的表皮细胞处在同一平面上。但是旱生植物的气孔位置常稍下陷，形成下陷气孔，甚至多个气孔同时下陷，形成气孔窝；而生于湿地的植物气孔位置常稍突出。气孔的这些特点，是叶对水分、光照等不同环境条件的适应。

（3）表皮附属物　　表皮上常具有表皮毛，它是由表皮细胞向外突出分裂形成的。其种类很多，有单细胞也有多细胞，有的呈分枝状，也有的呈星形或鳞片状。

（4）排水器　　有些植物的叶尖和叶缘有由水孔、通水组织和维管束构成的一种排出水分的结构，称为排水器，是植物将体内过剩的水分排出体外的结构。在清晨或夜晚，空气湿度较大时，植物体内的水分从排水器溢出集成水滴的现象称为吐水。吐水现象是根系吸收作用正常的表现之一。

**2. 叶肉**

叶肉是上、下表皮之间的同化组织，其细胞内含有大量的叶绿体，是叶片进行光合作用的主要场所。由于叶片两面受光的影响不同，叶肉细胞的近轴面（上部）分化为栅栏组织，远轴面（下部）分化为海绵组织。具有这种结构的叶称为异面叶，也称背腹叶、两面叶，如女贞、棉花的叶。有些植物的叶着生在茎上，但与茎所形成的夹角小而呈近于直立的状态，这种叶片的两面受光几乎均等，其叶肉则没有分化出栅栏组织和海绵组织，或上、下两面都同样具有栅栏组织，这种叶称为等面叶，如桉树、柠檬的叶。

（1）栅栏组织　　栅栏组织是由与上表皮垂直的一列或几列长柱形薄壁细胞组成的，呈栅栏状排列，细胞排列紧密，胞间隙小，细胞中含较多的叶绿体，因而叶片的此表面绿色较深，光合作用主要在这里进行。叶绿体的分布常常取决于外界条件，其在栅栏组织中能够随着光照条件而移动。在弱光下，叶绿体将扁平的一面对着阳光，并沿着和阳光呈垂直方向的细胞壁分布，以接受最大的光量；在强光下，叶绿体以窄面对着阳光，同时向细胞的侧壁移动，排列方向与日光平行，以免强光伤害叶绿体。

栅栏组织的细胞层数和特点因植物种类而不同，如棉花只有1层，叶肉中还有分泌腔；桃、梨的栅栏组织则有2层；茶叶因品种不同，有1～4层。此外，栅栏组织细胞的层数还与光照强度有关，如生长在强光下和阳坡的植物的栅栏组织的层数较多，而有些生长在森林下层的植物和沉水植物甚至没有栅栏组织。在栅栏组织细胞内，叶绿体的数量和分布常常取决于外界环境。在生长季节里，细胞内的叶绿体数量多，叶绿素的含量高，类胡萝卜素的颜色被叶绿素的颜色所遮盖，叶片呈现绿色；到了秋天，叶绿素的含量减少，类胡萝卜素的黄橙色便显现出来，于是叶片呈现黄色。

（2）海绵组织　　在异面叶中，海绵组织位于栅栏组织与下表皮之间，其细胞形状不规则，是内含少量叶绿体的薄壁组织。海绵组织的光合作用比栅栏组织弱，所以叶背面颜色浅。海绵组织细胞排列疏松，细胞之间较大的胞间隙与气孔构成叶内的通气系统，有利于气体交换。由于海绵组织的光合作用强度弱于栅栏组织，因此它主要的功能是气体交换和蒸腾作用。

**3. 叶脉**

叶脉多分布在叶肉的海绵组织以及维管束中，起输导和支持作用。它的内部结构因叶脉的大小而异。大部分双子叶植物具网状脉序。

（1）主脉和大的侧脉　　主脉或大的侧脉由维管束和机械组织组成。在叶脉的周围是薄壁组织，或在叶脉的上下部位形成机械组织，特别是在叶片的背面机械组织尤为发达，因此，主脉和大侧脉在叶背面常明显突起。维管束包括木质部、韧皮部和形成层三部分。木质部位于近轴面（上方），由导管、管胞、薄壁细胞和厚壁细胞组成。韧皮部位于远轴面（下方），由筛管、伴胞和薄壁细胞组成。形成层在木质部和韧皮部之间，由于其分裂活动微弱，只产生少量的次生结构。在茎中，维管束的木质部在内方，韧皮部在外方；进入叶片后，木质部在上方，韧皮部在下方，这是维管束从茎中向外方侧向进入叶中的必然结果。

（2）侧脉　　侧脉的结构比较简单，机械组织消失，仅由一圈薄壁细胞组成的维管束鞘包围着，维管束鞘一直延伸到叶脉的末梢。因此，叶脉的维管组织很少暴露在叶肉细胞间隙中，维管束内没有形成层；木质部中只有导管；韧皮部具有筛管，无伴胞；整个维管束的细胞大小和数目小于主脉。维管束鞘的存在，使任何物质进入或离开维管组织都必须穿过维管束鞘，具有控制物质进出的功能。例如，水分不会由维管组织直接释放到细胞间隙内，这对于水分的缓慢释放有重要意义。

（3）细脉　　随着叶脉分支，叶脉的构造越来越简单，较小的叶脉无机械组织，木质部和韧皮部也逐渐简化并消失，最后只剩下一个管胞中断在叶肉的薄壁细胞中。细脉贯穿于叶肉之中，它们一方面通过叶肉组织散发蒸腾流，另一方面又是输送叶肉光合作用产物的起点。因此，叶脉对于有机物质的运输有重要作用。

电子显微镜观察发现，在许多草本双子叶植物脉梢处的一些薄壁细胞常具有典型的传递细胞特征。传递细胞在细脉韧皮部附近特别明显，具有有效地从叶肉细胞运输光合产物到筛管分子中的作用。脉梢既是木质部卸放蒸腾流的终点，又是收集、输送叶肉光合作用产物的起点，它的这种特化结构对于缩短运输途径非常有利。

在叶脉系统中，主脉及侧脉主要起轴向长距离输导作用，细脉则起释放水分、装载光合产物的横向输导作用。此外，叶脉也因其自身的结构而具有支持叶片的功能。

叶的三种基本结构包括表皮、叶肉和叶脉。其中叶肉是叶的主要结构，是叶进行生理功能的主要场所。表皮包被在外，起保护作用，保障叶肉生理功能的顺利进行。叶脉分布在内：一方面，源源不断地供给叶肉组织所需的水分和盐类，同时运输光合产物；另一方面，具有支持叶面的功能，使叶片舒展在大气中，利于接受光照。三种基本结构的合理组合和有机联系，保证了叶片生理功能的顺利进行，这也表明叶片的形态、结构是完全适应它的生理功能的。但是不同植物由于叶肉组织分化的程度不同（如栅栏组织的有无、层数的多少；海绵组织的有无、排列是否紧密等），气孔的类型和分布的不同，以及表皮毛的有无和类型差异等，因此叶片的结构存在差异。此外，不同的植物种类和生态环境也会引起植物叶片结构的不同。

### （二）叶柄与托叶

叶柄是连接叶片和茎的部分。叶柄内有维管束，与茎和叶片的维管束相连，是茎、叶之间物质运输的通道。叶柄一般细长，横切面通常为半月形、三角形、圆形等，其结构与茎大致相同，可分为表皮、基本组织、维管束。最外层为表皮，表皮内为基本组织，基本组织中近外方部分往往有内含叶绿体的厚角组织，内方则为薄壁组织。不同植物的维管束排列方式也不同，常见的多为缺口向上的半环形，分散于基本组织中。维管束的结构与幼茎中的维管束相似，而木质部和韧皮部排列方式与叶片中的一致。在每个维管束内，木质部位于叶片的腹面（上方），韧皮部位于背面（下方），每个维管束外常有厚壁组织包围。这些机械组织既能增强支持作用，又不妨碍叶柄的延伸、扭曲和摆动。在双子叶植物中，木质部和韧皮部之间往往有一层形成层，但形成层的活动期较短。在叶柄中，维管束的分离和连合，使维管束的数目和排列变化极大，进而使其结构复杂化。

托叶形状各异，常为两侧对称，外形和内部结构基本同叶片，可以进行光合作用，但其各部分组成较简单，分化程度较低。

## 三、单子叶植物叶的一般结构

单子叶植物叶片的结构与大多数双子叶植物的叶片一样，也由表皮、叶肉和叶脉三部分组成，但是其各部分都有一定的特殊性。

### （一）禾本科植物叶的结构

#### 1. 表皮

禾本科植物叶片表皮的结构比较复杂，除表皮细胞、气孔器和表皮毛之外，在上表皮中还分布有泡状细胞。

（1）表皮细胞　　表皮细胞包括一种近矩形的长细胞和两种方形的短细胞。长细胞呈纵行排列，其长轴与叶片的纵轴平行，细胞的外侧壁不仅角质化，而且高度硅质化，形成一些硅质和栓质的乳突。因此，禾本科植物的叶比较坚硬。短细胞有栓细胞和硅细胞两种，有规则地纵向相隔排列。栓细胞是一种细胞壁栓质化的细胞，常含有有机物质，分布于叶脉上方。硅细胞是一种细胞腔内充满硅质体（故禾本科植物叶坚硬而表面粗糙）的细胞，许多禾本科植物表皮中的硅细胞常向外突出成齿状或形成刚毛，使表皮坚硬而粗糙，加强了抵抗病虫害侵袭的能力。

（2）泡状细胞　　泡状细胞又称为运动细胞（为一些薄壁大型细胞），其长轴与叶脉平行，分布于两个叶脉之间的上表皮中。泡状细胞常5～7个为一组，中间的细胞最大，两旁的渐小（图5-7）。在叶片横切面上，每组泡状细胞的排列常似展开的折扇形，细胞中都有大液泡，不含或含有少量叶绿体。通常认为当气候干燥、叶片蒸腾失水过多时，泡状细胞发生萎蔫，于是叶片内卷成筒状，以减少蒸腾；当气候湿润、蒸腾减少时，它们又吸水膨胀，于是叶片又平展。但是植物叶片失水内卷，也与叶片中其他组织的差别收缩、厚壁组织分布及组织之间的内聚力等有关。

在小麦、甘蔗等的栽培过程中，如发现叶片内卷，傍晚时仍能复原，说明叶的蒸腾

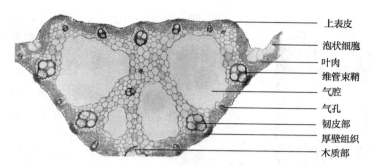

右侧标注：
上表皮
泡状细胞
叶肉
维管束鞘
气腔
气孔
韧皮部
厚壁组织
木质部

图 5-7 水稻叶横切（李鲁华摄）

量大于根系的吸收量，这是炎热干旱条件下常有的现象。如果叶片到晚上仍不展开，这是根系不能吸水的标志，说明植物受到干旱伤害。

（3）气孔器 禾本科植物叶片上下表皮都分布有气孔器，常与长细胞一起排成纵行。禾本科植物的气孔器由两个长哑铃形的保卫细胞和其两侧的两个近似菱形的副卫细胞组成。保卫细胞形状狭长，两端膨大，壁薄，中部细胞壁特别增厚。当保卫细胞吸水膨胀时，薄壁的两端膨大，互相撑开，于是气孔开放；失水时，两端收缩，气孔就闭合。副卫细胞位于保卫细胞两侧，内含叶绿体，其功能是调节保卫细胞的水分代谢。禾本科植物叶片上下表皮的气孔数目基本相等，这个特点与叶片生长比较直立、没有腹背结构之分有关。气孔在近叶尖和叶缘部分分布较多。气孔多的地方，有利于光合作用，也增强了蒸腾失水。水稻插秧后，往往发生叶尖枯黄，这是由根系暂受损伤、吸水量少而叶尖蒸腾失水多造成的。

**2. 叶肉**

禾本科植物的叶肉，没有栅栏组织和海绵组织的分化，这样的叶称为等面叶（或称等面型叶）。叶肉细胞排列为整齐的纵行，排列紧密，胞间隙小，仅在气孔的内方有较大的胞间隙，形成气孔下室。各类禾本科植物，甚至不同品种或同一植株上不同部位的叶片中，叶肉细胞的形态也稍有差异。例如，水稻的叶肉细胞，整体为扁圆形，细胞壁向内褶皱，沿叶纵轴排列，叶绿体则沿细胞壁分布；小麦和大麦的叶肉细胞的细胞壁向内褶皱，形成具有"峰、谷、腰、环"的结构，这有利于更多的叶绿体排列在细胞的边缘，易于接受 $CO_2$ 和光照，进行光合作用（图 5-8，图 5-9）。当相邻的两个叶肉细胞的

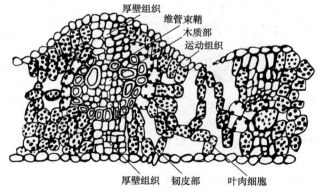

图 5-8 小麦叶片部分横切面结构图（李鲁华仿绘）

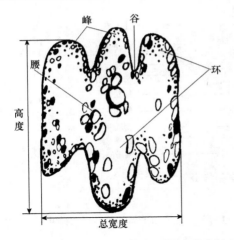

图 5-9　小麦的一个叶肉细胞（李鲁华仿绘）

"峰""谷"相对时，可使细胞间隙加大，便于气体交换和水分蒸腾。叶肉细胞中也含有大量的叶绿体。

**3. 叶脉**

禾本科植物的叶脉为平行脉，在这些平行的叶脉之间有横的细脉互相连接。叶脉由维管束及其外围的维管束鞘组成（图 5-10）。维管束与茎内的维管束结构相似，为有限外韧维管束。维管束也由木质部和韧皮部组成，中间没有形成层。在叶脉维管束与上下表皮之间，常有成束或成片存在的厚壁纤维，以增强叶片的支持作用。$C_4$ 植物的维管束鞘由单层的壁部稍有增厚的薄壁细胞所组成，其细胞较大、排列整齐，细胞内的叶绿体比叶肉细胞中所含的叶绿体更大，数量更多（图 5-11），叶绿体中没有或仅有少量基粒，但它积累淀粉的能力远超过叶肉细胞中的叶绿体，如玉米、高粱等。$C_4$ 植物维管束鞘外密接一层呈"花环"状的叶肉细胞，组成"花环形"结构（图 5-11）；$C_4$ 植物的叶肉细胞中含有一种对二氧化碳亲和力很强的羧化酶，可将叶肉细胞中由 $C_4$ 化合物所释放的 $CO_2$ 再行固定还原，从而提高了光合效能，因此，$C_4$ 植物又被称为高光效植物。$C_3$ 植物的维管束鞘由两层细胞组成，外层为薄壁细胞，内层为厚壁细胞。内层的厚壁细胞较小，几乎不含叶绿体；外层的薄壁细胞较大，所含叶绿体较叶肉细胞少，如小麦、大麦。$C_3$ 植物没有"花环"结构。维管束鞘的结构特征变化，不仅可作为禾本科分类的依据，同时还与植物光合类型有关，$C_4$ 植物为高光效作物，$C_3$ 植物为低光效作物。$C_4$ 植物固定 $CO_2$ 的能力高于 $C_3$ 植物，$C_4$ 植物对浓度在 10mg/kg 以下，甚至 1～2mg/kg 的 $CO_2$ 都可以吸收利用；而 $C_3$ 植物吸收利用 $CO_2$ 的最低浓度为 50mg/kg。$C_3$ 植物和 $C_4$ 植物不仅存在于禾本科植物中，还存在于其他双子叶植物和单子叶植物中，如苋科、藜科、大戟科、莎草科等。$C_4$ 植物和 $C_3$ 植物的解剖特征比较，证明了植物结构与功能是相关的，同时也是高效育种和选种的重要依据。

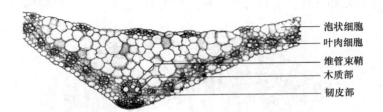

图 5-10　小麦叶片横切图（崔娜摄）

禾本科植物叶脉的上下方，往往分布有成片的厚壁组织，它们可以一直延伸到与表皮相接。水稻的中脉向叶片背面突出，结构比较复杂，是由多个维管束和一些薄壁组织组成的。维管束大小相间而生，中央部分有大而分隔的空腔，与茎和根的通气组织相通。光合作用释放的氧气可以由这些通气组织输送到根部，供给根部细胞的呼吸需要。

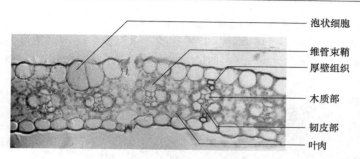

图 5-11　玉米叶片结构（崔娜摄）

泡状细胞
维管束鞘
厚壁组织
木质部
韧皮部
叶肉

### （二）非禾本科植物叶的结构

非禾本科植物的叶在形态和结构上具有多样性。其叶形态各异，主要为条形、披针形等。多数非禾本科植物叶是不完全叶，由叶片和叶鞘两部分组成，如百合科、兰科等植物。非禾本科植物与禾本科植物叶片的解剖结构基本相似，也由表皮、叶肉和叶脉三部分组成。不同的是少数非禾本科植物叶片的表皮细胞壁角质化，具明显的角质层，表皮上的气孔器由两个肾形保卫细胞组成，如洋葱等。

## 四、不同生态条件下叶的结构特点

在植物器官中，叶的形态结构最易随生态环境的改变而发生变化，特别是水分和光照，对其形态结构的影响最为明显。

根据植物与水分的关系可将植物分为旱生植物、中生植物和水生植物。长期生活在干旱的气候和土壤缺乏水分的条件下，可忍受较长时间干旱后仍能维持体内水分平衡和正常发育的植物称为旱生植物。生活在水中的植物为水生植物。生长在水分条件适中、气候温和的环境中的植物，是介于旱生和水生两种极端类型之间的一种中间类型，称为中生植物，大多数植物都属于中生植物。

### （一）旱生植物叶与水生植物叶

#### 1. 旱生植物叶

旱生植物叶的形态结构特征主要朝着降低蒸腾和有利于贮藏水分两个方面发展。旱生植物的叶形成了两种不同的结构类型。一类是叶较小、厚而且硬，以减少叶的蒸腾面积。同时，表皮细胞壁厚且高度角质化，有很厚的角质膜，表皮毛和蜡被比较发达。气孔通常分布在叶的下表皮，气孔下陷或位于特殊的气孔窝内，在气孔窝内还生有表皮毛，从而有效地减少水分从气孔蒸发。有些旱生植物气孔只分布在叶的上表皮，在干旱时叶片向内卷成管状，以减少水分蒸发，如某些禾本科植物。叶小可以减少蒸腾作用，却对光合作用不利，因此，旱生植物叶片还向着提高光合效能方面发展。一方面，叶肉组织排列紧密，胞间隙较小；栅栏组织特别发达，而海绵组织不发达；叶肉细胞具有褶皱的边缘，以此增加与外界的接触面积，使其中的叶绿体更有效地利用阳光。另一方面，输导组织和机械组织比较发达，叶脉稠密，可提高吸水率；厚壁组织具有支持叶片和防止水分蒸发的功能，如夹竹桃等（图 5-12）。旱生植物的另一种类型是叶片肉质化，形成肉质叶。其特点是叶片肥厚，叶肉多汁，有发达的贮水组织，细胞液浓度高，保水能力强，如马齿苋、芦荟等。此外，有些植物如仙人掌科植物的叶退化成刺，茎肥厚多汁。

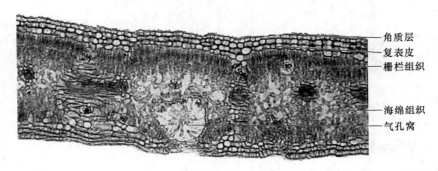

角质层
复表皮
栅栏组织

海绵组织
气孔窝

图 5-12  夹竹桃叶的结构（引自贺学礼，2016）

### 2. 水生植物叶

整个植物体或植物体的一部分浸没在水中生活的植物称为水生植物。按照浸没在水中位置的深浅不同，水生植物分为沉水植物、浮水植物和挺水植物三种类型。整个植株都沉在水中的为沉水植物；叶片漂浮在水面上的为浮水植物；茎、叶大部分挺伸在水面以上的为挺水植物。水生植物可以直接从周围环境获得水分和溶解于水中的物质，但却不易得到充足的光照和良好的通气条件，因为水中的气体和光量是不足的。在长期适应水生环境的过程中，水生植物体内形成了特殊结构，叶片结构的变化尤为明显。根据叶片在水中的情况不同，将叶片分为沉水叶、浮水叶和挺水叶。

（1）沉水叶    与旱生植物的叶在结构上不同，沉水叶通常较薄，呈带形，有些植物的沉水叶细裂成丝状（如狐尾藻），以增加与水的接触和气体的吸收面积。沉水叶的表皮细胞壁薄，不角质化或轻度角质化，有助于其直接吸收水分和溶于水中的气体与盐类。由于水中光线较弱，水越深，光线越弱，因此沉水叶表皮细胞具叶绿体，这对于光的吸收和利用是极为有利的，且表皮上无气孔；另一方面，叶肉不发达，也没有栅栏组织和海绵组织的分化，叶肉全部由海绵组织构成，叶肉细胞中的叶绿体大而多。叶肉细胞间隙特别发达，形成通气组织，既有利于通气，又增加了叶片浮力，如眼子菜属的叶。

（2）浮水叶    浮水植物 叶的上表面可以受到光照，而下表面浮在水中。因此，叶的上下两面分别朝适应旱生和水生两个方向发展；由于叶的上表皮直接承受阳光的照射，上表皮细胞具有厚的角质层和蜡质层，气孔全部分布在上表皮，靠近上表皮有数层排列紧密的栅栏组织，叶肉组织中含有机械组织等适应干旱的结构特征。下表皮沉浸在水中，因此，靠近下表皮的叶肉细胞之间有很大的细胞间隙，形成发达的通气组织，无气孔，下表皮细胞角质层薄或没有角质层等适应水生生活的结构特征（图 5-13）。这种叶片的上下两面朝着相反特征的方向发展，确实表现了植物叶在形态结构上与环境的高度适应性。有的浮水植物，如王莲，叶片很大，叶脉中有发达的机械组织，保证叶片在水面上展开。

（3）挺水叶    挺水植物的叶，除细胞间隙发达或海绵组织所占比例较大外，与一般中生植物叶的结构相差不大。但由于其根部长期生活在水中，因此形成了非常发达的通气组织。

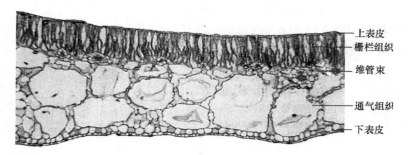

图 5-13 睡莲叶片横切面（示水生植物叶的构造）（引自贺学礼，2016）

## （二）阳生植物叶和阴生植物叶

光照强度是影响叶片结构的一个重要因素，根据光照对叶片的影响，把植物分为两类。一类植物的光合作用适应在强光下进行，而不能忍受弱光，这类植物称为阳生植物，其叶称为阳生叶，大多数农作物，如玉米、水稻和棉花等都属于这种类型。另一类植物则适应在较弱的光照下进行光合作用，在全日照条件下，光合效率反而降低，这类植物称为阴生植物，其叶称为阴生叶，许多林下植物如苔藓、人参和三七等属此类。阳地植物和阴地植物对光照强度的适应不同，二者在叶片构造上的反映也有明显差异。

**1. 阳生叶的特点**

由于受光受热比较强，周围空气比较干燥，蒸腾作用较强，因此阳生叶的结构倾向于旱生植物的特点。叶片厚而小，角质层较厚，栅栏组织、机械组织都很发达，叶肉细胞间隙较小（图 5-14A）。阳生叶倾向于旱生形态，但不等于旱生植物。例如，水稻是水生植物，又是阳生植物。阳生植物的气生环境条件和旱生植物的有些类似，但地下环境条件不同，甚至可能完全相反。

**2. 阴生叶的特点**

阴生植物因长期处于弱光条件下，其叶片结构常常倾向于水生植物的特点。叶片通常大而薄，栅栏组织发育不良，角质层薄，叶肉大部分或全部都是海绵组织，细胞间隙发达，叶绿体较大，表皮细胞也常含有叶绿体（图 5-14B）。由于阴生植物生活环境中缺

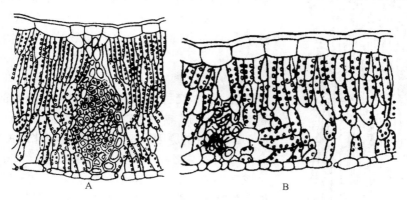

图 5-14 栎树叶片横切面结构（引自贺学礼，2016）
A. 阳生叶；B. 阴生叶

乏直射光，光合作用主要依靠富含蓝紫光的散射光，更适合叶绿素 b 的吸收，因此阴生叶中叶绿素 b 与叶绿素 a 的比值较阳生叶大，叶片多呈黄绿色。

阳生植物和阴生植物是生长在不同光照强度下的植物，由于受到光的影响，叶片在形态、结构上表现出差异。充分说明了叶的形态、结构对于其所处生活环境的适应。在作物的单个植株上或群体中，也存在阳生叶与阴生叶的差别，通常顶部与向阳的叶具有阳生叶的结构特点，下部或隐蔽的叶则趋向阴生叶的特点。这种变化是由各叶所处位置的光照不同造成的，了解二者的比例和分布规律，对作物群体合理利用光能，增加产量具有重要意义。

## 五、叶的衰老与落叶

叶有一定寿命，当生活期结束时，便枯死脱落，叶在脱落之前要经历衰老的过程。因此，叶的衰老和脱落是两个连续的过程。

### （一）叶的衰老

叶衰老的原因非常复杂，主要原因是老叶中的营养物质转移到休眠芽、幼叶及果实等部位。例如，在春天，一些落叶树的花芽萌发时，几乎没有任何叶组织为它提供光合产物，完全依靠落叶前叶转贮到芽中的碳水化合物和氨基酸等。叶衰老时，其形态、结构特征及生理机能都会发生很大变化。筛管中胼胝质的增多导致筛孔堵塞，叶内同化产物及可溶性蛋白质向叶外的运输量会逐渐减少，于是叶的代谢活动降低；随着叶绿体内叶绿素的分解破坏，叶黄素及胡萝卜素的颜色显现出来，导致叶片逐渐变黄。此时叶柄维管束的导管也相继失去功能，水分逐渐不足，气孔关闭，叶的光合作用便开始减弱，最终使叶片走向衰老和死亡。叶的衰老有一定规律，就一株植物而言，一般基部的叶先衰老，渐及顶部；就一片叶而言，双子叶植物多是由叶基向叶尖进行，而禾本科植物则由叶尖向叶基进行。

### （二）叶的脱落

**1. 落叶**

多数植物的叶片生活到一定时期便会从枝条上脱离下来，逆境条件下叶片也会脱落，是植物对不良环境如低温、干旱的一种适应现象。根据落叶的方式不同，树木可分为落叶树和常绿树。

（1）落叶树　　叶只能生活在一个生长季，在冬季来临时即全部脱落，这种植物称为落叶树，如桃、李等。

（2）常绿树　　叶可活一年或几年，在植株上次第脱落，互相交替，每年又增生新叶，因此整个植株看起来是常绿的，这种植物称为常绿树，如松、柏等。

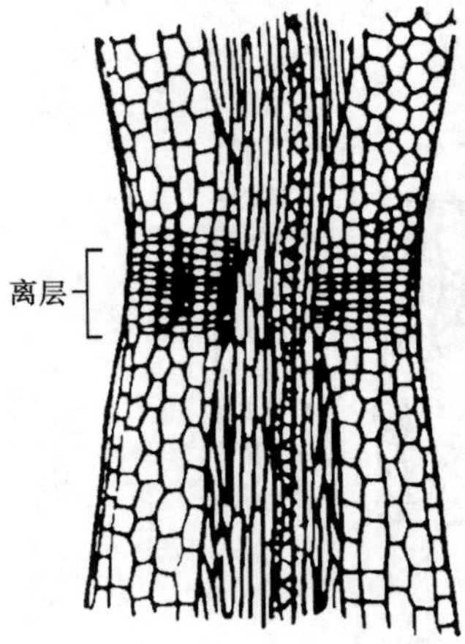

**2. 落叶的原因及其与叶柄结构变化的关系**

（1）离层形成　　树木在落叶之前，叶肉细胞的合成功能降低，并把有机物等营养物质从叶片转移到根、茎等部分贮藏起来。这时叶柄基部形成一至几层薄壁细胞，为离层（图 5-15）。

图 5-15　叶柄的离层（李鲁华仿绘）

（2）离层的特点　　细胞壁中间（胞间层）黏液化并逐渐消失，使细胞分离。叶柄的输导组织失去作用，在重力和风雨侵袭的机械作用下，叶就从离层断开而脱落。叶落后其伤口栓化，形成保护层，它能保护叶痕不被昆虫、真菌等伤害。离层不仅可以在营养器官叶柄基部产生，在一定条件下，在花柄和果柄的基部也会出现，导致花、果实等器官脱落，如果树的落花、落果多与离层的形成有关。

**扩展阅读**

## 植物叶片保卫细胞中SA和ABA信号途径交互新机制

植物叶片气孔由一对保卫细胞组成。保卫细胞可以响应各种环境刺激，从而控制气体交换、水分流失及先天性免疫。很多研究表明，保卫细胞中的ABA（脱落酸）信号在调控气孔运动方面具有重要作用。$Ca^{2+}$依赖性蛋白激酶（$Ca^{2+}$-dependent protein kinases，CPK）和$Ca^{2+}$非依赖性蛋白激酶（open stomata 1，OST1）参与保卫细胞的ABA信号途径。同时，SLAC1（slow anion channel-associated 1，慢阴离子通道蛋白1）也参与ABA诱导的气孔关闭。与ABA类似，水杨酸（salicylic acid，SA）与植物抗旱性和气孔关闭密切相关。SA可以激活拟南芥保卫细胞中的S-型阴离子通道。保卫细胞SA的信号转导及其与其他信号的交互在气孔免疫中发挥着重要作用，但是其分子机制有待阐明。同时，第二信使ROS（活性氧）和$Ca^{2+}$对于ABA信号转导及其与其他信号转导之间的信号整合是至关重要的，可以整合保卫细胞中SA和ABA信号转导，但其机制仍不清楚。

ABA诱导的S-型阴离子通道SLAC1的激活和气孔关闭过程中，OST1和CPK起关键作用。研究发现，与ABA不同，SA依赖CPK途径，而非OST1途径诱导气孔关闭。进一步通过全细胞膜片钳分析发现，在 cpk 3-2 cpk 6-1 突变体保卫细胞原生质体（guard cell protoplasts，GCP）中，SA不能正常激活S-型阴离子通道，但在 ost 1-3 突变体GCP中没有受到影响。SLAC1在ABA信号转导中的关键磷酸化位点是S59和S120，对于SA信号转导也很重要。研究还发现，在 cpk 3-2 cpk 6-1 突变体中，SA介导的活性氧产生没有被破坏，说明SA不需要CPK3和CPK6来诱导活性氧产生。

综上可提出保卫细胞中SA和ABA信号转导整合的新模型，表明SA激活ROS信号整合到依赖于$Ca^{2+}$/CPK的ABA信号转导分支中，而不是依赖于OST1信号转导分支。

## 主要参考文献

贺学礼. 2016. 植物学. 2版. 北京：科学出版社

胡宝忠，胡国宣. 2006. 植物学. 北京：中国农业出版社

强胜. 2017. 植物学. 2版. 北京：高等教育出版社

杨静慧. 2014. 植物学. 北京：中国农业大学出版社

Yeasin P, Shintaro M, Nur-E-Nazmun N, et al. 2018. Guard cell salicylic acid signaling is integrated into abscisic acid signaling via the $Ca^{2+}$/CPK-dependent pathway. Plant Physiology, 178: 441-450

# 第六章　植物营养器官的变态

**【主要内容】**

本章主要介绍根、茎、叶维管组织之间的相互联系和相关性，以及根、茎、叶的变态类型。

**【学习指南】**

了解根、茎、叶维管系统的联系，理解其联系的重要性。掌握被子植物营养器官变态的概念。根、茎、叶的主要变态类型，同功器官和同源器官的概念。

## 知识点一　营养器官间的相互关系

虽然植物根、茎、叶的结构和功能各不相同，但在植物生长发育过程中，各器官相互联系、相互协作、相互影响，其表皮、皮层和维管组织共同构成一个统一的整体，从而体现了植物营养器官在结构和功能上的整体性和相关性。

### 一、营养器官间维管组织的关系

#### （一）根和茎的关系

种子萌发时，胚轴的一端发育为主根，另一端发育为茎。然而根维管组织的结构特点与茎维管组织的结构特点明显不同，所以在根与茎的交界处，维管组织必须从一种形式逐步转变为另一种形式，发生这一转变的部位称为过渡区（transition region），一般发生在下胚轴的一定部位。由根部向茎部转变时维管柱先增粗，然后维管组织中木质部或韧皮部，或两者都发生分叉、旋转、靠拢和合并。转变之后的维管组织就在根茎间建立起了统一联系。根据维管组织的变化，一般可将过渡区分成4种类型（图6-1）。

类型1：由四原型幼根转变为具4个外韧维管束的幼茎。根中的木质部均分为二叉，转向180°，每一分叉与相邻木质部的分叉合成一束，同时移位到韧皮部内方，使原来木质部与韧皮部相间排列转变成内外排列。

类型2：由二原型幼根转变为具4个外韧维管束的幼茎。根中的2个韧皮部一分为二，2个木质部分叉转向后分别移位到4个韧皮部内方，形成4个外韧维管束。

类型3：由二原型幼根转变为具2个外韧维管束的幼茎。韧皮部分成二叉，每束韧皮部的一部分与另一束韧皮部的一部分合并，重新形成2个韧皮部。根中2个木质部不分裂，只转向180°，分别排在韧皮部内方，形成2个外韧维管束。

类型4：由四原型幼根转变为具2个外韧维管束的幼茎。根中4个木质部中只有2个相对的木质部分成两叉，并转向180°。另外2个相对的木质部不分叉，也转向180°。然后，未分叉的木质部与相邻的2个木质部中的各个分叉汇合，重新形成2个木质部。与此同时，与未分叉的木质部相邻的2个韧皮部合并，重新形成2个韧皮部，并移位到木质部外方，形成2个外韧维管束。

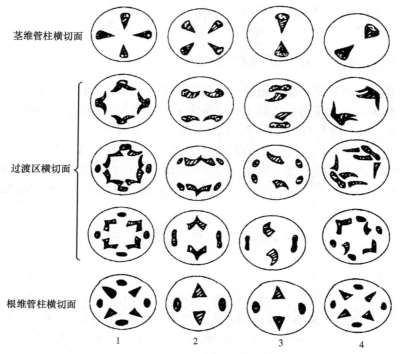

茎维管柱横切面

过渡区横切面

根维管柱横切面

　　　1　　　　　　2　　　　　　3　　　　　　4

图 6-1　过渡区维管束联系（引自胡宝忠和胡国宣，2002）
1～4.4 种不同类型

## （二）茎和叶的联系

　　在植物体中，维管束最初由下胚轴进入子叶节，或由上胚轴进入第一叶，继而进入各叶内。维管束由茎进入叶的基本规律是：维管束先旋转、交叉、增粗和合并后再发生分离，分别进入下一节间和所在节部的腋芽和叶柄内。进入腋芽的维管束其发育、分布和结构特点与主茎相似；进入叶内的维管束，如是外韧维管束，原本位于内侧的木质部在进入叶内后，木质部在近轴面，韧皮部在远轴面。当叶片脱落后，在茎节处总是可见到叶片脱落后留下的瘢痕——叶痕（leaf scar），而叶痕内分布的斑点，则是由茎进入叶柄的维管束断裂后留下的痕迹——叶迹（leaf trace）。

## 二、营养器官在植物生长中的相关性

### （一）地下部分与地上部分的相关性

　　植物地下部分和地上部分的生长相互依赖。地下部分的生命活动必须依赖于地上部分的光合作用产物和生理活性物质，而地下部分将其吸收的水分、矿物元素以及合成的细胞分裂素等运往地上部分供其利用。它们相互促进、共同发展，俗话说"根深叶茂""本固枝荣"就是对这种依赖关系的具体描述。

　　地下部分和地上部分的生长也存在相互制约的一面，主要表现在对水分和营养物质的争夺。当土壤缺乏水分时，地下部分一般不易发生水分亏缺而照常生长，而地上部分因水分不足，其生长会受到一定程度的抑制；相反，当土壤水分较多时，由于土壤通气性差，根的生长受到不同程度的抑制，但地上部分因水分供应充足而保持旺盛的生长。"旱长根，涝长苗"说的就是这个道理。

### （二）主茎和侧枝以及主根和侧根的相关性

一般来说，植物的顶芽生长较快，侧芽生长则受到不同程度的抑制，主根和侧根之间也有类似的现象。如果将植物的顶芽或根尖除掉，侧枝或侧根就会迅速生长出来。这种顶端具有生长占优势的现象称为顶端优势（apical dominance）。顶端优势的强弱与植物种类有关。松、杉、柏等裸子植物的顶端优势强，近顶端的侧枝生长缓慢，远离顶端的侧枝生长较快，因而树冠呈宝塔形状。玉米、高粱等作物也有明显的顶端优势，但水稻、小麦等顶端优势很弱或没有。生产上可根据需要利用顶端优势来调节植物的株型。

# 知识点二　根 的 变 态

## 一、变态的概念

通常，植物的茎总是生长在地面以上，而根生长在地面以下，但是有些植物的根、茎却不是如此。例如，莲藕是从泥中挖出来的，人们总误以为它是根，其实它属于茎。植物的各种营养器官由于行使一定的生理功能，其形态结构具有易于识别的特征，但是有些植物的营养器官行使特殊功能，使其无论在形态、构造上，还是生理功能上都发生了非常大的变化。并且历经若干世代以后，一代代地遗传下来，成为这种植物的遗传性状，这种现象称为变态（metamorphosis），这种器官称变态器官（metamorphosis organ）。营养器官的变态是植物长期适应特殊环境的结果，因此，变态是一种正常的生命现象。

## 二、根的变态类型

变态根从其功能上来看，可分为三大类：贮藏根、气生根和寄生根。

### （一）贮藏根

贮藏根（storage root）主要是适应于贮藏大量营养物质的变态根，包括萝卜、胡萝卜、甜菜、甘薯、木薯和何首乌等，在农业生产中作为产品器官，有的还可兼作再生产用的"种子"，其共同特点是：外观肥大、肉质，富含糖类等营养物质；结构以大量薄壁组织为主，维管分子散生其间；贮藏物用于植株的开花结实或作为营养繁殖、萌生新植株的营养源。根据来源将贮藏根分为肉质直根和块根两种。

#### 1. 肉质直根

萝卜、胡萝卜、甜菜等的根均属于此类。肉质直根（fleshy tap root）并不完全是根，其由两部分发育而成，上部由下胚轴形成，顶部为节间很短的茎，上面着生许多叶。下部由主根基部发育而成，具有二纵列、四纵列侧根，这些侧根与主根的其余未膨大的部分具有正常结构，这部分也是我们食用的主要部分。在发达膨大的主根内，薄壁细胞极为发达，其内贮存大量养料，以供给植物过冬后

▶萝卜的
肉质直根

次年生长的需要。次年便会在肉质直根上抽出茎来，然后开花结实。一般一株植物仅有一个肉质直根。各种变态的肥大直根虽然在外表上相似，都由主根肥大而成，但不同的植物其肉质直根的内部结构是不一样的。

萝卜肉质直根在未增粗时有正常的初生生长、次生生长及结构，但次生木质部中薄壁组织十分发达且无木纤维，以后陆续在木薄壁组织中产生多个副形成层（accessory cambium），进行三生生长，分别向其内外两侧产生三生木质部（tertiary xylem）和三生韧皮部（tertiary phloem），其内以木薄壁细胞和韧皮薄壁细胞为主。形成层与副形成层在生长季同时活动，便形成了萝卜贮藏根肉质、发达的木质部（包括三生韧皮部），而初生和次生韧皮部发育很弱，与周皮共同组成薄的"皮部"。

胡萝卜的肉质直根大体上与萝卜相似（图6-2A、B），但胡萝卜在次生生长时发育出肉质的发达韧皮部，以韧皮薄壁细胞为主，而木质部所占的比例较少，含糖量很高，并含有大量的胡萝卜素，为主要的食用部分。由于胡萝卜素在食用后可转变为维生素A，因此胡萝卜根具有很高的营养价值。

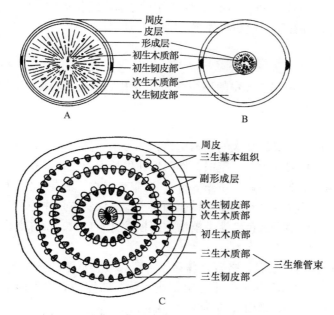

图6-2 贮藏根横切面结构（引自徐汉卿，1996）

A. 萝卜；B. 胡萝卜；C. 甜菜

甜菜肉质直根的结构比较复杂，除次生生长外还有发达的三生生长，先由中柱鞘细胞形成筒状的副形成层（也称额外形成层），并由它产生三生维管束及大量的薄壁细胞；三生维管束排成一轮，其三生韧皮部外侧的韧皮薄壁细胞又产生新的副形成层，再活动形成新一轮三生维管束。依次可形成8～12层的副形成层及其衍生的三生维管组织，而且三生维管束轮和薄壁组织相间排列，在横切面上呈多层同心圆结构（图6-2C）。由于在薄壁组织中贮藏有大量的糖，因此根的加粗，相应地提高了糖的含量。

**2. 块根**

块根（root tuber）是由植物的侧根或不定根膨大而成的，没有茎和胚轴参与，完全为根。在外形上，块根较为不规则，且一株植物常可形成多个块根。常见的块根有番薯（又名红薯、白薯）、菊芋（又名洋姜、鬼子姜）、花卉中的大丽花（大理菊）等。

块根的膨大也是形成层活动的结果，但特殊的是，在次生结构出现不久，块根内许多部位（尤其是导管四周）的薄壁组织恢复了分裂能力，形成了新的形成层并产生新的韧皮部和新的木质部及大量的薄壁细胞，从而使块根不断增粗。各种块根内的薄壁组织都是极为发达的，其内贮藏有大量营养物质，有淀粉（如番薯）、糖类（大理菊中的菊糖），以及其他物质。

甘薯、木薯和何首乌等的肉质根是由不定根（营养繁殖时）或侧根（实生苗）的近地表部分经增粗生长形成的，多呈块状，故称为块根。块根上下部分的根仍具有正常生长的结构。

甘薯块根由不定根发育而来，在栽植后 20～30d，由于形成层的活动，不定根产生次生结构开始膨大，次生木质部导管周围的木薄壁细胞恢复分裂能力形成副形成层，也可由离导管较远处或初生木质部束附近的木薄壁细胞形成。这些副形成层的活动情况与萝卜变态根相同。

何首乌的块根呈纺锤形，表面有 4～6 条纵棱。位于外围纵棱下的为三生生长形成的周韧维管束，其副形成层由初生韧皮纤维束周围的薄壁细胞形成，中柱鞘也恢复分裂能力，向内产生一些薄壁细胞，使块根加粗。

## （二）气生根

凡暴露于地面、生长在空气中的根均称为气生根（aerial root）。气生根因行使的功能不同又分为数类。

### 1. 支持根

一些具浅根系而植株又较高大的草本植物，如玉米、高粱等，在拔节后抽穗前，近地面的几个节上可环生几层气生的不定根，作向地性生长而入土，并在土内产生侧根，有支持植株的特殊作用，称为支持根（prop root），也兼有吸收、输导等作用。这类根较粗壮，表皮细胞角质化程度较高，并有硅质化，表面还产生黏液；皮层中厚壁组织发达，细胞中有色素，阳光照射后使根呈紫色。这类植物支持根发育不良时，植株遇大风易倒伏。

### 2. 攀缘根

一些藤本植物，如爬山虎、络石、薜荔、常春藤等，从茎的一侧产生许多顶端扁平，常可分泌黏液，易于固着在其他树干、山石或墙壁等物体的表面攀缘上升的不定根，称为攀缘根（climbing root）。爬山虎的攀缘根顶端特化成吸盘状。

### 3. 呼吸根

有些生长在沿海或沼泽地带的植物，如红树、水龙、水松等，产生向上生长伸出地面的呼吸根（respiratory root）。其表面有呼吸孔，内有发达的通气组织，有利于通气和贮存空气。

许多附生植物，如热带雨林中的附生兰全为气生根，其根具有肥厚的根被，适宜于吸收和贮存空气中的水分。

## （三）寄生根

寄生根（parasitic root）是寄生植物从寄主体内吸收水分和养分的由不定根变态而来的器官，故也称吸器。见于旋花科的菟丝子属、列当科的列当属和樟科的无根藤属等高等寄生植物中，它们的叶退化为小鳞片，不能进行光合作用，而是借助特殊的寄生根吸取寄主营养。

　　菟丝子对豆类作物危害很大。它的缠绕茎上生出许多不定根，与寄主表皮接触后，先端长出与表皮垂直排列的菌丝状细胞，直接伸入寄主枝条的维管组织中，这种寄生根中央分化出几条螺纹导管，末端有小型细胞，借此摄取寄主营养。被寄生的豆类植株轻则矮小，发育不良，重则不能结实甚至早期死亡，寄生愈早，危害愈重。

　　列当也是田间的恶性寄生杂草，在我国新疆、内蒙古等地比较常见。其茎直立、肉质，无叶绿素而呈紫褐色，根不发育，只具变态的须状吸器。列当可产生大量细小如尘埃的种子，被水冲入土中后，只有在寄主（如向日葵）根的分泌物作用下才萌发为细丝状幼苗，其末端插入寄主根中变为吸器。

　　上述两种寄生植物危害性大，被列为检疫杂草。

# 知识点三　茎 的 变 态

　　大多数植物的茎生长在地面上，具有节和节间，并在节上着生叶和芽。但有些植物的茎为了适应不同的环境而具有不同的功能，其形态结构常发生一系列可遗传的变化，这就是茎的变态。茎的变态类型很多，按所处位置可分为地下茎（subterraneous stem）的变态与地上茎（aerial stem）的变态两大类。

## 一、地下茎的变态

　　一些植物的部分茎生长于土壤中，变为贮藏或营养繁殖器官，称为地下茎。地下茎的形态结构常发生明显的变化，但与根不同，仍保留茎的一些基本特征，常见的变态有以下几种。

### （一）根状茎

　　根状茎（rhizome）是指蔓生于土层下，具有明显的节与节间，节上有小而退化的非绿色的鳞片叶，叶腋中的腋芽或顶芽可形成背地性直立的地上枝，同时在节上产生不定根（图6-3A、B）。常见于禾本科植物，如竹、芦苇、白茅和冰草等。根状茎贮有丰富的营养物质，可存活一至多年，繁殖能力很强，若因耕犁等外力被切断时，茎段上的腋芽仍可发育为新株，故禾本科植物的杂草不易铲除。

　　莲藕是莲的根状茎，其中具发达的通气道与叶相通；姜、菊芋的根状茎肥短而为肉质（图6-3C、D）。这几种根状茎兼有贮藏和营养繁殖功能。

### （二）块茎

　　块茎（stem tuber）为节间缩短、膨大的变态茎，形状多不规则，顶端有顶芽，四周有许多芽眼作螺旋状排列，芽眼着生处为节。幼时芽眼下方有鳞片叶，长大后脱落留下叶痕，称为芽眉；每个芽眼内有几个芽，相当于腋芽和侧芽。马铃薯块茎是由植株基部叶腋长出来的匍匐枝，顶端入土后经过特殊增粗生长而形成的，块茎形成时，匍匐枝髓部的薄壁细胞恢复分裂，髓的体积大大增加，将维管束环向外推移，随后皮层、木薄壁组织、韧皮薄壁组织也恢复分裂活动，共同产生大量的薄壁细胞，构成块茎的大部分，

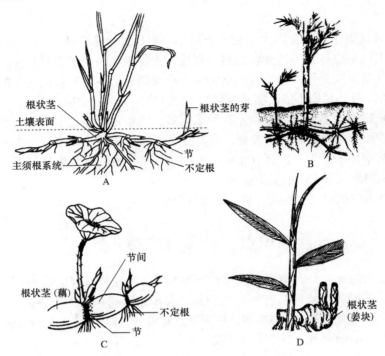

图 6-3　根状茎（引自徐汉卿，1996）
A. 禾本科杂草；B. 竹；C. 莲；D. 姜

其细胞中主要后含物为淀粉粒，有时也有蛋白质晶体形成。同时，表皮和皮层的最外层细胞变为木栓形成层，进行分裂活动，产生周皮和皮孔，覆盖于块茎之外。

### （三）鳞茎

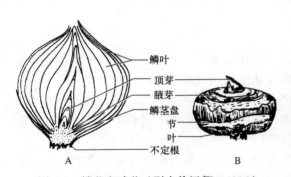

图 6-4　鳞茎和球茎（引自徐汉卿，1996）
A. 洋葱鳞茎纵剖面；B. 荸荠球茎外形

鳞茎（bulb）是一种节间缩短，着生肉质或膜质变态叶的地下茎，常见于单子叶植物中，如百合、洋葱、蒜、葱、水仙、石蒜等。将洋葱鳞茎纵切，可见一个扁平、节间短缩的茎位于中央，称为鳞茎盘，其上的顶芽将来发育成花序，四周肉质的鳞叶，层层包围鳞茎盘，贮有大量营养物质，最外围还有几片膜质鳞片叶保护，叶腋有腋芽，鳞茎盘下端可以产生不定根（图 6-4A）。

大蒜茎的基部也变态为鳞茎盘，其上的腋芽发育膨大而成子鳞茎，为食用的蒜瓣。

### （四）球茎

球茎（corm）是节间短缩、膨大成球形的地下变态茎，常具有显著的顶芽。荸荠、慈姑的球茎由纤细匍匐枝顶端发育而成，芋的球茎由茎的基部发育形成。荸荠球茎顶端有粗壮的顶芽，节与节间明显，节上有干膜状鳞片叶和腋芽（图 6-4B）。球茎贮有大量营养物质，可用作营养繁殖。

## 二、地上茎的变态

### （一）匍匐茎

匍匐茎（stolon）是细长、匍匐于地面而生的茎，节上生不定根，顶端芽成直立小植株，以行营养繁殖，如草莓（图 6-5A）。

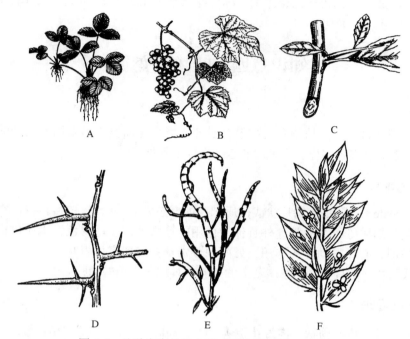

图 6-5　几种变态的地上茎（引自李扬汉，1991）

A. 草莓的匍匐茎；B. 葡萄的茎卷须；C. 山楂的茎刺；D. 皂荚的茎刺；E. 竹节蓼的叶状茎；F. 假叶树的叶状茎

### （二）肉质茎

肉质茎（fleshy stem）是肉质肥大多汁的变态茎。莴苣主要食用部分为发达的肉质茎，由髓部及周围的内韧皮部组成，"皮"与"筋"分别为表皮和维管束。仙人掌类植物的肉质茎有球状、块状、多棱柱状等，富贮水分和营养物质，并具叶绿体，可进行光合作用，茎上有变为刺状的变态叶。

### （三）茎卷须

南瓜、葡萄等藤本植物的一部分枝变为卷须，称为茎卷须（stem tendril），有些植物的卷须还有分枝。卷须的机械组织和输导组织不发达，主要由薄壁组织组成。幼卷须有敏锐的感受力，在接触支撑物数分钟内做出卷曲、缠绕生长的反应。老时便失去卷曲反应能力（图 6-5B）。

### （四）茎刺

柑橘、山楂和皂荚等植物的枝常变为刺，称为茎刺（stem thorn），生于叶腋，由腋芽发育而来，不易剥落，具保护作用（图 6-5C、D）。石榴、梨等植株上可看到着生叶与花的小枝过渡到茎刺的情况。蔷薇、月季茎上有刺，数量多而分布无规则，是茎表的突出物，称为皮刺而非茎刺。

### （五）叶状茎

茎扁化或成针状，代行光合作用，称为叶状茎（cladode），如竹节蓼（图 6-5E）、假叶树（图 6-5F）和文竹等。

# 知识点四　叶 的 变 态

## 一、变态叶的分类

叶的可塑性很大，是植物器官中最容易随环境变化而发生形态结构改变的器官。因此，叶的变态类型多种多样。常见的变态叶有以下几种。

### （一）鳞叶

鳞叶（scale leaf）是指鳞片状或肉质肥厚的变态叶。一般有三种：一种是木本植物，如杨、玉兰、胡桃等植物的鳞芽外具保护作用的芽鳞片，多呈褐色，木质化程度高，常有茸毛或黏液，有保护幼芽的作用。另两种分别是变态器官如根状茎、球茎、块茎上退化的鳞叶或鳞片，如百合、洋葱鳞茎上的肉质、具贮藏作用的鳞叶。

### （二）叶卷须

叶的一部分变成卷须状，称为叶卷须（leaf tendril）。叶卷须适于植物攀缘生长，如豌豆、西葫芦等。豌豆复叶顶端的两三对小叶变为卷须，其他小叶形态如常（图 6-6A）。叶卷须的内部结构及作用基本同茎卷须。

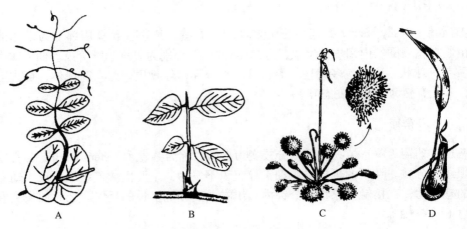

图 6-6　几种变态叶（引自李扬汉，1991）

A. 豌豆的叶卷须；B. 洋槐的托叶刺；C. 茅膏菜的植株及捕虫叶；D. 猪笼草的捕虫叶

### （三）叶刺

仙人掌属植物的变态茎上全部叶片变为刺状，称为叶刺（leaf thorn），既可保护自身，又可以减少水分散失，以适应干旱环境的生存和生活。有的植物的刺由托叶转变而来，叫托叶刺，如洋槐（图 6-6B）。叶刺内有维管束与茎相通。

### （四）捕虫叶

自然界中还有一类因适应特殊环境而形成的食虫植物，它们生长在多雨湿润的热带、亚热带沼泽地区，由于这些地方土质呈酸性，氮素缺乏，因此植物的部分叶可特化成瓶状、囊状或其他形状，其上有分泌黏液和消化液的腺毛，能捕捉并消化虫体蛋白质以满足自身对氮素的需求（图 6-6C、D），这种叶称为捕虫叶（leaf insectivorous apparatus），如猪笼草的瓶状捕虫叶、茅膏菜的盘状捕虫叶、狸藻的囊状捕虫叶等。

### （五）苞片

苞片（bract）是着生于花柄上、位于花下的变态叶，具有保护花和果实的作用。苞片可为绿色或其他颜色，通常明显小于正常叶片，如连翘花柄上的苞片。

着生于花序轴上、小花下的苞片称为小苞片。聚生在花序外围基部的多数苞片合称为总苞。总苞的形状和轮数为种属鉴别的特征之一。例如，菊科植物的头状花序基部有多数绿色的总苞片；鱼腥草为 4 枚白色花瓣状的总苞片；马蹄莲的花序外为 1 片大型的总苞片，称为佛焰苞。

### （六）叶状柄

有些植物的叶片退化，叶柄变为扁平的叶片状，并具有叶的功能，称为叶状柄（phyllode），如台湾相思等。

## 二、同功器官和同源器官

凡外形相似、功能相同，但来源不同的变态器官称为同功器官（analogous organ），而外形与功能都有差别，但来源相同者，则为同源器官（homologous organ）。这是植物营养器官在自然选择下趋同进化和趋异进化的结果。来源不同的器官长期适应某种环境，执行相似的生理功能，就逐渐发生同功变态（趋同进化），如茎刺和叶刺，它们分别来源于茎和叶，均呈刺状，是具有保护功能的变态器官；茎卷须和叶卷须，呈细丝状，是攀缘生长、获取更多生活资源的变态器官；块根和块茎，它们分别来源于不定根和地下茎，呈团块状或球块状，是兼有贮藏和繁殖功能的变态器官，这些例子都属于同功器官。来源相同的器官，长期适应不同的环境而执行不同的功能，就导致同源变态的发生（趋异进化），如茎刺和茎卷须，支持根和贮藏根等都属于同源器官。

在植物进化过程中，植物营养器官的变态，可朝着同功或同源两个方向发展。来源不同的器官，因长期适应某种环境，产生相似的形态结构和相应的生理功能，而逐渐发生同功变态；来源相同的器官，也可以因为长期适应不同环境，产生不同的形态结构和生理功能，而逐渐发生同源变态。实践中辨别变态器官时，可将着生位置、内部结构、发生和起源、其上保留的原器官的形态等作为依据。同源器官在遗传机制上具有相似性，因而以同源器官为研究对象，研究变态发生的分子机制，对研究物种的起源与进化、改造并创造植物新器官及新种质具有重要的理论指导意义。

 扩展阅读

## 块茎的发育调控

块茎（tuber）是地下茎先端膨大形成的块状变态茎，含有丰富的淀粉，为贮藏器官。具有块茎的植物有马铃薯、姜、甘露子等。马铃薯是一种代表性的具有块茎的植物，同时又是重要的农作物和蔬菜作物，因此研究其块茎的分化、发育和分子机制具有重要意义。

马铃薯（*Solanum tuberosum*）是一年生草本植物，块茎作为马铃薯的产品器官一直是植物生理学家、植物解剖学家和植物形态学家的研究对象。首先，发育着的块茎代表一种主要的"库"，能够吸收并积累蔗糖和淀粉等碳水化合物，并以造粉体的形式贮存起来。其次，块茎是一种典型的变态器官，其形态发生的分子机制可能帮助解释其他变态器官的调节机制。

### 1. 块茎的分化和发育

在横切面上，马铃薯块茎的解剖结构分为 4 个区域：周皮、内贮藏薄壁细胞、外贮藏薄壁细胞和维管束环。这些次生结构都是匍匐茎顶端膨大以后产生的。在块茎发生前，匍匐茎的顶端呈现茎的初生结构：没有周皮，贮藏薄壁组织很不发达。贮藏薄壁组织是随着块茎的发育而逐渐成为优势组织的。

马铃薯块茎的发育分为 6 个阶段，即匍匐茎的诱导、匍匐茎的分化、匍匐茎的生长、块茎的诱导、块茎的发生和块茎的生长。匍匐茎的分化是块茎发育的前提，处于各个不同发育阶段的匍匐茎都具有膨大成为块茎的能力。因此，决定块茎形态发生的基因表达产物可能存在于匍匐茎的顶端分生组织。目前，一些实验室已经利用早期发育阶段的匍匐茎，分离出块茎发生的决定基因。

在黑暗条件下，匍匐茎横向生长，进而膨大成块茎；在光照条件下，匍匐茎向上生长，并转化为正常的枝条，从而失去了形成块茎的能力。在诸多环境因素中，光周期和温度是块茎发生的主要调节因子。此外，茉莉酸和细胞分裂素可促进块茎的发生，赤霉素则抑制块茎的发育。

### 2. 块茎发育的分子机制

块茎发育包含两个方面，一是块茎形态的发生，二是淀粉和贮藏蛋白等营养物质的积累。一般情况下，形态发生和物质积累是同步进行的，以至于人们很难做出判断：块茎形态发生是淀粉合成和积累的前提，还是匍匐茎积累淀粉的能力决定块茎的发生。

当匍匐茎顶端开始膨大时，有一些块茎特异蛋白质合成，这些块茎特异蛋白质是马铃薯块茎蛋白（patatin）或蛋白酶抑制剂，它们分别由两种不同的基因家族编码。然而后来的研究证明，块茎蛋白是一种贮藏蛋白，它的合成只是块茎发育过程所伴随的，并不是必需的，因此不宜作为块茎发生的指标。

除了块茎特异蛋白质外，淀粉合成被认为是块茎发生所必需的。这是因为，在匍匐茎向块茎转折的时期，淀粉合成的速率急剧升高，淀粉的含量也迅速增加。目前，块茎研究的热点是淀粉合成途径中的关键酶——ADP-葡萄糖焦磷酸化酶（AGP）。AGP酶由两个大亚基lAGP和两个小亚基sAGP复合而成，分别由lAGP基因和sAGP基因编码。

AGP基因的表达在多极水平上发生，同时依赖于组织类型。sAGP基因的转录子出现在根、茎、叶、匍匐茎和块茎各种组织中，其中块茎中含量最高，匍匐茎次之。而lAGP基因的转录子主要富集在匍匐茎和块茎中。说明sAGP基因和lAGP基因在植物特定组织中的转录表达是非同步的。淀粉在根、茎、叶、匍匐茎和块茎的各种组织中的累积量与sAGP基因的翻译水平相当，因此sAGP亚基可能决定AGP酶的活性，导致AGP基因在块茎和叶中的差异性表达，造成淀粉合成速度在叶和块茎中存在差异。

但是，研究中发现无淀粉块茎，其机理还不清楚。因此，关于块茎发育的分子机制还有待于更深入的研究。

## 主要参考文献

胡宝忠，胡国宣. 2002. 植物学. 北京：中国农业出版社
李扬汉. 1991. 植物学. 上海：上海科学技术出版社
林慧彬，林建群，古红霞，等. 2006. 菟丝子品种及其寄主植物与黄酮含量的相关性研究. 上海中医药大学学报，20（3）：66
林倩，贾凌云，孙启时. 2009. 菟丝子的化学成分. 沈阳药科大学学报，26（12）：968
渠文涛，朱玮，翟广玉，等. 2012. 槲皮素衍生物的合成及生物活性研究进展. 化学研究，23（4）：101
谭喜莹，陆红柳，赵陆华，等. 2008. 菟丝子药材HPLC指纹图谱研究. 中国药学杂志，43（1）：14
王展，方积年，葛东凌，等. 2000. 酸性菟丝子多糖的化学特征和免疫活性. 中国药理学报，12：81
徐汉卿. 1996. 植物学. 北京：中国农业出版社
余叔文，汤章诚. 1998. 植物生理与分子生物学. 北京：科学出版社
朱太平. 2007. 中国资源植物. 北京：科学出版社

# 第七章　植　物　的　花

【主要内容】

本章主要介绍被子植物花的概念和组成部分；花芽的分化；雄蕊的发育，花药的发育和结构，花粉粒的形成和发育，花粉粒的发育与结构；雌蕊的发育，胚珠的发育与结构，胚囊的发育与结构；开花、传粉、传粉媒介与双受精。

【学习指南】

了解被子植物花形成的过程，掌握雌蕊和雄蕊的结构和发育。重点掌握花药、胚囊的发育与结构，双受精的过程和意义。

## 知识点一　花的一般形态

植物的全部生活包括两个方面：一是维持个体的生存，二是繁衍种族。当植物个体生长发育到一定时期时，就会通过一定的方式，从自身产生新的个体，以延续种族，这种现象称为繁殖（reproduction）。植物繁殖包括三种方式：①营养繁殖（vegetative propagation），由植物营养体的一部分直接形成新个体；②无性生殖（asexual reproduction），由植物体产生无性生殖细胞——孢子（spore），再由孢子直接发育成为新个体；③有性生殖（sexual reproduction），由植物体产生有性生殖细胞——配子（gamete），包括形态、遗传及生理功能不同的雌、雄配子——卵细胞（egg）和精细胞（sperm），二者再融合形成合子（zygote，也称受精卵），再由合子发育成新个体。

被子植物从种子萌发形成幼苗，经过一段时期的营养生长后，进入生殖生长阶段，在植株的一定部位上形成花芽，而后开花、结实、产生种子。由于花、果实与种子都与植物的繁殖有关，因此统称为生殖器官或繁殖器官。

### 一、花的组成和发生

#### （一）花的概念

花是种子植物所特有的最重要的有性生殖器官，花的形成在植物个体发育中标志着从营养生长转入生殖生长。从植物系统进化和形态发生角度来看，花由枝条演变而来，是适应生殖、节间极度缩短、不分枝的变态短枝。花柄是枝条的一部分，花托是花柄顶端略微膨大的部分，花萼、花瓣、雄蕊和雌蕊是着生于花托上的变态叶。

#### （二）被子植物花的组成

不同植物的花在大小、颜色和形态上差异较大，但其基本组成一致，通常由花柄（pedicel）、花托（receptacle）、花萼（calyx）、花冠（corolla）、雄蕊群（androecium）和雌蕊群（gynoecium）6部分组成（图7-1）。

**1. 花柄**

花柄又称花梗，是着生花的小枝，起着支持和输送营养物质的作用。花柄的长短因植物种类而异，有的植物花柄很长，如垂丝海棠花柄可长达 5～10cm；有的植物花柄很短，如贴梗海棠的花柄仅 0.5cm；有的植物几乎无花柄，如柳、桑。当形成果实时花柄发育为果柄。

**2. 花托**

花托是花柄顶端呈不同方式膨大的部分，花的其他部分（花萼、花冠、雄蕊群和雌蕊群）按一定的方式着生于花托上。花托的形状在不同植物中变化较大，多数植物的花托稍微膨大，如油菜；而有的植物其花托呈圆锥形，如毛茛；也有的膨大

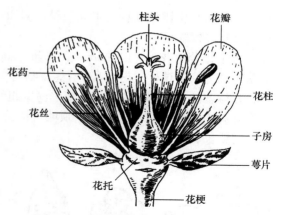

图 7-1　花的组成（引自贺学礼，2008）

呈倒圆锥形，如莲；还有的凹陷呈杯状，如桃；或凹陷呈壶状，且与花萼、花冠、雄蕊的下部或雌蕊的子房愈合，形成下位子房，如苹果、梨；某些植物的花托则呈盘状，称为花盘，如葡萄。

**3. 花萼**

花萼位于花托的最外轮，由若干萼片（sepal）组成，常呈绿色，结构与叶相似，但栅栏组织和海绵组织的分化不明显。花萼具有保护幼花、幼果的作用，并兼行光合作用。也有一些植物的花萼呈花瓣状，有利于昆虫的传粉，如绣球花；而蒲公英的花萼常呈毛状，称为冠毛，有助于传播果实。

萼片之间相互分离的称为离萼（chorisepalous），如油菜。萼片之间彼此连合的称为合萼（gamosepalous），如大豆。花萼下端连合的部分称为萼筒（calyx tube），先端分裂的部分称为萼裂片（calyx lobe）。有些植物的萼筒下端向一侧伸长形成管状突出，称为距（calcar），如凤仙花。大多数植物花萼早于花冠脱落，或花后与花冠一起脱落，称为落萼，如油菜花；但也有些植物在其果实成熟时，花萼依然存在，称为宿萼（persistent calyx），如茄。有的植物在花萼外侧还有一轮绿色的片状结构，称为副萼（epicalyx），如锦葵、草莓。

**4. 花冠**

花冠位于花萼的内侧，由若干花瓣（petal）组成，可排列为一轮或多轮，与花萼一起合称为花被（perianth），具有保护雌蕊与雄蕊的作用。花冠常具有各种鲜艳的颜色，或因细胞中含有有色体而使花呈黄色、橙黄色或橙红色；或因液泡中含有花青素苷等物质而使花呈红色、淡红色、淡紫色和蓝色等；或二者都有，花色绚丽多彩；或缺乏色素，花呈白色。有些植物的花瓣中含有挥发油，能释放出芳香气味，或由花瓣蜜腺分泌蜜汁，吸引昆虫和其他动物进行传粉。也有些植物的花无花瓣或花冠，如玉米、小麦、杨树等，称为无被花，它们依赖风媒传粉。

花瓣彼此分离的花称为离瓣花（choripetalous corolla），如玫瑰的花；花瓣彼此连合的花称为合瓣花（synpetalous corolla），如黄瓜的花，连合的部位称为花冠筒（corolla tube），分离的部位称为花冠裂片（corolla lobe）。

**5. 雄蕊群**

一朵花内所有的雄蕊总称为雄蕊群，是花的主要部分。雄蕊着生在花冠的内方。花

中雄蕊的数目常因植物种类不同而异。例如，小麦花有 3 枚雄蕊；油菜花有 6 枚雄蕊；桃花具有多枚雄蕊。

每个雄蕊由花丝（filament）和花药（anther）两部分组成。花药是花丝顶端膨大成囊状的部分，常具 4 个花粉囊（有些植物为 2 个花粉囊，如棉），囊内可产生大量的花粉粒，是雄蕊的主要部分，囊间由药隔薄壁组织及药隔维管束相连。花丝常细长，基部着生在花托上或贴生在花冠基部，顶端与花药相连。花丝支持花药，使之伸展于空间中，利于传粉。

**6. 雌蕊群**

雌蕊群是一朵花内所有雌蕊（pistil）的总称，位于花的中央，是花的另一个重要的组成部分。雌蕊由心皮（carpel）卷合发育而成（图 7-2）。心皮是适于生殖的变态叶，是构成雌蕊的基本单位。心皮边缘相当于叶缘的部分称为腹缝线（ventral suture），胚珠常着生于此处。心皮的背部中央相当于叶中脉的部分称为背缝线（dorsal suture），腹缝线和背缝线处各有维管束通过。心皮在形成雌蕊时，常分化出柱头（stigma）、花柱（style）和子房（ovary）三部分。

柱头位于雌蕊顶端，是接受花粉的部位，一般膨大或扩展成各种形状。

花柱是柱头与子房间的连接部分，也是花粉管进入子房的通道，其长短因植物种类而异。

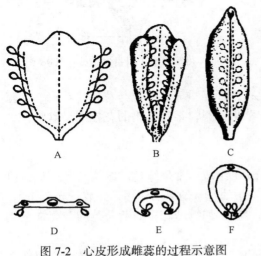

图 7-2　心皮形成雌蕊的过程示意图
（引自李扬汉，1991）

A. 张开的心皮；B. 心皮边缘内卷；C. 心皮边缘愈合形成雌蕊；D、E、F 分别为 A、B、C 的横切面

子房是雌蕊基部膨大的部分，其外层为子房壁（ovary wall），中空部分为 1 至多数子房室（locule）。胚珠（ovule）着生在子房室内心皮的腹缝线上，胚珠着生的部位称为胎座（placenta）。

根据花中组成雌蕊的心皮数目和结合情况，雌蕊可分为若干类型。雌蕊仅由 1 个心皮构成，称为单雌蕊（simple pistil），如大豆、桃；有些植物的花中有多个心皮，但彼此分离，各自卷合形成单个雌蕊，称为离生雌蕊（apocarpous pistil），如八角、草莓；花中有 2 个或 2 个以上心皮，它们连合而成的雌蕊，称为合生雌蕊（syncarpous pistil），属复雌蕊（compound pistil），多数被子植物属于这种类型。合生雌蕊各部分的连合情况不同，有柱头、花柱、子房全部连合的，也有花柱和子房连合仅柱头分离的，还有子房连合而柱头、花柱分离的。

花萼、花冠、雄蕊、雌蕊 4 部分俱全的花，称为完全花（complete flower），如苹果、桃；缺少 1～3 部分时，称为不完全花（incomplete flower），如垂柳、黄瓜的花。花萼和花冠都有的花称为双被花（dichlamydeous flower），如油菜、丁香；当花萼和花冠的形态、大小、色彩相似时，称为同被花，如玉兰、百合；只有花萼或花冠的花称为单被花（monochlamydeous flower），如桑、葡萄；花被全部退化的花则称为无被花

（achlamydeous flower），也称裸花（nude flower），如杨、柳；具2轮以上花瓣的花称为重瓣花（pleiopetalous flower），如月季、康乃馨、重瓣榆叶梅等。雄蕊和雌蕊同时具有的花为两性花（bisexual flower）；只有雄蕊或雌蕊的花称为单性花（unisexual flower），包括雄花（staminate flower）和雌花（female flower）；雄蕊和雌蕊全缺的花称为无性花或中性花（neuter flower）；一株植物既有单性花也有两性花，称为杂性花（polygamous flower）；雌蕊发育正常，能够产生种子的花称为孕性花（fertile flower）；雌蕊发育不正常，不能够产生种子的花称为不孕性花（sterile flower）。雌花和雄花生于同一植株上，称为雌雄同株（monoecism），雌花和雄花分别生于两株上称为雌雄异株（dioecism），同一植株上两性花和单性花都有的，则称为杂性同株（polygamo-monoecious）。

花单独生在枝条顶端或叶腋处称为花单生，如玉兰、木槿；多数花簇生于叶腋称为花簇生，如紫荆。由许多花按一定顺序排列在总花柄上，称为花序（inflorescence）。花序的总花柄称为花序轴或花轴（rachis），每朵花称为小花（floret）。通常花轴或总花柄基部有苞片，有的苞片密集在花轴基部组成总苞。

### （三）禾本科植物花的组成

禾本科植物的花与其他被子植物的花在组成上有较大的差异，现以小麦为例进行简要说明（图7-3）。通常所说的麦穗是小麦的花序，由许多小穗按一定的方式排列在中轴上，每一小穗基部有一对坚硬的颖片（glume），称为外颖和内颖。颖片内部有2～5朵花，其中基部的2～3朵能正常发育结实。每朵花的外面包有外稃（lemma）和内稃（palea）。外稃是花基部苞片的变态，外稃的中脉常外延成芒（awn）。内稃的小苞片是苞片和花之间的变态叶。内稃内有2枚囊状浆片（lodicule），是退化的花被。小麦每朵小花有3枚雄蕊（水稻有6枚雄蕊），1枚雌蕊。开花时，浆片吸水膨胀，使外稃和内稃张开，露出花药和柱头，利于传粉。

小麦小穗结构

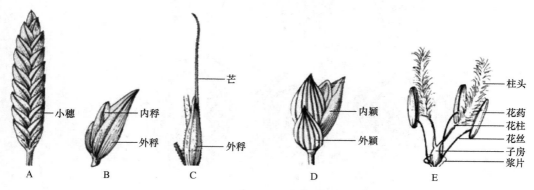

图7-3 小麦的花（范海延仿绘）
A. 小麦的花序（麦穗）；B. 小穗中的一朵花；C. 外稃延长成芒；D. 小穗；E. 花

### （四）花芽分化

花和花序都是由花芽发育而来的。花芽的形成是被子植物从营养生长转入生殖生长的重要标志。植物经过一定时期的营养生长后，在适宜的温度、光照和营养条件下，茎的顶端分生组织对特定的光周期和温度产生感受反应，不再形成叶原基和腋芽原基，而发育形成花原基或花序原基，进而分化成花或花序，这一过程称为花芽分化（flower bud differentiation）。

花芽各部分原基的分化顺序通常由外向内进行，最早出现的是萼片原基，以后依次向内产生花瓣原基、雄蕊原基和雌蕊（心皮）原基。但因植物的种类不同，花芽分化的顺序常有某些变化。

**1. 双子叶植物的花芽分化**

以桃为例介绍双子叶植物的花芽分化过程（图7-4）。桃花具有5枚萼片、5枚花瓣、多数雄蕊和1枚单心皮雌蕊。萼片、花瓣和雄蕊上部各自分离，下部合生成花托杯，花托与中央雌蕊分离。

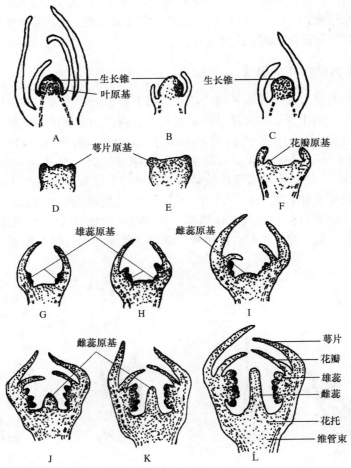

图 7-4　桃的花芽分化（引自贺学礼，2008）
A. 营养生长锥；B, C. 生殖生长锥分化初期；D, E. 萼片原基形成期；
F. 花瓣原基形成期；G, H. 雄蕊原基形成期；I～L. 雌蕊原基形成期

桃的花芽分化开始时，生长锥渐呈宽圆锥形，顶部增宽，逐渐平坦，先在生长锥周围产生5个小突起，排列成一轮，即萼片原基。随后萼片原基内侧相继出现一轮5个花

瓣原基和一轮雄蕊原基。在此发育过程中，萼片原基进一步伸长并向内弯曲，由萼片、花瓣和雄蕊贴生而成的花筒向上升高。最后生长锥中央渐渐隆起，形成一个较大的雌蕊原基。雄蕊的发育比雌蕊快，在当年秋季即分化出花药和花丝，花药内部也开始分化。雌蕊内部的分化稍慢，心皮完全卷合，并开始柱头、花柱和子房的分化，而子房内部的分化则要延至次年早春。

### 2. 禾本科植物的花芽分化

禾本科植物花芽的分化过程即整个花序的分化过程，一般称为幼穗分化。以小麦为例来说明（图 7-5）。

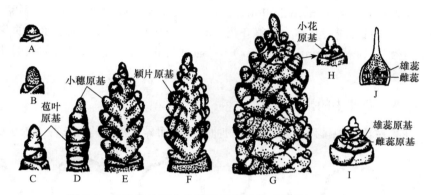

图 7-5　小麦的幼穗分化过程示意图（引自李扬汉，1991）

A. 生长锥未伸长期；B. 生长锥伸长期；C. 苞叶原基分化期（单棱期）；
D. 小穗分化期开始（二棱期）；E. 小穗分化期末期；F. 颖片分化期；G. 小花分化期；
H. 一个小穗；I. 雄蕊分化期，示每一个小花有 3 个雄蕊原基；J. 雌蕊形成期

小麦幼穗分化开始时，茎端生长锥迅速伸长，渐渐在两侧形成一系列环状的苞叶原基（单棱期）。接着从幼穗中下部开始，分别向上、向下依次发育，在各苞叶原基的腋部分化出小穗原基（二棱期）。以后，小穗原基继续发育增大，苞叶原基逐渐消失。每一个小穗中的分化顺序是先在基部分化出 2 个颖片原基，而后在小穗轴的两侧由下而上分化出小花原基；每一个小花原基则依次分化形成 1 片外稃原基、1 片内稃原基、2 个浆片原基、3 个雄蕊原基及 1 个雌蕊原基。

### 3. 影响花芽分化的因素

影响花芽分化的主要环境因素是光照、温度。光照对花器官形成的影响最大，花芽分化期间，若光照充足，有机物合成多，则利于开花；如在花器官形成时期多阴雨，则营养生长延长，花芽分化受阻。温度主要通过影响光合作用、呼吸作用和物质的转化及运输等过程，从而间接影响花芽的分化。营养积累是花芽分化以及花器官形成与生长的物质基础，其中碳水化合物对花芽的形成尤为重要，它是合成其他物质的碳源和能源。若氮素营养不足，花芽分化缓慢且花少；但是氮素过多，C/N 失调，植株贪青徒长，花器官也发育不良。

在农业生产中，粮食作物、瓜果、蔬菜类植物的经济价值主要集中在它们的种子和果实上，花或花序分化的好坏直接关系到农产品的产量和品质。因此，掌握植物花芽分化规律，并在适当的农业技术措施下，充分满足花芽分化对内外条件的要求，使足够数量和质

量好的花芽形成，对提高产量具有重要的意义。例如，在花卉栽培中，可用缩短或延长光照时数，来控制开花时期，使它们在需要的时节开花；对以收获营养体为主的作物，可通过控制光周期来抑制其开花；通过人工光周期诱导，可以加速良种繁育、缩短育种年限。

## 二、花的形态特征

### （一）花的对称性

（1）辐射对称花（actinomorphic flower）　一朵花中花被的大小、形状相似，通过中心有 2 条以上的对称线，又称为整齐花（regular flower），如油菜、李、桃的花。

（2）两侧对称花（zygomorphic flower）　一朵花中花被的大小、形状不完全相同，通过中心只有一条对称线，又称为不整齐花（irregular flower），如泡桐、藿香的花。

（3）不对称花（non-symmetry flower）　通过花的中心不能做出对称线的花，如美人蕉的花。

### （二）花被在花芽中的排列方式

花瓣与花萼在花芽中排列的方式因植物种类不同而异，常见的有三种（图 7-6）。

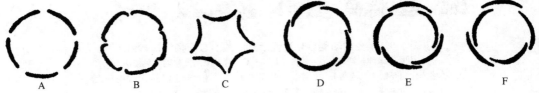

图 7-6　花被在花芽中的排列方式（引自李扬汉，1991）
A. 镊合状；B. 内向镊合状；C. 外向镊合状；D. 旋转状；E. 覆瓦状；F. 重覆瓦状

（1）镊合状（valvate）　花瓣或萼片的边缘彼此相接，而不覆盖。其中，花瓣边缘向内卷曲的为内向镊合状，向外反卷的为外向镊合状。

（2）旋转状（contorted）　每片花瓣或萼片的一边被相邻花瓣边缘所覆盖，而另一边又覆盖另一侧相邻花瓣的边缘。

（3）覆瓦状（imbricate）　与旋转状相似，其中有 1 片花瓣或萼片完全在外，1 片完全在内；若有 2 片花瓣或萼片完全在外，2 片完全在内，则为重覆瓦状。

### （三）花冠的类型

不同植物花瓣的形态、大小各异，且分离、连合情况不同，形成了各种形态的花冠。常见的类型有以下几种（图 7-7）。

（1）蔷薇花冠（roseform corolla）　花瓣 5 片或更多，彼此分离，呈辐射对称排列，如苹果、梨、月季的花。

（2）十字形花冠（cruciferous corolla）　花瓣 4 片，大小形态一致，离生，排列成十字形，如萝卜、白菜、油菜的花。

（3）蝶形花冠（papilionaceous corolla）　花瓣 5 片，两侧对称排列成三轮，最外轮 1 片，最大，称为旗瓣；第二轮 2 片，较小，位于旗瓣两侧，称为翼瓣；最内轮 2 片常在

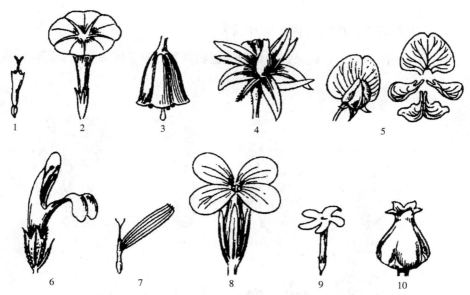

图 7-7 常见的花冠类型（引自许玉凤和曲波，2008）
1. 管状；2. 漏斗状；3. 钟状；4. 轮状；5. 蝶形；6. 唇形；7. 舌状；
8. 十字形；9. 高脚蝶形；10. 坛状

顶端合并，且弯曲成龙骨状，称为龙骨瓣，如豌豆、大豆、槐的花。

（4）假蝶形花冠（false papilionaceous corolla） 花瓣5片，离生，呈上升覆瓦状排列为三轮，最上面1片旗瓣最小，位于最内轮；侧面2片翼瓣较小，位于第二轮；最下面2片龙骨瓣最大，位于最外轮，如紫荆、羊蹄甲、皂荚的花。

（5）唇形花冠（labiate corolla） 花瓣5片，基部合生成花冠筒，上部分裂成二唇状，上面的2片花瓣连合成上唇，下面3片连合成下唇，两侧对称，如益母草、一串红、薰衣草的花。

（6）漏斗状花冠（funnel-shaped corolla） 花瓣全部合生，下部呈筒状，上部逐渐扩大成漏斗状，如牵牛、甘薯、蕹菜的花。

（7）管状花冠（tubular corolla） 花瓣合生成管状，上部裂片较短且向上伸展，如蓟、顶羽菊、向日葵的盘中花。

（8）舌状花冠（ligulate corolla） 花瓣基部合生成一短筒，上部连生并向一边呈扁平状，如秋英（波斯菊）、莴苣、向日葵的盘边花。

（9）钟状花冠（campanulate corolla） 花瓣合生成宽而短的花冠筒，上部扩大成钟状，如吊钟花、南瓜、沙参的花。

（10）高脚碟形花冠（hypocrateriform corolla） 花冠下部合生成狭筒状，上部突然呈水平状扩大，如丁香、水仙的花。

（11）坛状花冠（urceolate corolla） 花冠筒膨大成卵形或球形，上部收缩成一短颈，顶端的花冠裂片向四周呈辐射状伸展，如柿、南烛的花。

（12）辐射花冠（rotate corolla） 花冠筒极短，花冠裂片向四周呈辐射状伸展，如茄子、辣椒、番茄的花。

### （四）雄蕊的类型、花药的着生与开裂方式

一朵花中雄蕊的数目、长短及连合情况因植物种类而异，因而形成了不同的雄蕊类型（图7-8）。

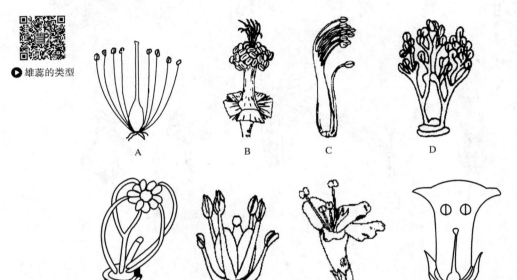

▶ 雄蕊的类型

图 7-8　雄蕊的类型（引自徐汉卿，1996）

A. 离生雄蕊；B. 单体雄蕊；C. 二体雄蕊；D. 多体雄蕊；E. 聚药雄蕊；
F. 四强雄蕊；G. 二强雄蕊；H. 冠生雄蕊

#### 1. 雄蕊的类型

（1）离生雄蕊（distinct stamen）　一朵花中雄蕊彼此分离，如桃、李、杏的雄蕊。

（2）单体雄蕊（monadelphous stamen）　雄蕊的花丝连合成1束，而花药完全分离，如棉花、蜀葵、木槿的雄蕊。

（3）二体雄蕊（diadelphous stamen）　雄蕊的花丝连合成2束，如刺槐、大豆、豌豆的雄蕊。

（4）多体雄蕊（polyadelphous stamen）　花丝连合成3束以上，如蓖麻、金丝桃的雄蕊。

（5）聚药雄蕊（syngenesious stamen）　雄蕊的花丝彼此分离，而花药互相连合，如向日葵、荷兰菊、莴笋的雄蕊。

（6）四强雄蕊（tetradynamous stamen）　一朵花中有6枚雄蕊，其中4枚花丝较长，其余2枚较短，如十字花科植物的雄蕊。

（7）二强雄蕊（didynamous stamen）　一朵花中有4枚雄蕊，其中2枚花丝较长，2枚较短，如唇形科植物的雄蕊。

（8）冠生雄蕊（epipetalous stamen）　雄蕊着生在花冠筒内壁，如紫丁香、马铃薯的雄蕊。

**2. 花药的着生方式**

花药着生在花丝的顶端，其着生方式有以下几种（图7-9）。

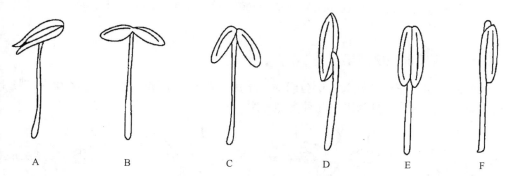

图 7-9 花药的着生方式（引自李扬汉，1991）

A. 丁字药；B. 广歧药；C. 个字药；D. 背着药；E. 基着药；F. 全着药

（1）全着药（adnate anther） 花药的一侧全部着生在花丝上，如玉兰的花药。

（2）背着药（dorsifixed anther） 花药背部着生在花丝上，如油菜的花药。

（3）基着药（basifixed anther） 花药仅以基部着生在花丝顶端，如唐菖蒲的花药。

（4）丁字药（versatile anther） 花药背部一点与花丝顶端相连，整个雄蕊形如"丁"字，如水稻的花药。

（5）个字药（divergent anther） 花药的基部张开分成两半，花丝着生在花药上部的汇合处，形如"个"字，如婆婆纳的花药。

（6）广歧药（divaricate anther） 花药完全分离，张开几乎成一条直线，花丝着生在汇合处，如凌霄、洋地黄的花药。

**3. 花药的开裂方式**

花药成熟后开裂散出花粉，开裂方式多样，主要有以下几种（图7-10）。

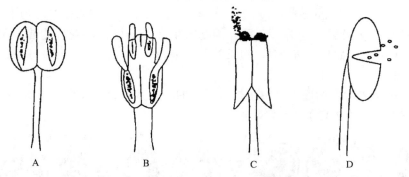

图 7-10 花药开裂的方式（引自李扬汉，1991）

A. 纵裂；B. 瓣裂；C. 孔裂；D. 横裂

（1）纵裂（longitudinal dehiscence） 花药成熟时，沿药室纵向开裂，如百合、油菜的花药。

（2）横裂（transverse dehiscence） 花药成熟时，沿花药中部横向裂开，如锦葵、木槿的花药。

（3）孔裂（poricidal dehiscence）　花药成熟时，在药室顶端开一小孔，如茄、杜鹃的花药。

（4）瓣裂（valvular dehiscence）　花药成熟时，在花药的侧壁上裂成几个小瓣，如小檗、樟的花药。

### （五）子房和胎座的类型

雌蕊由子房、花柱和柱头三部分组成。子房为雌蕊基部膨大的部分，着生在花托上，依据与花托的连合情况分为以下几种类型（图7-11）。

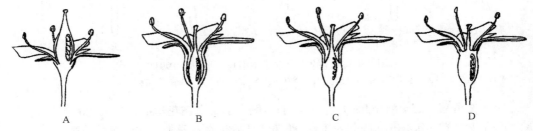

图7-11　子房的类型（引自曲波和张春宇，2011）
A. 上位子房下位花；B. 上位子房周位花；C. 半下位子房（周位花）；D. 下位子房（上位花）

#### 1. 子房的类型

（1）上位子房（superior ovary）　又称子房上位，子房仅以基部着生于花托上。依据花的其他部分与子房的相对位置，又可分为两种类型：一种是上位子房下位花（superior hypogynous flower），花萼、花冠、雄蕊着生于子房的下方，如油菜、棉花的子房；另一种是上位子房周位花（superior perigynous flower），花萼、花冠、雄蕊着生在花托边缘，围绕子房，如桃、月季的子房。

（2）半下位子房（half-inferior ovary）　子房下半部与花托愈合，上半部分离，花萼、花冠、雄蕊位于子房周围，这类花也称为周位花，如忍冬、虎耳草等的子房。

（3）下位子房（inferior ovary）　子房位于凹陷的花托之中，与花托全部愈合，仅花柱和柱头外露，花萼、花冠、雄蕊着生在子房以上的花托边缘，又称上位花（epigynous flower），如梨、西葫芦、黄瓜等的子房。

#### 2. 胎座的类型

子房内胚珠着生在胎座上。由于构成子房的心皮数目及心皮连合情况不同，形成了不同的胎座类型（图7-12）。

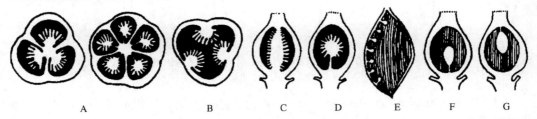

图7-12　胎座的类型（引自徐汉卿，1996）
A. 中轴胎座（横切面）；B. 侧膜胎座（横切面）；C. 中轴胎座（纵切面）；D. 特立中央胎座（纵切面）；
E. 边缘胎座（纵切面）；F. 基生胎座（纵切面）；G. 顶生胎座（纵切面）

（1）边缘胎座（marginal placentation）　由 1 心皮雌蕊形成 1 室子房，胚珠着生于心皮的腹缝线上，如大豆、豌豆、刺槐的胎座。

（2）侧膜胎座（parietal placentation）　2 个以上心皮组成的 1 室子房，胚珠沿心皮的腹缝线排列，如油菜、黄瓜、罂粟的胎座。

（3）中轴胎座（axile placentation）　多心皮形成的复子房，心皮的边缘在中央连合形成中轴，将子房分为数室，胚珠着生在中轴上，如百合、山茶、棉的胎座。

（4）特立中央胎座（free central placentation）　多心皮形成的 1 室子房，子房基部与花托愈合向上突起形成短柱，或多室子房的隔膜和中轴上部消失，仅中轴下部存在，胚珠着生其上，如石竹、海乳草的胎座。

（5）基生胎座（basal placentation）　1 室子房，胚珠着生于子房室的基部，如向日葵、荷兰菊的胎座。

（6）顶生胎座（apical placentation）　1 室子房，胚珠着生于子房室顶部，如瑞香、桑的胎座。

## 三、花序的形态特征

植物的花可以单生，也可以由多数小花按一定的顺序排列在花轴上形成花序。依据花轴的分枝方式、小花的排列方式及开花顺序，分为有限花序和无限花序两类。

### （一）有限花序

有限花序（definite inflorescence）又称离心花序（centrifugal inflorescence）或聚伞类花序（cyme），花序轴最顶端或最中心的花先开放，下面或周围的花逐渐开放，花序轴在开花期不延长（图 7-13）。

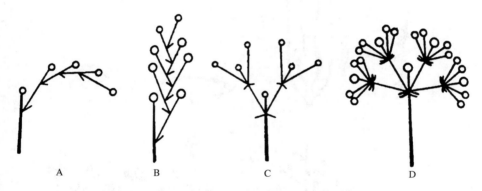

图 7-13　有限花序的几种主要类型（引自徐汉卿，1996）
A. 螺状聚伞花序；B. 蝎尾状聚伞花序；C. 二歧聚伞花序；D. 多歧聚伞花序

（1）单歧聚伞花序（monochasium）　花序轴顶端的一朵花最先开放，其下生出一侧枝，然后在侧枝顶端又生一花，如此反复，整个花序为合轴分枝状。根据每次分枝的方向不同，又分为两种类型：螺状聚伞花序（helicoid cyme），各次分枝都是从同侧生出，如勿忘草的花序；蝎尾状聚伞花序（scorpioid cyme），各分枝在两侧交互生出，如鸢尾的花序。

（2）二歧聚伞花序（dichasium）　花序轴顶端形成 1 朵花后，其下两侧形成对生的侧枝，每个侧枝顶端形成一花后，其下再形成对生的侧枝，如此反复，如繁缕的花序。

（3）多歧聚伞花序（pleiochasium）　与二歧聚伞花序相似，但花序轴顶端的 1 朵花下分出 3 个以上侧枝，如此反复，如大戟的花序。

（4）轮伞花序（verticillaster）　多数无柄的花聚伞状排列在茎节的叶腋内，形如轮状，如藿香的花序。

### （二）无限花序

无限花序（indefinite inflorescence）又称向心花序，是一种类似总状分枝的花序，花序轴边开花边生长，开花顺序为花轴基部或边缘的花先发育、先开放，依次向顶部或中央开放。根据花序轴是否分枝将无限花序分为简单花序（simple inflorescence）和复合花序（compound inflorescence）两类（图 7-14）。

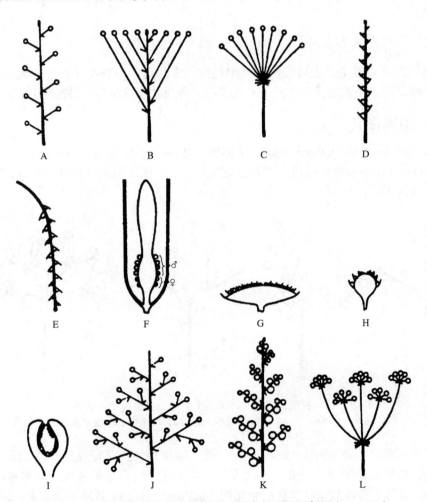

图 7-14　无限花序的几种主要类型（引自胡宝忠和胡国宣，2002）

A. 总状花序；B. 伞房花序；C. 伞形花序；D. 穗状花序；E. 柔荑花序；F. 肉穗花序；
G，H. 头状花序；I. 隐头花序；J. 圆锥花序；K. 复穗状花序；L. 复伞形花序

**1. 简单花序**

花序轴不分枝，其上直接生长小花，下列几种为常见类型。

（1）总状花序（raceme）　花序轴较长，上面着生花柄等长的两性花，开花顺序自下而上，如萝卜、油菜的花序。

（2）穗状花序（spike）　花序轴较长，上面着生许多无柄的两性花，如车前、大麦的花序。

（3）柔荑花序（catkin）　花序轴常下垂，其上着生许多无柄或短柄的单性花，如杨、柳的花序。

（4）肉穗花序（spadix）　花序轴肥厚肉质，其上着生许多无柄的单性花，如玉米。若肉穗花序外面有一大型苞片包被时，特称为佛焰花序，其苞片称为佛焰苞，如马蹄莲、红掌的花序。

（5）头状花序（capitate）　花轴短缩而膨大，小花无柄或近无柄，密集于膨大花序轴的顶端，呈头状或扁平状，如菊科植物的花序。

（6）伞形花序（umbel）　花序轴短缩，小花多数，花柄近等长生于花轴顶端，形如张开的伞，如葱、人参的花序。

（7）伞房花序（corymb）　与总状花序相似，但花序轴较短，下部小花的花柄较长，向上渐短，顶端的花柄最短，使花排列于一个平面上，如苹果、蔷薇的花序。

（8）隐头花序（hypanthodium）　花序轴膨大，呈球状或椭圆状，中央部分向下凹陷，小花着生于凹陷的花轴内，如无花果、薜荔的花序。

**2. 复合花序**

花序轴具分枝，每个分枝上再形成上述一种简单花序，包括圆锥花序（panicle）［又称复总状花序（compound raceme）］、复伞房花序（compound corymb）、复伞形花序（compound umbel）、复穗状花序、复头状花序（compound capitulum）等。

此外，有的植物在同一花序上，可同时具有无限花序和有限花序，称为混合花序（mixed inflorescence），如玄参的花序，花序轴是无限的，可不断生长，但分枝上的花序则形成有限花序。

## 四、花程式和花图式

### （一）花程式

将花的形态结构用符号及数字列成类似数学方程式的形式来表示，即花程式（floral formula）。花程式可以表达花各部分的组成、数目、排列以及它们彼此之间的关系。关于花程式的符号及其表示的意义介绍如下。

**1. 字母**

一般花的各部分用拉丁文名称的第一个字母来表示。P 代表花被（*Perianthium*），C 或 Co 代表花冠（*Corolla*），Ca 代表花萼（*Calyx*），A 代表雄蕊（*Androecium*），G 代表雌蕊（*Gynoecium*）。在我国植物学教科书中，常用 K 表示花萼，该字母是德文 Kelch 的缩写。

**2. 数字**

用阿拉伯数字 "0，1，2，3……" 及 "∞" 来表示花各部分的数目，书写时位于各花部代表字母的右下角。

**3. 符号**

"*" 表示整齐花或辐射对称花，"↑" 表示不整齐花或两侧对称花；"♂" 表示雄花，"♀" 表示雌花，"☿" 表示两性花；如果表示花的某一部分互相连合，则在其数字外加 "（）"，同一花部有多轮，或同一轮中有不同的连合与分离类型时，则用 "＋" 来连接；G 代表子房，用 "—" 表示子房的位置，如上位子房 "G" 下加 "—"，下位子房 "G" 上加 "—"，半下位子房则 "G" 上下均加 "—"；表示子房类型时，在 "G" 右下角用 "："把数字隔开，第 1 个数字为心皮数，第 2 个数字为子房室数，第 3 个数字为每个子房室中胚珠的数目，如豌豆的雌蕊 $G_{(1:1:∞)}$ 表示 1 心皮、1 个子房室、胚株多数。再如毛茛科的雌蕊 $\underline{G}_{∞-1}$，表示子房上位，心皮数 1 到 ∞，分离。下面以大豆的花程式为例，说明各部分的含义。

$$☿ ↑ Ca_{(5)} Co_{1+2+(2)} A_{(9)+1} \underline{G}_{(1:1:∞)}$$

以上花程式表示大豆的花为两性花；两侧对称；花萼 5 片，连合；花冠由 5 个花瓣组成，排列成 3 轮，最外轮为 1 片旗瓣，第二轮为 2 片翼瓣，最内轮 2 片龙骨瓣稍合生；10 枚雄蕊，组成二体雄蕊，9 枚连合成 1 束，1 枚分离；子房上位，1 心皮，1 室，含多个胚珠。

## （二）花图式

花图式（floral diagram）为花的横切面简图，表示花各部分的轮数、数目、排列、离合等关系。空心孤线代表苞片，位于图的最外层；带线条的孤线代表花萼；实心孤线代表花冠；雄蕊以花药的横切面表示；雌蕊用子房的横切面表示，位于中心；若各部分连合则用实线或虚线连接，如图 7-15 所示。

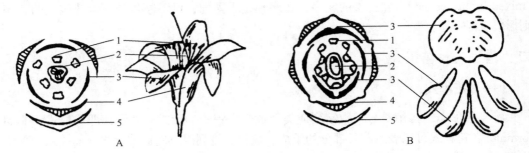

图 7-15　花图式（引自朱念德，2000）

A. 百合的花图式；B. 槐的花图式

1. 花药横切面；2. 子房横切面；3. 花瓣；4. 花萼；5. 苞片

# 知识点二　雄蕊的发育和结构

雄蕊是被子植物花内产生花粉粒的结构，分为花丝和花药两部分。通常花丝细长呈丝状，结构比较简单，最外一层为表皮，内为基本组织，中央有一束维管束，上连花药的药隔，下连花托。花药是雄蕊的主要部分，由花粉囊（pollensac）和药隔（connective）组成。多数植物的花药有4个花粉囊，少数种类如锦葵科植物的花药只有2个花粉囊。药隔是花药中部连接花粉囊的部分，由通入花丝的维管束和周围的薄壁细胞组成。花粉粒成熟后，花药两侧的花粉囊各自并成一室，囊壁开裂，花粉粒散出，进行传粉。

## 一、花药的发育与结构

### （一）花药的发育

花药（anther）由雄蕊原基发育而来（图7-16）。幼小花药最初为一团分生组织，称为花药原始体，外面为一层原表皮，垂周分裂形成花药的表皮；内方是基本分生组织，参与药隔和花粉囊的发育；近中央部分为原形成层，将来形成药隔维管束，与花丝维管束相连。

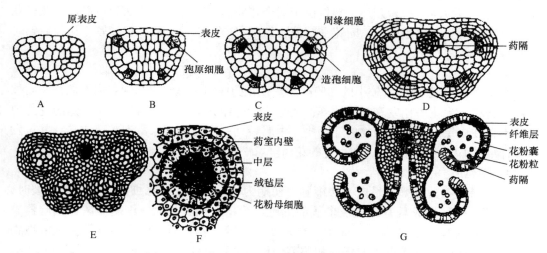

图 7-16　花药的发育与结构（引自李扬汉，1991）
A. 花药原始体；B. 孢原细胞的形成；C. 孢原细胞分裂形成内外两层细胞；
D～F. 内外两层细胞分别进行分裂；G. 成熟花药的结构

花药原始体经细胞分裂、分化，逐渐发育为成熟的花药。起初，四个角隅处的细胞分裂较快，使幼小花药在横切面上呈四棱形。随之，在四个角隅处原表皮内侧分化出一至数列体积较大、核大、质浓、分裂能力较强的细胞，称为孢原细胞（archesporial cell）。随后，孢原细胞进行平周分裂，形成内外两层细胞，外层为周缘细胞（primary parietal cell），内层为造孢细胞（sporogenous cell）。以后周缘细胞继续进行平周分裂和垂周分裂，自外而内逐渐形成药室内壁（endothecium）、中层（middle layer）和绒毡层（tapetum），与表皮一起构成花药的壁层。在初生壁细胞分裂的同时，造孢细胞也进行分裂，形成花粉母细胞（pollen mother cell），少数植物的造孢细胞不经过分裂，直接形成花粉母细胞。花药中部的原形成层细胞逐渐分裂、分化形成维管束，和基本分生组织发育而来的薄壁细胞一起构成药隔。

## （二）花药的结构

### 1. 表皮

表皮为整个花药的最外一层细胞，在花药发育过程中进行垂周分裂增加细胞数目，以适应内部组织的生长。花药成熟时，表皮细胞扩展成扁长状，通常具有角质层，有的还有表皮毛，主要行使保护功能。

### 2. 药室内壁

药室内壁位于表皮下方，常为一层细胞。初期，常储藏大量的淀粉和其他营养物质，随着其发育将逐渐减少至消失。在花药接近成熟时，细胞径向扩展，沿内切向壁和横向壁间发生径向排列的条纹状加厚，加厚的壁物质主要为纤维素和少量的木质素，因而又称纤维层（fibrous layer）。在同侧两个花粉囊交接处的细胞保持薄壁状态，这些结构有助于花药的开裂。花药成熟时，纤维层细胞失水，因其外切向壁不增厚而产生较多的收缩，所形成的机械力使花粉囊开裂，裂口位于两个花粉囊交接处，花粉从裂口散出。花药孔裂的植物以及一些水生植物、闭花受精植物的药室内壁不发生条纹状加厚，花药成熟时不开裂。

### 3. 中层

中层由 1～3 层扁平而较小的细胞组成。在花药成熟过程中，其细胞内的储藏物质被分解、转移，为花粉粒发育提供营养，细胞逐渐解体而被吸收。因而，在成熟的花药中一般不存在中层。但有些植物的花药中，中层最外一层细胞可保留到花药成熟，并可发生像纤维层那样的次生增厚，如百合的花药。

### 4. 绒毡层

绒毡层是花粉囊壁的最内一层细胞。初期为单核，在花粉母细胞开始减数分裂时，常进行核分裂，形成具有双核或多核的细胞。绒毡层细胞较大，细胞质浓，细胞器丰富，含较多的 RNA、蛋白质、油脂、类胡萝卜素等营养物质，以及丰富的生理活性物质，对花粉粒的发育起重要的营养和调节作用。绒毡层能合成与分泌胼胝质酶（callose synthase），适时地分解花粉母细胞和四分体的胼胝质壁，使幼期花粉粒互相分离而保证正常发育。如果绒毡层过早释放胼胝质酶，可导致花粉母细胞减数分裂不正常，引起雄性不育。绒毡层分泌的孢粉素，是构成花粉粒外壁的主要成分。绒毡层合成的识别蛋白，分布在花粉粒外壁上，在花粉粒与雌蕊的相互识别过程中，对决定亲和性或不亲和性起着重要作用。随着花粉粒的发育，绒毡层细胞逐渐解体而被吸收。因此，花药成熟时，绒毡层消失或仅留痕迹。

### 5. 花粉囊

花粉囊也称药室，由花粉囊壁（药壁）、花粉室和花粉粒组成。成熟的花粉囊通常只剩有表皮、纤维层和成熟的花粉粒。

### 6. 药隔

药隔是连接花丝和花粉囊的重要结构，由原形成层和基本分生组织发育形成。药隔维管束与花丝维管束相连，输送花药发育所需的营养物质。其外层的药隔薄壁细胞与花粉囊相接。

## 二、花粉粒的形成、发育与结构

### （一）花粉粒的形成

在花粉囊壁发育的同时，造孢细胞经几次分裂，或不经分裂直接发育成花粉母细胞（小孢子母细胞，microspore mother cell）（图 7-16）。花粉母细胞的形态与周围药壁细胞显著不同，体积较大，细胞核大，细胞质浓，且无明显的液泡。花粉母细胞之间以及与绒毡层细胞之间存在着胞间连丝，表明其在结构与生理上保持着密切联系。相邻的花粉母细胞之间，常形成直径 1～2μm 的胞质管，把同一花粉囊内的花粉母细胞连成一体，这种原生质体部分或完全相连在一起的细胞群，称为合胞体（syncytium）。花粉母细胞发育到一定时期开始减数分裂，相邻细胞之间逐渐积累胼胝质，并形成厚的胼胝质壁，阻断细胞之间的胞间连丝和胞质管，原来的初生壁逐步溶解，代之以胼胝质壁包被。

花粉母细胞经减数分裂形成的四分体初期被厚的胼胝质壁所包围，以后由于绒毡层所分泌的胼胝质酶的作用，四分体的胼胝质壁溶解，花粉粒从四分体中游离出来，释放到花粉囊中。有些植物由同一花粉母细胞形成的 4 个花粉粒始终结合在一起，保持四分体的状态，如杜鹃、香蒲的花粉，称为复合花粉。兰科、萝摩科的花粉粒多数胶着成块，称为花粉块。

### （二）花粉粒的发育与结构

#### 1. 花粉粒的发育与结构

花粉粒形成初期为单核细胞，体积小，细胞壁薄，细胞质浓（图 7-17）。它们不断地从周围吸取绒毡层和中层的营养，细胞体积逐渐增大，形成中央大液泡，细胞质增多，细胞核从中央被挤向与花粉粒壁上萌发孔相对的一侧，如水稻、小麦等禾本科植物。以后，细胞核进行不均等分裂，形成一个大的营养细胞（vegetative cell）和一个小的生殖细胞（generative cell）。营养细胞包含了单核花粉的大液泡及大部分细胞质，细胞器丰富，代谢活跃，并含有大量的淀粉、脂肪、色素及生理活性物质，为花粉发育以及花粉管生长提供营养。生殖细胞最初紧贴花粉粒的内壁，呈凸透镜形或半球形，核大，只有少量

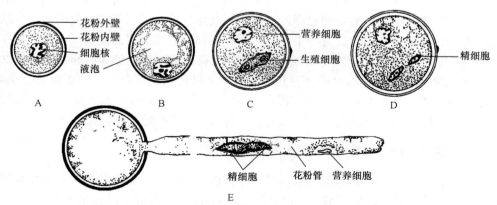

图 7-17 花粉粒的发育与结构（引自贺学礼，2008）

A，B. 单核花粉粒；C. 单核分裂形成两个细胞；D. 3-细胞花粉粒；E. 生殖细胞分裂为 2 个精细胞

的细胞质，以细胞膜和胼胝质壁与营养细胞相隔，不形成纤维素壁。随着生殖细胞收缩、内移，细胞渐渐变圆，与花粉粒的内壁分离；同时胼胝质壁消失，成为裸露的细胞，细胞渐渐伸长成为纺锤形，游离在营养细胞之中。

有些植物的花粉粒成熟时，只含有生殖细胞和营养细胞，这种花粉粒称为 2-细胞花粉粒或 2-细胞型花粉。花粉萌发后，生殖细胞在花粉管内分裂形成 2 个精细胞。约有 70% 的被子植物属于这种类型，如双子叶植物的棉花、桃、杨等，单子叶植物的百合、薯蓣及许多兰科植物的花粉粒。而另外一些植物的花粉粒，在成熟前其生殖细胞进行一次有丝分裂，形成 2 个精细胞，花粉粒成熟时包括 1 个营养细胞和 2 个精细胞，这种花粉粒称为 3-细胞花粉粒或 3-细胞型花粉，如水稻、小麦、向日葵等的花粉粒。

**2. 花粉壁的发育与结构**

成熟花粉粒具有内外两层壁。外壁较厚、坚硬而缺乏弹性，有萌发孔（germ pore）、萌发沟（germ furrow）和各种形状的雕纹，主要组成物质有孢粉素、纤维素、类胡萝卜素、类黄酮素、油脂、蛋白质等，常呈黄色并有黏性。内壁较薄、软而有弹性，主要成分为纤维素、果胶质、半纤维素和蛋白质。外壁和内壁均含有活性蛋白质和酶类，外壁蛋白质为识别蛋白，在花粉与柱头的相互识别中起作用；内壁蛋白质由花粉粒本身合成，主要是各种水解酶，在花粉粒萌发和花粉管生长中起作用。

花粉粒的形状、大小，对称性和极性，萌发孔的数目、结构和位置，外壁的结构及表面雕纹等，都因植物种类不同而异。同一植物花粉粒的特征非常稳定，可以用来鉴定植物，也可以鉴定化石花粉，为植物系统发育及进化的研究提供有价值的资料。

## 三、花粉的生活力与育性

### （一）花粉的生活力

花粉寿命的长短因植物种类不同而有差异。在自然条件下，绝大多数植物的花粉维持受精的能力是有限的，只有几小时、几天或几个星期。果树花粉的寿命较长，可维持几周到几个月。禾本科植物花粉的生活力一般都低。例如，水稻的花粉，在自然条件下十几分钟就会完全丧失生活力。

花粉寿命的长短，一方面受遗传因素的影响，另一方面受环境因素的影响。影响花粉生活力最主要的环境因素是相对湿度、温度和气体环境。控制这些环境因素，可延长花粉的寿命，有助于克服杂交育种中亲本花期不遇和远距离杂交的困难。花粉一般在低温（0℃左右）、干燥（相对湿度 25%～50%）和无氧条件下保存最为有利。近年来发展起来的超低温、真空和冷冻干燥保存花粉的技术，可使花粉的寿命大幅度延长。例如，苜蓿的花粉，在−21℃条件下，真空贮存 11 年仍有生活能力；苹果的花粉在液氮创造的−196℃的条件下，经超低温可保存 2 年，解冻后仍如新鲜的花粉。

### （二）花粉败育与雄性不育

一般情况下，花药成熟后都能散出具有生殖能力的花粉。由于种种内在和外界因素的影响，花药中产生的花粉不能正常发育，这种现象称为花粉败育（pollen abortion）。其主要原因是花粉母细胞不能进行正常减数分裂；减数分裂后花粉粒停留在单核或双核阶段，不能产生精细胞；绒毡层细胞作用失常，不仅没有解体，反而继续分裂，体积增大；营养状况不良等。所有这些可导致花粉不能正常发育的原因，又往往与不良的环境条件密切相关。例如，玉米、小麦的花粉母细胞进行减数分裂时，如遇严重干旱，细胞分裂被抑制，就会产生大量的败育花粉，以致形成大量的空壳和瘪粒。

在正常条件下，由于植物内在生理、遗传的因素，花药或花粉没有正常发育，出现畸形或退化现象，称为雄性不育（male sterility）。雄性不育的原因有三种情况：花药退化干瘪，仅花丝残存；花药内不产生花粉；产生的花粉败育。雄性不育可以用于杂交育种和杂种优势利用上。在杂交育种时，可以免去人工去雄的工作。

# 知识点三 雌蕊的发育和结构

## 一、雌蕊的组成

雌蕊由雌蕊原基（心皮原基）发育而来，成熟的雌蕊分为柱头、花柱和子房三个部分。

### （一）柱头

柱头是雌蕊顶端接受花粉的部位，一般膨大或扩展成不同形状。大多数被子植物的柱头表皮细胞常变为乳突状，表面凹凸不平，也有的伸展为单细胞或多细胞的毛状，有利于接受更多的花粉。柱头表皮的角质膜外侧覆盖着一层亲水的蛋白质薄膜，此膜不仅有黏着花粉或使花粉获得萌发所需水分的作用，还在柱头与花粉相互识别过程中起到重要作用。

根据柱头表面的干湿情况，分为干柱头和湿柱头两类。湿柱头在开花时能产生液态分泌物。柱头分泌物常因植物种类的不同而异，主要为脂类、糖类、酚类化合物、氨基酸和蛋白质等。脂类有助于黏住花粉粒，减少柱头失水；糖类是花粉粒萌发及花粉管生长时的营养物质；酚类化合物有助于防止病虫对柱头的侵害，可以有选择地促进或抑制花粉粒的萌发；蛋白质参与花粉粒和柱头的亲和性识别。干柱头在开花时其表面并不产生分泌物，如十字花科等植物的柱头。干柱头的表面具有亲水性蛋白质薄膜，可以通过其下层角质膜的不连续处吸收水分，使花粉萌发和花粉管生长。

### （二）花柱

花柱是柱头和子房的连接部分，是花粉管进入子房的通道。有些植物的花柱细长，如玉米的花柱；也有的极短而不明显，如小麦、水稻的花柱。花柱的结构可以是空心型，也可以是实心型。

空心型花柱在花柱的中央有一至数条自柱头通向子房的纵行中空通道，称为花柱道（stylar canal）。花柱道的表面为高度腺性的细胞，能产生黏性分泌物并释放到花柱道的表面。花粉管沿着花柱道生长时，吸收、利用分泌物作为自身的营养。

实心型花柱中央由引导组织（transmitting tissue）填充，多数双子叶植物的花柱都属于这种类型。在花柱的横切面上，引导组织细胞多呈圆形，代谢旺盛，有大的细胞间隙，其中充满糖类（果胶质）、蛋白质等分泌液。传粉后，多数植物的花粉管在引导组织的胞间物质中通过；但水稻、小麦等的实心花柱无引导组织，花粉管通常在花柱中央的薄壁细胞间隙中穿过。

也有些植物，如仙人掌等植物，花柱中既有中空的花柱道，在其周围又有 2 或 3 层退化的引导组织的腺性细胞，能向外分泌黏液，这样的花柱称为半封闭型花柱。

## （三）子房

子房是雌蕊的主要部分，外部为子房壁，内部为子房室。子房壁的内外表面均有一层表皮，外表皮上常有气孔和表皮毛；两层表皮之间具多层薄壁细胞，维管束分布其中。

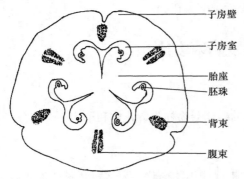

图 7-18　百合子房横切
（引自曲波和张春宇，2011）

子房室是子房内的空腔，其数目因雌蕊类型、心皮数目及连合方式不同而异。胚珠常着生于子房内壁、心皮腹缝线处的胎座上（图 7-18）。

## 二、胚珠和胚囊的发育与结构

### （一）胚珠的发育与结构

随着雌蕊的发育，在子房内壁腹缝线处的胎座上发育产生胚珠（图 7-19）。首先，胎座表皮下层的一个或几个细胞经平周分裂，产生一团突起，称为胚珠原基，其前端发育成珠心（nucellus），基部发育成珠柄

（funiculus）。其次，在珠心基部的细胞快速分裂，产生环状突起，逐渐向上扩展，形成珠被（integument），将珠心包围，仅在珠心的顶端留下开口，称为珠孔（micropyle）。有的植物只有一层珠被，如番茄、向日葵、胡桃等；但多数植物有内外两层珠被，内珠被先发育，外珠被后形成。在珠心基部或其一侧，珠被、珠心和珠柄汇合的部位称为合点（chalaza）。最后，胚珠发育成熟，由珠心、珠被、珠孔、珠柄和合点 5 部分组成，其中珠心是胚珠的重要部分，将来胚囊在珠心中发育成熟。胚珠发育所需的营养，由子房壁中的维管束经珠柄到达合点，最后进入胚珠内部。

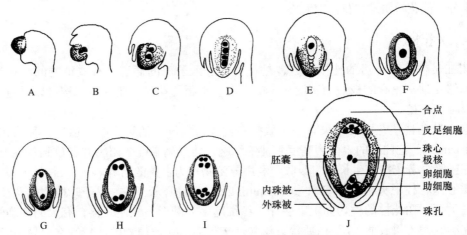

图 7-19　胚珠与胚囊的发育过程（引自许玉凤和曲波，2008）
A～J. 胚珠的发育（A 为胚珠原基形成，J 为成熟胚珠）；B～E. 大孢子的形成；F～J. 胚囊的发育

## （二）胚珠的类型

根据珠柄、珠孔、合点的位置变化，可将胚珠分为不同类型（图 7-20）。

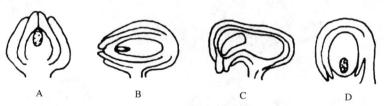

图 7-20　胚珠的类型（范海延仿绘）
A. 直生胚珠；B. 横生胚珠；C. 弯生胚珠；D. 倒生胚珠

（1）直生胚珠　　直生胚珠（orthotropus ovule）的各部分均匀生长，整个胚珠直立着生在珠柄上，珠孔、珠心、合点和珠柄在同一直线上，如酸模、胡桃。

（2）倒生胚珠　　倒生胚珠（anatropous ovule）的胚珠一侧生长快，另一侧生长慢，胚珠向生长慢的一侧倒转约180°。合点在上，珠孔朝向胎座，合点、珠心和珠孔的连接线和珠柄平行。大多数被子植物的胚珠属于此类型。

（3）横生胚珠　　横生胚珠（hemianatropous ovule）的胚珠的一侧生长较快，胚珠在珠柄上扭转约90°，使珠孔、珠心和合点的连接线与珠柄垂直，如蜀葵、毛茛。

（4）弯生胚珠　　弯生胚珠（campylotropous ovule）的上半部生长快，使珠心弯曲，但是珠柄不弯曲，珠孔朝下，合点与珠孔通过珠心的连线呈弧形，如油菜、豌豆等植物。

## （三）胚囊的发育与结构

### 1. 大孢子的形成

在胚珠发育的同时，珠心组织靠近珠孔端，发育出一个与周围组织不同的孢原细胞，其细胞的体积较大，细胞质较浓，细胞器丰富，液泡化程度低，细胞核大而显著。孢原细胞可先进行一次平周分裂，形成内外 2 个细胞，外方的为周缘细胞，内方的为造孢细胞。以后周缘细胞继续进行垂周分裂和平周分裂，增加珠心的细胞层数，而造孢细胞则进一步长大发育成大孢子母细胞（megaspore mother cell），也称胚囊母细胞（embryo sac mother cell）。也有些被子植物，如向日葵、水稻、小麦等，其孢原细胞可直接发育成胚囊母细胞。胚囊母细胞进行减数分裂产生大孢子（macrospore），由大孢子发育形成胚囊（embryo sac）。

由大孢子母细胞发育为大孢子有 3 种情况：①大孢母细胞经减数分裂产生的 4 个单倍体大孢子，呈直线排列，其中合点端的 1 个大孢子进一步发育为成熟胚囊，而珠孔端的 3 个逐渐退化消失。由于胚囊是由 1 个功能大孢子发育来的，因此称为单胞型胚囊（图 7-21），也称为蓼型胚囊，约 81% 被子植物的胚囊以这种方式发育而来。②大孢子母细胞在减数分裂时，第一次产生的 2 个子细胞形成细胞壁，称为二分体；以后二分体中近合点端的细胞进入第二次分裂，而近珠孔端的退化消失。二分体中保留下来的细胞，在第二次分裂时，没有形成新壁，2 个单相核共同存在于一个细胞中，称为双孢子，以后发育为成熟胚囊。这种发育方式的胚囊称为双孢型胚囊，葱、慈姑等植物的胚囊发育属于此类。

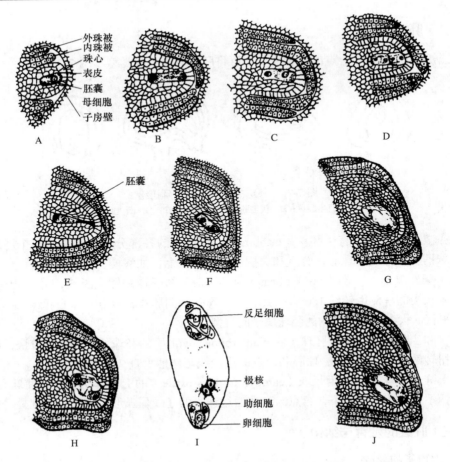

图 7-21  水稻胚珠及胚囊的发育（引自许玉凤和曲波，2008）
A. 胚囊母细胞的形成；B，C. 胚囊母细胞减数分裂Ⅰ；D. 减数分裂Ⅱ（形成四分体）；E. 近珠
孔端3个细胞退化，1个发育成胚囊；F～H. 八核胚囊的形成；I. 极核的形成；J. 成熟胚囊

③大孢子母细胞在减数分裂时，两次分裂都没有形成细胞壁，4个单相核共同存在于一个细胞中，称为四孢子，继而发育为成熟胚囊。这种发育方式的胚囊称为四孢型胚囊，贝母、百合等植物以这种方式形成胚囊。

**2. 胚囊的发育**

由于大孢子的起源方式不同，胚囊的发育过程也不同。现以单孢型胚囊为例简述如下。

大孢子母细胞经减数分裂产生4个纵向排列的大孢子，其中珠孔端的3个退化，仅合点端的1个继续发育，称为功能大孢子。随后功能大孢子吸收周围珠心组织的营养逐渐长大，初期只有一个核，称为单核胚囊。其后单核胚囊的细胞核连续进行3次有丝分裂，第一次分裂形成2个核，分别移至胚囊两端，形成二核胚囊；二核胚囊分别再连续进行2次分裂，形成8个核，胚囊的两端各有4个。不久，每端各有一核向胚囊中部移动，互相靠拢，这2个核称为极核（polar nucleus）。极核与周围的细胞质一起组成胚囊中最大的细胞，称为中央细胞（central cell）。在一些植物中，中央细胞中的2个极核常在传粉和受精前相互融合成一个二倍体的核，称为次生核（secondary nucleus）。近珠孔端的3

个核，1个分化成卵细胞（egg cell），2个分化为助细胞（synergid），它们常合称为卵器（egg apparatus）。近合点端的3个核分化形成反足细胞（antipodal cell）。至此，一个成熟的胚囊形成，即被子植物的雌配子体（female gametophyte），包括7个细胞，即1个卵细胞、2个助细胞、1个中央细胞、3个反足细胞，但含有8个核，因而称为八核胚囊。

**3. 成熟胚囊的结构**

卵细胞也称雌配子（female gamete），位于珠孔端，近洋梨形，是一个有高度极性的细胞，通常它的壁在珠孔端较厚，接近合点端的壁逐渐变薄。它的核大，核仁的RNA含量高于胚囊中其他细胞，细胞内常有一个大液泡。核和细胞质等在细胞内的分布也常具明显的极性，如向日葵、烟草等植物的卵细胞，其细胞质通常集中在合点端，核也位于合点端，大液泡则居于珠孔端。成熟卵细胞中，质体和线粒体常退化，数量减少，内质网及高尔基体也常变得稀少或不发达，反映出卵细胞代谢活动的强度比较低。

2个助细胞与卵细胞紧靠在一起，呈三角状排列于珠孔端，它们也是有高度极性的细胞。助细胞的壁也是从珠孔端至合点端逐渐变薄。助细胞在珠孔端的细胞壁向内生长，形成不规则的片状或指状突起，称为丝状器（filiform apparatus），丝状器与传递细胞的壁类似，大大地增加了质膜的表面积，有利于营养物质的吸收与转运。助细胞还可合成和分泌某些趋向性物质和酶类，引导花粉管定向生长，使其进入胚囊。受精时，助细胞通常为花粉进入和释放内容物质提供场所，并有助于精子趋向卵细胞和中央细胞。助细胞存在的时间较短，在受精后很快解体，有些植物甚至在受精前就已退化。

中央细胞是胚囊中最大，且高度液泡化的细胞。成熟胚囊的增大，主要由于中央细胞液泡的膨大。中央细胞壁的厚薄变化很大，在与卵细胞相接处，通常只有质膜而没有细胞壁；而与反足细胞相接处，则具有胞间连丝的薄壁。不少植物中央细胞壁的内侧也有许多指状突起，说明它能从珠心组织或珠被组织吸取营养物质。中央细胞的细胞质中具有丰富的细胞器和大量的营养物质。它不仅具有很高的代谢强度，而且是胚囊营养物质贮藏的主要场所。

反足细胞是胚囊中一群变异最大的细胞，不仅细胞数目差异很大，而且在细胞的结构上也因植物种类而有各种变化。反足细胞由于核分裂后不进行胞质分裂，常形成具多核的细胞，如玉米的每个反足细胞中有1~4个核。此外，有的植物因分裂时胞质分裂不完整，相邻的壁上留有较大的孔，使整个反足细胞群的原生质体全部或部分连成一体，形成合胞体结构。还有一些植物，反足细胞在与珠心相邻的细胞壁上，常存在壁内突，具有传递细胞的特征，将从珠心吸收的营养物质经过反足细胞输入中央细胞。大多数植物反足细胞的细胞质含丰富的质体、核蛋白体、线粒体、高尔基体和内质网。反足细胞是代谢活动非常活跃的细胞，对胚囊的发育具有吸收、传输和分泌营养物质等多种功能。除一些植物的反足细胞能存在较长的时间外，多数情况下，反足细胞寿命很短，在受精前或受精后不久即退化。

胚囊的形成与结构

# 知识点四　开花、传粉与受精

当雄蕊的花粉粒和雌蕊的胚囊（或二者之一）发育成熟后，花萼、花冠展开，露出雄蕊和雌蕊，这种现象称为开花（anthesis）。开花后成熟花粉借助一定的媒介传送到雌蕊柱头上，这一过程称为传粉（pollination）。传粉完成后，花粉粒在雌蕊柱头上萌发形成花粉管，经花柱进入胚囊后，释放出 2 个精子分别与卵细胞和极核融合，完成被子植物所特有的双受精（double fertilization）过程。

## 一、开花

开花是被子植物生活史上的一个重要阶段，除少数闭花受精植物外，开花是植物进行繁殖生长的标志。

不同植物的开花年龄往往有很大差别，多年生植物达到一定年龄才开花，以后每年开花并持续多年。一、二年生植物一生开花一次，开花后整个植株死亡。也有少数多年生植物，如竹子，一生只开一次花，开花后地上部分即死亡。

植物的开花季节也因植物种类不同而异。多数植物在早春至春夏之间开花，如毛茛等；有的在盛夏开花，如莲；有的在秋季甚至深秋、初冬开花，如木槿、菊、茶等；而有些植物几乎四季都能开花，如月季等。

植株从第一朵花开放至最后一朵花开毕所持续的时间，称为开花期。各种植物的开花期长短不同，这与植物本身的特性和所处的环境有关。例如，昙花开花 1～2h 后凋谢，小麦开花期为 3～6d，番茄、蜡梅的开花期可延续一至几个月。

## 二、传粉

传粉是植物有性生殖过程的重要环节，有自花传粉（self-pollination）和异花传粉（cross-pollination）两种方式。

### （一）自花传粉

成熟花粉粒落到同一朵花的雌蕊柱头上，称为自花传粉。最典型的自花传粉是闭花受精（cleistogamy），即开花前，其成熟花粉粒可直接在花粉囊里萌发，产生花粉管，穿过花粉囊的壁进入雌蕊完成传粉，如豌豆、花生。但在农业和林业生产中，自花传粉可以扩大为同株异花间的传粉，而果树栽培上常指同品种异株间的传粉。

自花传粉具有很多益处，如占据新的生境、克服传粉媒介的短缺、有利于植物种群的局部适应以及后代能够直接获得先辈的优良性状等。但是，自花传粉中，雌雄生殖细胞来自同一朵花，遗传差异小，产生的后代对环境的适应性较差。近交衰退在植物繁育系统的进化中扮演着重要的角色。

### （二）异花传粉

一朵花的花粉粒传送到另一朵花的柱头上，称为异花传粉。异花传粉可以发生在同一植株的各朵花之间，也可发生在同一作物的同一品种内或不同品种间，还可发生在不同种群或不同物种的植株之间。农业和林业上的异花传粉是指不同植株之间的传粉，果树栽培上一般是指不同品种之间的传粉。

异花传粉是植物界最普遍的传粉方式，是植物多样化的重要基础。雌雄生殖细胞来自不同父母本、不同环境，遗传差异较大，产生的后代生命力较强，表现为新一代植株强壮、开花多、结实率高、抗逆性较强等性状。

### 1. 植物对异花传粉的适应

从生物学意义上讲，异花传粉要比自花传粉优越，是一种进化方式。由于长期自然选择和演化的结果，植物在花的生理特性和形态构造上，形成了许多适应于异花传粉的性状，常见的有以下几种类型。

（1）单性花（unisexual flower）　　具有单性花的植物必然是异花传粉，如瓜类、玉米、板栗、胡桃等雌雄同株植物，大麻、菠菜、杨、柳等雌雄异株植物等。

（2）雌雄异熟（dichogamy）　　雌雄异熟是指两性花中雌蕊和雄蕊的成熟时间不一致，是一种较常见的限制自花授粉而不阻止同株异花传粉的机制。有的是雌蕊先熟雄蕊后熟，如油菜；有的是雄蕊先熟雌蕊后熟，如向日葵、梨。这样造成雌雄蕊花期不遇，能有效避免自花传粉。

（3）雌雄蕊异长（heterogony）　　雌雄蕊异长是指两性花中，雌蕊与雄蕊的长度不一，有效的传粉只能发生在等长的花药和花柱之间。例如，荞麦、藏报春等植物的花中有两种类型的植株，一种植株其雌蕊的花柱高于雄蕊的花药，另一种则是雌蕊的花柱低于雄蕊的花药。传粉时，只有高雄蕊上的花粉粒传到高柱头上，或低雄蕊的花粉粒传到低柱头上才能成功受精，异长的雌雄蕊之间传粉则不能完成受精作用。

（4）雌雄蕊异位（herkogamy）　　两性花通过雌蕊和雄蕊空间排列位置的不同，避免自花传粉。例如，百合科嘉兰属植物，开花时，雌蕊的花柱基部在近子房处呈直角状，向外折伸，远离雄蕊，以避免自花传粉；玄参科的某些植物的粗大而分裂的柱头紧盖在花药之上，传粉者进入花中不可避免地会碰到柱头，而柱头一旦被接触就卷曲，露出花药。

（5）自花不孕（self-sterility）　　自花不孕是指花粉粒落到同一朵花或同一植株花的柱头上不能受精结实的现象。自花不孕有两种情况：一种是花粉粒落到自花的柱头上根本不能萌发，如向日葵；另一种是自花的花粉粒虽然能萌发，但花粉管生长缓慢，最终不能自体受精，如番茄。此外，某些兰科植物的花粉对自花的柱头有毒害作用，常引起柱头凋萎，以致花粉管不能生长。

### 2. 异花传粉的媒介

在异花传粉的过程中，植物必须借助于各种外力才能把花粉传送到其他花的柱头上。传送花粉的媒介主要有非生物（风和水等）和生物（昆虫、鸟等）两类。由于长期的演化，植物为适应各种传粉方式产生了相应的形态和结构。

（1）风媒花　　以风为媒介进行传粉的花，称为风媒花（anemophilous flower），如禾本科、莎草科、杨柳科植物的花。风媒花的花被细小，无鲜艳的颜色，无香气，无蜜腺，花丝细长，丁字着药，易被风吹摇动，花粉量多、小、轻，外壁光滑，无花纹，雌蕊柱头较大，通常扩展成羽毛状，利于接受花粉。

（2）虫媒花　　以昆虫为媒介进行传粉的花，称为虫媒花（entomophilous flower）。多数有花植物是依靠昆虫传粉的，常见的昆虫有蜂类、蛾类、蝇类、甲虫等。为了能更好地吸引昆虫完成传粉，虫媒花一般花冠大，颜色鲜艳，香气浓，具蜜腺或花盘，花粉粒大，外壁粗糙，或结合成花粉块，易黏附在虫体上。

（3）水媒花　　借助水力传粉的花，称为水媒花（hydrophilous flower）。例如，苦草属植物是雌雄异株的，它们生活在水底，当雄花成熟时，大量雄花自花柄脱落，漂浮在水面上开放；同时，雌花花柄迅速伸长，把雌花顶出水面；当雄花漂近雌花时，两种花在水面相遇，柱头和雄花的花药接触，完成传粉受精过程。以后，雌花花柄重新卷曲成螺旋状，把雌蕊带回水底，进一步在水底发育成果实和种子。

（4）鸟媒花　　借鸟类传粉的花称鸟媒花（ornithophilous flower），传粉的是小型的蜂鸟，它的头部有细长的喙，在摄取花蜜时把花粉传开。

## 三、受精

传粉完成后，花粉粒在柱头上萌发形成花粉管，并通过雌蕊的花柱将精细胞送达胚囊，与卵细胞互相融合，这个过程称为受精（fertilization）。被子植物的受精过程是有性生殖的重要阶段。

### （一）花粉粒与柱头的识别

在自然条件下，落在某一柱头上的花粉粒种类和数量通常很多，但并不是所有落在柱头上的花粉粒都能萌发形成花粉管并进入花柱，直至完成受精。花粉与柱头之间存在某种亲和性识别，这种识别反应依靠花粉壁蛋白与柱头乳突细胞表面的蛋白质膜间的相互作用实现。花粉壁的外壁蛋白，是花粉粒与柱头相互识别中起主要作用的物质，为亲和性识别蛋白，柱头表面的蛋白质膜，是识别作用的感受器。当花粉粒落到柱头表面时，在几分钟内即释放出外壁蛋白，并与柱头表面的蛋白质膜相互识别。若二者亲和，花粉粒吸水萌发，紧接着，花粉内壁释放出角质酶被柱头蛋白质膜活化，进而将蛋白质膜下的角质层溶解，花粉管得以穿入柱头生长，最后直达胚囊，实现受精；若二者不亲和，经识别后可诱导柱头乳突细胞产生胼胝质（callose），阻碍花粉管进入。也有的花粉虽然能萌发，但花粉管不能穿入柱头，或者花粉管在花柱中生长受阻、精子不能进入胚囊，致使精子与卵的结合不能实现。

### （二）花粉粒的萌发与花粉管的生长

花粉粒和柱头之间经识别后，亲和的花粉粒产生水合反应（pollen hydration），从柱头分泌物中吸收水分和营养，内壁从萌发孔处向外突出，形成花粉管，这个过程称为花粉萌发。促使花粉萌发的物质，包括柱头的分泌物和花粉具有的酶。柱头分泌的黏性物质主要成分为水、糖类、胡萝卜素、各种酶和维生素等，由于分泌物的成分因植物种类而异，因此对花粉的影响也不同。花粉萌发后，穿过柱头表面，进入花柱中生长，一般有两种途径：在空心花柱中，沿着花柱道表面生长；在实心花柱中，从引导组织的胞间隙通过。花粉管沿花柱伸长生长时，花粉的内含物（包括营养细胞、生殖细胞或精子及部分细胞质）流入花粉管内，并向花粉管顶端集中。如果是2-细胞花粉粒，生殖细胞和营养细胞随之进入花粉管先端，一般营养细胞在前，生殖细胞在后，并在花粉管中分裂一次，形成2个精子；如果是3-细胞花粉粒，则营养细胞和2个精子都进入花粉管先端。

花粉管经花柱，到达子房后，沿子房内壁和胎座直达胚珠。花粉管进入胚珠有3种途径（图7-22）：①通常花粉管直接经珠孔端进入胚囊，称为珠孔受精（porogamy）；②有些植物的花粉管经合点部位进入胚珠，然后沿胚囊壁的外侧穿过珠心组织经珠孔进入胚囊，称为合点受精（chalazogamy）；③也有些植物的花粉管从中部横穿过珠被或珠心进入胚珠，然后再经珠孔端进入胚囊，称为中部受精（mesogamy）。

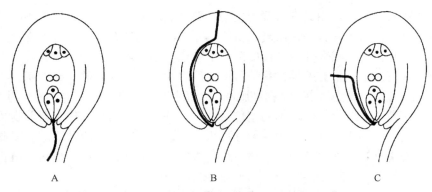

图 7-22 花粉管进入胚珠的途径（引自贺学礼，2008）
A. 珠孔受精；B. 合点受精；C. 中部受精

　　花粉粒在柱头上萌发到花粉管进入胚囊所需要的时间，因植物种类的不同和外界环境条件的变化而异。在正常情况下，多数植物需要 12~48h。木本植物一般较慢，如核桃需要 72h，栓皮栎、麻栎等则需要 14 个月才能受精。草本植物一般较快，如水稻在传粉 20~30min 后花粉管就进入胚囊。用大量花粉粒传粉，其花粉管的生长速度常比用少量花粉粒传粉要快得多，结实率也高。这种现象称为花粉之间的群体效应（group effect）。

### （三）双受精

　　花粉管进入胚珠后，通过不同途径进入胚囊。通常是经过助细胞的丝状器进入助细胞中（图 7-23），然后进入胚囊，如兰科植物；或者从解体的助细胞进入胚囊，如玉米、棉花；或者破坏一个助细胞作为通路，如天竺葵。有的植物则从卵细胞和一个助细胞的间隙进入胚囊，如荞麦、紫露草。也有的植物从胚囊壁和一个助细胞的间隙进入胚囊，如二棱大麦。花粉管进入胚囊后，先端破裂，释放内容物。其中将两个精细胞释放到卵细胞和中央细胞之间，一个精细胞与卵细胞融合，形成二倍体的合子或受精卵，将来发育成胚；另一个精细胞与两个极核（或中央细胞）融合，形成三倍体的初生胚乳核（primary endosperm nucleus），将来发育成胚乳。这种两个精细胞分别与卵细胞和极核融合的现象称为双受精，双受精是被子植物特有的有性生殖现象。

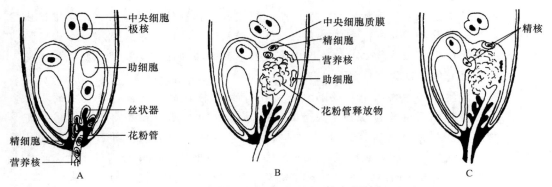

图 7-23 被子植物的双受精过程（引自贺学礼，2008）
A. 花粉管进入胚囊；B. 花粉管释放出内容物；C. 两个精细胞分别转移至卵和中央细胞附近

被子植物的双受精作用具有重要的生物学意义。双受精过程中，单倍体的精细胞和卵细胞融合形成二倍体的合子，恢复了植物体原有的染色体数目，保持了物种遗传的相对稳定性；同时，由于减数分裂过程中出现了染色体的片段互换和遗传物质的重组，因此精、卵细胞在遗传上常有差异，受精后形成的后代可能出现新的变异性状，丰富了植物的变异性。另外，双受精中一个精细胞和两个极核融合，形成了三倍体的初生胚乳核，由此发育的胚乳同样结合了父母本的遗传特性，生理上更为活跃，作为营养物质在胚的发育过程中被吸收利用，其子代的变异性更大，生活力更强，适应性更广。因此，双受精作用不仅是植物界有性生殖中最进化、最高级的受精方式，是被子植物在植物界占据优势地位的重要原因，也是植物杂交育种的重要理论基础。

开花、传粉和受精等过程对外界条件的反应较敏感。开花授粉期遭遇低温、干旱、阴雨、大风和大气污染等情况，不仅限制昆虫的传粉活动，同时引起花朵发育不良，有的甚至造成花粉和胚囊中途死亡，导致结实率降低。

大多数温带地区的植物，花粉粒萌发和花粉管生长的适宜温度为25～30℃，不正常的低温或高温，都不利于花粉粒的萌发和花粉管的生长，甚至会使受精作用不能进行。花粉粒的萌发和花粉管的生长对温度的响应非常敏感，如小麦在10℃时，传粉后2h开始受精；20℃时萌发最好，30min即开始受精，30℃仅需15min即可受精。

湿度和水分对传粉、受精也有很大影响。干旱高温天气，不仅使花粉萌发力很快丧失，而且柱头干枯，不利于花粉管生长。大雨或长期阴雨，往往也会增加作物的空秕率，降低结实率。因为花粉被雨水浸润，吸水后很易破裂，而且柱头上的分泌物会被雨水冲洗或稀释，不适合花粉萌发；长时间的阴雨也会妨碍传粉昆虫的活动和降低植株的光合产物合成量，使植株营养状况变劣，影响植物传粉和受精。

**扩展阅读**

## 花粉的应用

### 1. 花粉植物与单倍体育种

通过利用花药或花粉粒进行离体培养，使之长出愈伤组织（callus）或胚状体（embryoid），然后由其分化成植株，这些植株称为花粉植物（pollen plant）。花粉植物为单倍体植株，不能正常开花结实。

单倍体植株经染色体加倍后，在一个世代中即可出现纯合的二倍体，从中选出的优良纯合系后代不分离，表现整齐一致，可缩短育种年限。单倍体植株中由隐性基因控制的性状，经染色体加倍，因没有显性基因的掩盖而容易显现，所以对诱变育种和突变遗传研究具有重要意义。

例如，离体培养由两个作物品种杂交获得的F₁植株的花药，可使其中的小孢子发育为植株，获得花粉植物。因为F₁植株是杂合体，所以培养得到的单倍体花粉植物是基因型分离的群体，可从中选择理想的性状组合类型；再用秋水仙素处理，使染色体加倍，即可获得稳定遗传的品系。利用单倍体选育新品种，所需要的年限比常规杂交育种的短，可提高育种效率，节省劳力，具有较大的现实意义。

### 2. 雄性不育及其开发利用

雄性不育是指在有性生殖过程中，由于生理上或遗传上的原因造成植物的雌性器官正常，雄性器官不正常，不能产生花粉或花粉败育而不能授粉的现象。产生遗传上雄性不育的原因，有花粉败育、花药败育、花药不开裂、花药雌蕊化等，以花粉败育型较为常见。几乎所有的二倍体植物，无论是野生的还是栽培的，都可以找到导致雄性不育的核基因。

雄性不育系主要在杂种优势利用上作为母本，可以省去去雄工作，便于杂交制种，为生产上大规模利用杂种一代优势创造条件。核、质互作型不育系的种子繁殖，须靠一个花粉正常且又能保持不育系不育特性的雄性不育保持系授粉。杂交制种则须有一个花粉可育且能使杂种恢复育性的育性恢复系。这样，不育系、保持系和恢复系三系配套，就成为利用不育系大量配制杂交种子的重要前提。农业上也常用药物来促使雄性不育，称为药物杀雄，常用的杀雄剂有2,4-D、萘乙酸、秋水仙素、赤霉素、乙烯利等。

### 3. 人工辅助授粉

异花传粉往往容易受到环境条件的限制，得不到传粉的机会，如风媒传粉没有风，虫媒传粉因风大或气温低而缺少足够昆虫飞出活动等，从而降低传粉和受精的机会，影响果实和种子的产量。在农业生产上常采用人工辅助授粉的方法，以克服因条件不足而使传粉得不到保证的缺陷，进而达到预期的产量。人工辅助授粉可以大量增加柱头上的花粉粒，使花粉粒所含的激素相对总量有所增加，酶的反应也相应有了加强，起到促进花粉萌发和花粉管生长的作用，受精率可以得到很大提高。例如，玉米在开花期遇到干旱、高温、阴雨连绵等不利气候条件，常常会出现雌雄花期不协调、雌穗苞叶过长、抽丝困难、花粉量少、花粉生命力弱等现象，从而影响正常授粉、受精和结实，导致结实不良，产生严重秃尖。人工辅助授粉就能克服这一缺点，使产量提高3%～5%。

### 4. 自花传粉的利用

自花传粉虽有引起后代衰退的一面，但也具有提纯作物品种的可能性。例如，在玉米的杂交育种中，培育自交系是重要的一环。即根据育种目标，从优良品种中选择具有某些优良性状的单株，进行人工自花传粉（即自交），经过连续4或5代严格的自交和选择后，植株生活力虽然有所衰退，但在苗色、叶型、穗型、穗粒、生育期等方面达到整齐一致，就能形成一个稳定的自交系。利用两个这样纯化的自交系配制的杂种（即单交种），其增产效果显著。

## 主要参考文献

贺学礼. 2008. 植物学. 北京：科学出版社
胡宝忠，胡国宣. 2002. 植物学. 北京：中国农业出版社
姜在民，贺学礼. 2009. 植物学. 咸阳：西北农林科技大学出版社
金银根. 2010. 植物学. 北京：科学出版社

李扬汉. 1991. 植物学. 上海：上海科学技术出版社

曲波，张春宇. 2011. 植物学. 北京：高等教育出版社

徐汉卿. 1996. 植物学. 北京：中国农业出版社

王全喜，张小平. 2004. 植物学. 北京：科学出版社

许玉凤，曲波. 2008. 植物学. 北京：中国农业大学出版社

叶创兴，朱念德，廖文波，等. 2008. 植物学. 北京：高等教育出版社

张春宇，范海延. 2007. 植物学实验. 北京：中国农业出版社

张玲，李庆军. 2002. 花柱卷曲性异交机制及其进化生态学意义. 植物生态学报，26（4）：385-390

朱念德. 植物学. 2000. 广州：中山大学出版社

Renner S S, Ricklefs R E. 1995. Dioecy and its correlates in the flowering plants. Am J Bot, 82: 596-606

Ricklefs R E, Renner S S. 1994. Species richness within families of flowering plants. Evolution, 48: 1619-1636

Webb D A, Lloyd D G. 1986. The avoidance of interference between the presentation of pollen and stigmas in angiosperms Ⅱ.
  Herkogamy N Zeal J Bot, 24: 163-178

# 第八章

# 植物的果实和种子

【主要内容】

　　种子是种子植物的繁殖器官，被子植物的花经传粉、受精后，胚珠逐渐发育成种子，即包括胚、胚乳和种皮三部分，它们分别由合子（受精卵）、初生胚乳核（受精极核）和珠被发育而来。根据种子中有无胚乳，可将种子分为有胚乳种子和无胚乳种子两类。发育完整的种子，需经历萌发过程才能形成幼苗，在种子萌发过程中充足的水分、适宜的温度、足够的氧气是必不可少的三个条件。一般种子经历休眠期后在适宜条件下即可萌发，根据萌发过程中子叶是否露出土壤可将幼苗类型分为子叶出土的幼苗和子叶留土的幼苗。

　　根据果实的发育来源和组成部分，将果实分为真果和假果两大类。真果的结构较为简单，包括由子房壁发育而来的果皮和由胚珠发育而来的种子两部分。假果由子房壁和花器官的其他结构发育而来。有些植物，如栽培植物，不经受精作用，其子房也可以发育膨大形成果实，这种现象称为单性结实。果实分为三大类：单果、聚合果、聚花果。果实和种子主要依靠风力、水力、人和动物、自身的力量以及重力进行传播。

【学习指南】

　　掌握种子植物种子的形态结构特点，即种子由胚、胚乳及种皮组成，少数种子具外胚乳。掌握种子的类型，种子可分为有胚乳种子和无胚乳种子。掌握种子的发育过程。掌握种子萌发的条件，了解种子萌发的过程及幼苗类型。掌握果实的结构与发育，了解果实的类型。掌握单性结实。掌握果实与种子的传播类型。

## 知识点一　种子的结构和类型

　　种子（seed）是种子植物特有的繁殖器官、繁殖单位，其内贮藏了大量的营养物质，是新生一代植物的原始体，新生一代植物的器官将由种子中的胚发育而来。

　　不同植物的种子，在形态、大小、颜色、内部结构及硬度方面都存在较大差异。植物分类工作者及商品检验检疫部门可依据种子的外部形态和结构差异进行植物种类鉴别及种子质量鉴定等工作。

一、种子的结构

　　一般的种子均由三部分组成，即胚（embryo）、胚乳（endosperm）和种皮（seed coat, testa），少数种类的种子还具有外胚乳，如甜菜种子；也有一些种子不具胚乳，仅含胚和种皮，如蚕豆、大豆、花生、慈姑、泽泻等的种子。

### （一）胚

　　胚（embryo）是构成种子的主要部分，是新生一代植物的雏体，由胚根（radicle）、胚芽（plumule）、胚轴（embryonal axis）和子叶（cotyledon）四部分组成（图 8-1），其中胚根、胚芽和胚轴形成胚的中轴。

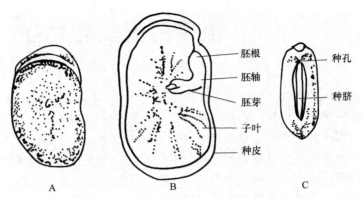

图 8-1　蚕豆种子的结构（高彩虹仿绘）

A. 种子外形的侧面观；B. 切去一半子叶显示内部结构；C. 种子外形的顶面观

胚根和胚芽的体积都很小，胚根一般呈圆锥形，将来发育成植物的主根。胚芽常呈雏叶的形态，将来发育成茎和叶。胚轴介于胚根和胚芽之间，可分为上胚轴和下胚轴两部分，一般极短。由子叶着生点到第一片真叶的一段称为上胚轴（epicotyl），子叶着生点到胚根的一段称为下胚轴（hypocotyl）。胚根和胚芽的顶端均具有生长点，位于生长点处的是一些胚性细胞，其具有细胞体积小、细胞壁薄、细胞质浓、细胞核相对较大、没有或仅有小液泡等特点。当种子萌发时，胚性细胞能很快分裂、长大，使胚根和胚芽分别伸长并突破种皮，长成新生一代植物的主根和茎、叶。同时，胚轴也随之一起生长，根据不同情况发育为幼根或幼茎的一部分。

子叶是植物最早的叶，着生在胚轴上，不同植物种子中子叶的数目和生理功能不完全相同。根据种子的子叶数目不同，可将植物分为单子叶植物和双子叶植物。种子中只有一片子叶的，称为单子叶植物，如玉米、小麦、水稻、洋葱等。种子中有两片子叶的，称为双子叶植物，如油菜、棉花、瓜类、豆类等。对于裸子植物而言，种子的子叶数目并不一定，有两片的，如银杏、桧柏；也有数片的，如松、云杉、冷杉。子叶具有多样化的生理功能，有些种子的子叶内贮存了大量养料，可供种子萌发和幼苗生长时利用，如大豆、花生等的种子；有些种子的子叶在萌发破土后能进行短期的光合作用，如油菜、蓖麻等的种子；另有一些呈薄片状的子叶，如小麦、水稻的子叶，在种子萌发时可分泌酶物质，以消化和吸收胚乳的养料，将其转运到胚里供胚利用。

## （二）胚乳

胚乳是种子贮藏营养物质的部分，一般位于种皮和胚之间。并非所有成熟的种子都有胚乳，一些种子在生长发育过程中胚乳的养分被胚吸收，转入子叶中贮藏，故成熟的种子中不存在胚乳，或仅残存一干燥的薄层，没有贮藏营养的作用，如蚕豆、大豆、花生、慈姑、泽泻等的种子。而像兰科、菱科、川苔草科等植物，种子在形成时便不产生胚乳。对于有胚乳的种子，不同植物种类胚乳含量也不相同，如蓖麻、水稻等的种子，胚乳肥厚，占据了种子大部分体积。少数植物种子在形成过程中，胚珠中一部分珠心组织被保留，在种子中形成类似胚乳的营养组织，称为外胚乳（perisperm），其功能与胚乳相同。

种子中胚乳和子叶占种子体积的大部分，它们由薄壁细胞组成，细胞内贮藏着丰富的营养物质，主要是糖类、油脂、蛋白质及少量无机盐和维生素。根据贮藏物质的不同可分为淀粉类种子、脂肪类种子和蛋白质类种子。种子中的糖类包括淀粉、蔗糖和半纤维素等几种，其中以淀粉最为常见。不同种子淀粉含量不同，含淀粉较多的种子如小麦、水稻，淀粉含量可达70%左右；也有含淀粉较少的，如豆类种子；有些种子成熟时有甜味，如玉米、板栗等，是因为种子中贮藏有可溶性糖——蔗糖。有些种子以半纤维素为贮藏物质，这类种子中胚乳细胞壁特别厚，由半纤维素组成，在种子萌发时，半纤维素经水解成为简单的营养物质然后被幼胚吸收利用，如葱、咖啡、天门冬等的种子。种子中以油脂为贮藏物质的植物有很多，有的贮藏在胚乳，如蓖麻的种子；也有的贮藏在子叶，如花生、芸薹等的种子。蛋白质也是种子内贮藏的一种营养物质，大豆的子叶中含有较多的蛋白质；小麦种子胚乳最外层有一层称为糊粉层（aleurone layer）的组织，其内含有较多蛋白质颗粒和结晶。

### （三）种皮

种皮（seed coat，testa）是种子外面的覆被部分，对种子具有保护作用，不同植物种皮的性质和厚度不同。有果实包被的种子，坚韧的果皮对种子可以起到保护作用，故种子的种皮比较薄，呈薄膜状或纸状，如桃、花生的种子。有些植物由于果实成熟后即行开裂，致使种子散出裸露于外，这类种子通常种皮坚厚，有发达的机械组织，有的为革质，如蚕豆、大豆的种子；也有的为硬壳，如茶、蓖麻的种子。有些植物的种子，种皮与果皮紧密结合形成共同的保护层，致使种皮很难分辨，如水稻、小麦的种子；也有的种子在种皮的表皮层形成长毛，如棉花的种子。

成熟种子的种皮上通常可见种脐（hilum）和种孔（micropyle）。种脐是由胚珠发育成种子时残留的痕迹，是种子脱离果实时留下的，也就是和珠柄相脱离的地方。蚕豆种子较宽一端的种皮上可见一条黑色眉状条纹即为种脐。在种脐的一端有一个不易察见的小孔即为种孔，种孔是原来胚珠的珠孔留下的痕迹（图8-1）。蓖麻种子的种脐和种孔由于被一块由外种皮延伸而成的海绵状隆起物形成的种阜（caruncle）所覆盖，因此种脐和种孔不可见，只有将种阜剥去才可察见；沿蓖麻种子腹面的中央部位有一条稍隆起的纵向痕迹，几乎与种子等长，称为种脊（raphe），此处集中分布有维管束，种脊只存在于由倒生或横生胚珠所形成的种子上（图8-2）。

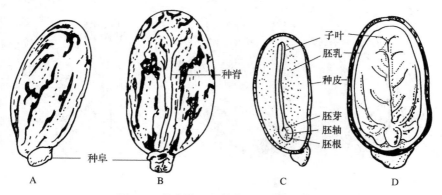

图8-2　蓖麻种子的结构（高彩虹仿绘）

A. 种子外形的侧面观；B. 种子外形的腹面观；C. 与子叶垂直的正中纵切面；D. 与子叶平行的正中纵切面

## 二、种子的类型

在成熟的种子中，因有些具有胚乳结构，而有些种子不存在胚乳，故可根据种子在成熟时是否具有胚乳，将种子分为有胚乳种子（albuminous seed）和无胚乳种子（exalbuminous seed）两种类型。

### （一）有胚乳种子

有胚乳种子由胚、胚乳和种皮三部分组成，胚乳占种子的大部分，胚较小。双子叶植物中的蓖麻、番茄、烟草、田菁、辣椒等，单子叶植物中的水稻、玉米、小麦、高粱、洋葱等和全部裸子植物的种子均属于这种类型。

**1. 双子叶植物有胚乳种子**

以蓖麻种子为例说明这类种子的结构（图 8-2）。蓖麻种子呈椭圆形，略侧扁。具两层种皮，外种皮质地坚硬、光滑且有花纹。在种子的一端，外种皮延伸形成种阜将种脐和种孔覆盖。种阜有吸收作用，有利于种子的萌发。剥去坚硬的外种皮是白色膜质的内种皮，去掉内种皮可见白色胚乳，胚乳占种子体积的大部分，其内贮藏大量油脂。胚呈薄片状，由胚芽、胚轴、胚根和子叶四部分组成，胚被包于胚乳中央，其两片子叶大而薄，上面有显著脉纹。两片子叶基部与短的胚轴相连，胚轴下方是胚根，胚轴上方是胚芽，胚芽夹在两片子叶中间。种子腹面中央可见一长形隆起的种脊，这是在种子成熟过程中，倒生胚珠的珠柄和一部分珠被愈合而留下的痕迹。

**2. 单子叶植物有胚乳种子**

多数单子叶植物的种子都具胚乳结构。水稻、小麦等禾本科植物的种子较为特殊，其籽粒外围的保护层是由果皮和种皮共同组成的复合层，两者相互愈合，种子不能分离出来，因此，所谓的种子其实是含有种子的果实，称为颖果（caryopsis）。

现以小麦为例说明这类种子的结构（图 8-3）。小麦果皮由几层栓化细胞组成，种皮由一层薄壁细胞组成，并与果皮及胚乳愈合。种皮和果皮以内绝大部分是胚乳，胚乳由

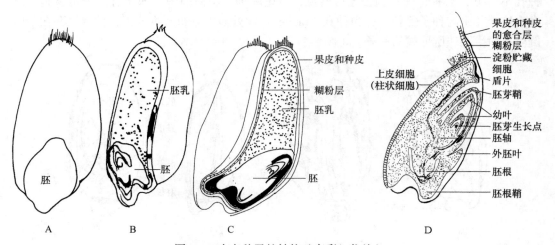

图 8-3 小麦种子的结构（高彩虹仿绘）

A. 颖果的背面观；B. 颖果的纵切面；C. 通过颖果腹沟处的纵切面；D. 胚的纵切面

糊粉层胚乳细胞和淀粉层胚乳细胞两部分组成。糊粉层包围在胚乳外周，紧贴种皮，其内含大量的糊粉粒；其余是含淀粉的胚乳细胞。胚由胚芽、胚轴、胚根和子叶四部分组成，仅占小部分位置，处于籽粒基部的一侧。极短的胚轴连接胚芽和胚根，胚芽位于胚轴上方，由生长点和幼叶组成，幼叶外被胚芽鞘（coleoptile）包围。胚根位于胚轴下方，由生长点、根冠和包在外面的胚根鞘（coleorhiza）组成。胚轴的一侧与子叶相连，子叶仅一片，呈盾状，故称为盾片（scutellum），盾片的另一侧紧靠胚乳，所以盾片夹在胚轴与胚乳之间。盾片在与胚乳相接近的一面可见一层排列整齐的细胞，称为上皮细胞或柱状细胞。当种子萌发时，上皮细胞分泌酶到胚乳中，将胚乳中的营养物质分解，而后由上皮细胞吸收并转运至胚的生长部位供胚利用。胚轴在与盾片相对的一侧，有一片薄膜状突起，称为外胚叶（epiblast），一些学者认为，外胚叶是未发育的第二片子叶；也有一些学者认为，外胚叶是胚器官一部分的裂片，是胚根鞘的突起。

### （二）无胚乳种子

无胚乳种子由胚和种皮两部分组成，由于缺乏胚乳，子叶代替了胚乳的功能，子叶肥厚，贮藏有大量营养物质。许多双子叶植物如花生、棉花、蚕豆、油菜、瓜类和柑橘类等以及单子叶植物慈姑、泽泻等的种子均属于这种类型。

#### 1. 双子叶植物无胚乳种子

以蚕豆为例说明这类种子的结构（图8-1）。蚕豆种子呈肾形，略扁平，一端较宽，另一端较窄。蚕豆种子在发育时因胚乳用尽，所以没有胚乳，种子仅由种皮和胚两部分组成。种皮绿色或黄褐色，干燥时坚硬，浸水后变柔软革质。在种子较宽的一端，有一条黑色眉状条纹称为种脐。在种脐的一端有一个小孔称为种孔，浸水后种孔极易察见。剥去种皮可见两片肥厚、扁平、相对叠合的白色子叶，子叶约占种子的全部体积。在种子较宽的一端，两片子叶之间为一锥形胚根。分开叠合的子叶，可见与胚根相连的夹在子叶之间的小结构，形如几片幼叶，此为胚芽。胚根与胚芽间由粗短的胚轴相连，两片子叶直接连在胚轴上。

#### 2. 单子叶植物无胚乳种子

以慈姑为例说明这类种子的结构（图8-4）。慈姑种子很小，包于侧扁的三角形瘦果肉内，每一个果实仅含一粒种子。种子由种皮和胚两部分组成。种皮薄，仅一层细胞。胚弯曲，胚根顶端与子叶端紧密靠拢，子叶一片，长柱形，着生于胚轴上，其基部包被着胚芽。胚芽有一个生长点和已形成的初生叶。胚根和下胚轴连在一起合成胚的一段短轴。

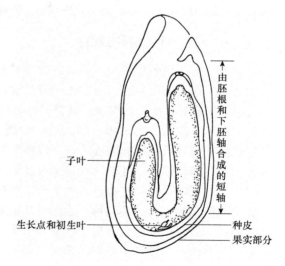

图 8-4　慈姑属胚的结构
（高彩虹仿绘）

# 知识点二　种子的发育

被子植物的花经传粉、受精后，胚珠逐渐发育成种子，包括胚、胚乳和种皮三部分，它们分别由合子（受精卵）、初生胚乳核（受精极核）和珠被发育而来。大多数植物的胚乳最先发育，胚的发育较迟，种皮要等到胚珠的体积停止增大后才发育。在种子形成过程中，多数植物的珠心、助细胞和反足细胞被吸收而消失，也有少数种类植物的珠心继续发育直到种子成熟，成为种子的外胚乳。各种植物的种子虽然在形状、大小、颜色和结构上存在差异，但它们的发育过程却是大同小异的。

## 一、胚的发育

胚由合子（受精卵）发育而来，合子是胚发育中的第一个细胞。卵细胞受精后便产生一层纤维素的细胞壁，进入休眠状态，休眠期的长短因植物种类的不同而不同，有的仅需数小时，如水稻的卵细胞在受精后 4～6h 便进入合子的第一次分裂；有的植物需要几天，如棉花、苹果等；也有的植物会延续休眠几个月，如秋水仙、茶树等。休眠期的合子是一个代谢活跃、高度极性化的细胞，在此期间合子的细胞器增加并重新分布，为合子的第一次分裂奠定基础。休眠阶段过后，合子经历多次分裂逐步发育为种子的胚。

大多数合子的第一次分裂为不均等的横向分裂，其结果是在近珠孔端形成一个较大的基细胞（basal cell），在远珠孔端形成一个较小的顶细胞（apical cell）。基细胞将来发育为胚柄，但胚柄会随着胚体的发育逐渐消失，顶细胞是胚的前身。从合子第一次分裂形成 2-细胞原胚开始，至器官分化之前的胚胎发育阶段，称为原胚（proembryo）时期。

原胚时期，双子叶和单子叶植物有相似的发育形态，但在其后的胚分化过程及成熟胚的结构上会出现较大差异，以下分别对双子叶植物和单子叶植物胚的发育进行举例说明。

### （一）双子叶植物胚的发育

以荠菜为例说明双子叶植物胚的发育过程（图 8-5）。荠菜合子经历休眠期后进入第一次分裂，合子的第一次分裂为不均等的横向分裂，导致形成两个大小不等的细胞。近珠孔端细胞较长、高度液泡化、具营养性，称为基细胞；远珠孔端细胞较小、细胞质浓，称为顶细胞。随后，基细胞经多次横向分裂，形成 6～10 细胞组成的胚柄（suspensor）。通过胚柄的延伸将胚推向胚囊内部，以便于原胚在发育过程中吸收周围的营养物质。同时，由于胚柄位于近珠孔端，对将来由胚体分化出的胚根从珠孔处伸出具引导作用。在胚柄生长的同时，顶细胞也进行着分裂，首先发生一次纵向分裂，接着再发生第二次纵向分裂，第二次纵向分裂与第一次的分裂面垂直，两次纵向分裂形成 4 个细胞，即四分体时期；然后每个细胞各进行一次横向分裂，成为 8 个细胞的球状体，即八分体时期；此后，八分体再经过各个方向的连续分裂，形成多细胞的球形原胚。由于球形原胚顶端两侧的细胞分裂较快，形成两个突起，即子叶原基，此时胚体形如心形，也称为心形胚。子叶原基经延伸形成两片大小和形状相似的子叶，子叶基部的胚轴相应伸长，使整个胚似鱼雷形，也称为鱼雷形胚。此后，在两片子叶相连的凹陷处分化出胚芽。与此同时，在胚芽对侧，胚体基部细胞和与之相连的胚柄顶部细胞不断分裂生长，共同分化为

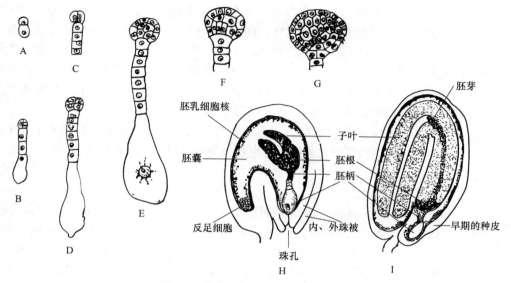

图 8-5　荠菜胚的发育（高彩虹仿绘）

A. 合子第一次分裂形成两个细胞，上面一个为顶细胞，将来发育为胚，下面一个为基细胞，将来发育为胚柄；
B～E. 基细胞发育为胚柄的过程，顶细胞经多次分裂形成球状体；F，G. 胚继续发育；
H. 胚在胚珠中初步发育完成，胚的各部分结构出现；I. 胚和种子初步形成

胚根；胚根与子叶间的部分即为胚轴，至此，幼胚分化完成。随着幼胚不断发育，胚轴伸长，子叶沿胚囊弯曲，最后形成马蹄形的成熟胚，胚柄则逐渐退化消失。

## （二）单子叶植物胚的发育

　　单子叶植物和双子叶植物胚的发育在原胚时期以前基本相似，但在器官分化后，由于单子叶植物只有一个子叶发育，因此在后期发育过程中与双子叶植物存在显著差别。在单子叶植物中，禾本科植物的胚比较特殊，以下以小麦为例，说明其胚发育的过程（图 8-6）。

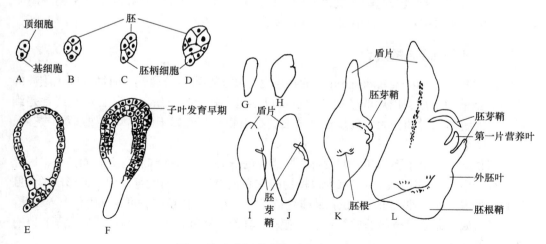

图 8-6　小麦胚的发育（高彩虹仿绘）

A～F. 小麦胚初期发育的纵切面模式图；G～L. 小麦胚发育过程图解

　　小麦合子经第一次倾斜的横向分裂产生一个顶细胞和一个基细胞。基细胞和顶细胞再经一次倾斜的横向分裂形成四细胞原胚，四细胞原胚继续经各个方向的分裂形成基部稍长的梨形胚。此后，原胚开始分化，梨形胚上部一侧出现一个凹沟，器官分化从此开始。凹沟以上部分将形成盾片（子叶）的主要部分和胚芽鞘的大部分；凹沟以下部分将形成胚芽鞘的其余部分和胚芽、胚轴、胚根、胚根鞘及外胚叶，至此，小麦胚体基本发育完成。有的禾本科植物如玉米的胚，则不存在外胚叶。

　　无论单子叶植物还是双子叶植物，成熟的胚都分化出胚芽、胚轴、胚根和子叶4个部分。禾本科植物在胚芽和胚根之外还分化出胚芽鞘和胚根鞘的特殊结构。

## 二、胚乳的发育

胚乳的发育

　　胚乳是为胚提供养料的特化组织。裸子植物的胚乳由雌配子体发育而来，故为单倍体，仅具母本的特性。被子植物的胚乳由初生胚乳核（受精极核）发育而来，因初生胚乳核经两个极核的融合，双受精时又有精子核融入，所以一般具有三倍染色体。初生胚乳核通常不经休眠（如水稻）或经短暂的休眠（如小麦为0.5～1h）即开始第一次分裂，因而胚乳的发育往往早于胚的发育，以便为幼胚的发育提供必需的营养物质。胚乳的发育一般有核型、细胞型和沼生目型三种方式。其中以核型方式较为普遍，沼生目型方式较为少见。

### （一）核型胚乳的发育

　　核型胚乳（nuclear endosperm）主要特征表现为在初生胚乳核的第一次分裂及其后一段时间的核分裂中，均不伴随细胞壁的形成，各个细胞核以游离状态分散在胞质中，这一时期称为游离核时期。随着游离核的增多和胚囊内液泡的形成与扩大，游离核及细胞质被挤向胚囊的周缘，待胚乳发育到一定阶段，在胚囊周围的胚乳核之间先出现细胞壁，然后由外向内逐渐形成胚乳细胞。在游离核时期，游离核的数目因植物种类而异，多的可达数百至数千个，如胡桃、苹果等；少的仅8或16个核，甚至只有4个核，如咖啡。核型胚乳是被子植物最普遍的胚乳发育形式，多存在于单子叶植物和双子叶植物的离瓣花类植物中，如水稻、玉米、小麦、油菜、苹果等（图8-7）。

### （二）细胞型胚乳的发育

　　细胞型胚乳（cellular endosperm）的特点是在初生胚乳核分裂开始时即伴随细胞质的分裂和细胞壁的形成，以后的各次分裂也都以细胞形式出现，所以胚乳自始至终都是细胞形式，无游离核时期。大多数双子叶合瓣花类植物的胚乳属于此类型，如烟草、芝麻、番茄等（图8-8）。

　　一般情况下，由于胚和胚乳的发育，胚囊外的珠心组织被胚和胚乳吸收而消失，因此在成熟种子中无珠心组织。但也有少数植物的珠心组织随种子的发育而增大，形成类似胚乳的贮藏组织，称为外胚乳，外胚乳是非受精产物，为二倍体组织，可为胚提供营养物质。例如，石竹属、甜菜等植物的成熟种子，有外胚乳而无胚乳；姜和胡椒的成熟种子，既有胚乳又有外胚乳。

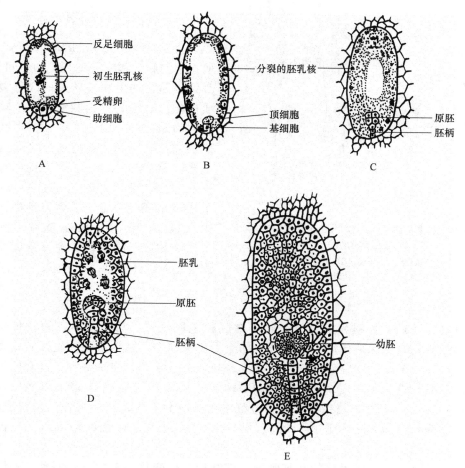

图 8-7　双子叶植物核型胚乳发育过程模式图（高彩虹仿绘）

A. 初生胚乳核开始分裂；B. 胚乳核继续分裂，胚囊周边产生许多游离核，同时受精卵开始发育；C. 游离核更多，由边缘逐渐向中间分布；D. 由边缘向中部逐渐产生胚乳细胞；E. 胚乳发育完成，胚仍在继续发育中

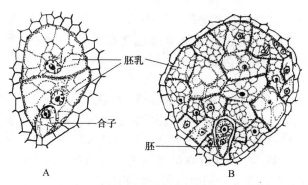

图 8-8　矮茄细胞型胚乳的初期发育模式图（高彩虹仿绘）

A. 2-细胞发育阶段的胚乳；B. 多细胞发育阶段的胚乳

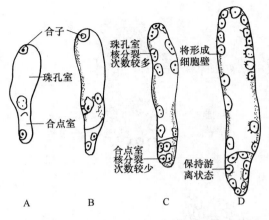

图 8-9　独尾草属沼生目型胚乳的发育模式图
（高彩虹仿绘）

A. 受精极核第一次分裂；B. 游离核分裂；

C. 游离核继续分裂；D. 接近发育成熟的胚乳

## （三）沼生目型胚乳的发育

沼生目型胚乳（helobial endosperm）属于核型胚乳和细胞型胚乳的中间类型。其特点是，初生胚乳核第一次分裂时形成横隔，将胚囊分为两室，一个较大的室称为珠孔室，珠孔室中，核多次分裂成游离状态，到后期游离核之间产生细胞壁，形成细胞；另一个室称为合点室，核的分裂较少，并一直保持游离状态。沼生目型胚乳多见于沼生目种类，如泽泻、慈姑、紫萼、独尾草属（图 8-9）等，少数双子叶植物如虎耳草属、檀香属等也属于此类型。

## 三、种皮的发育

种皮由胚珠的珠被发育而来，包围在胚和胚乳之外，与胚和胚乳的发育同时进行，对胚和胚乳具保护作用，使种子内部免受机械损伤、避免水分丢失并防止微生物侵染。具有一层珠被的胚珠形成一层种皮，如胡桃、番茄、向日葵等。具有两层珠被的胚珠形成内外两层种皮，即内种皮和外种皮，如棉花、蓖麻、苹果、油菜等。但有些植物的内珠被或外珠被在种子发育过程中被吸收而消失，仅一层珠被发育成种皮，如大豆、南瓜、蚕豆的种皮由外珠被发育而来，而小麦、水稻的种皮由内珠被发育而来。

种皮成熟时，组成种皮的各细胞层内部结构发生变化，多数植物的种皮外层分化为厚壁组织，内层为薄壁组织，中间层常分化为纤维、石细胞或薄壁组织。被子植物种皮大多干燥而坚实，具有色泽和花纹或其他附属物。但也有少数种类种皮为肉质，如石榴的坚硬外种皮表层细胞向外扩伸形成多汁肉质的可食部分。肉质种皮在裸子植物中较常见，银杏的外种皮就是肥厚肉质的。此外，少数植物的种子具假种皮（aril），即从胚珠基部向外突起，发育形成包裹在种子外面，色泽鲜艳的一种结构。假种皮包于种皮之外，常含有大量油脂、蛋白质、糖等贮藏物质，如龙眼、荔枝肉质多汁的可食部分。

成熟种子的种皮外表一般具种脐（hilum）、种孔（micropyle）、种脊（raphe）等结构。种脐为种子成熟时，种子与种柄脱离而在种皮上留下的痕迹，其形状、颜色、大小因植物种类而不同，种子萌发时，水分可通过种脐进入种子。种孔为原来胚珠时期的珠孔。种脊位于种脐的一侧，由倒生胚珠的外珠被与珠柄愈合而形成，内有维管束，种子萌发时胚根由此穿出，但不是每种植物的种子都具有种脊。

### 四、无融合生殖和多胚现象

被子植物的胚一般由合子（受精卵）发育而来，但有些植物可不经过雌雄配子的结合而产生胚和种子，这种现象称为无融合生殖（apomixis）。无融合生殖是介于有性生殖和无性生殖之间的一种特殊的生殖方式，虽发生于性器官中，却无两性细胞的融合，能形成胚，通过种子的形式进行繁殖，而非通过营养器官进行繁殖。无融合生殖有以下几种方式。

#### （一）单倍体无融合生殖

单倍体无融合生殖有以下两种类型。

**1. 单倍体孤雌生殖**

单倍体孤雌生殖（haploid parthenogenesis）是指胚囊母细胞经正常减数分裂后形成一个单倍体胚囊，胚囊中的卵细胞不经过受精而直接发育成一个单倍体的胚，如小麦、玉米、烟草等都有此种生殖现象。

**2. 单倍体无配子生殖**

单倍体无配子生殖（haploid apogamy）是指在正常单倍体胚囊中，由助细胞或反足细胞直接发育成单倍体胚，如辣椒、水稻、玉米、烟草等作物中有此种生殖现象。

因通过以上两种方式所产生的胚，以及由胚进一步发育形成的植株均为单倍体，所以通常不能正常开花结实。但采用各种手段将其染色体进行加倍，则可得到纯合的二倍体，在育种上具有一定的实际意义。

#### （二）二倍体无融合生殖

一些植物的胚囊由未经减数分裂的孢原细胞、胚囊母细胞或珠心细胞直接发育而成，因此，胚囊中的卵细胞、助细胞、反足细胞均为二倍体。由胚囊中未受精的卵细胞发育形成胚的方式称为二倍体孤雌生殖（diploid parthenogenesis），如蒲公英；由胚囊中的助细胞或反足细胞形成胚的方式称为二倍体无配子生殖（diploid apogamy），如含羞草、葱。这两种方式所形成的胚均为二倍体，故其发育形成的植株都是可育的。

#### （三）不定胚和多胚现象

由胚囊外面的珠心细胞或珠被细胞形成的胚，称为不定胚（adventitious embryo）。产生不定胚的胚珠中，胚囊的发育是正常的，仅有些珠心或珠被细胞具有浓厚的细胞质，并且很快分裂为数群细胞，这些细胞侵入胚囊与正常的受精卵同时发育，形成一个或几个胚，这种胚即为不定胚。

一粒种子中具有两个或两个以上胚的现象称为多胚现象（polyembryony），芒果、柑橘、仙人掌属和百合属植物中多胚现象普遍存在。多胚形成的原因极为复杂，由不定胚可能产生多受精卵分裂形成两至多个胚；在一个胚珠中形成两个胚囊也可出现多胚，如梅、桃；更多的是助细胞、反足细胞也发育成胚，但以上来源的多胚常难以最终成熟。

📖 花各部至
果实和种子的
发育过程

# 知识点三　种子的萌发及幼苗的类型

种子是种子植物的繁殖体，从种子到形成幼苗的过程即为种子的萌发。种子是有生命的，在胚已充分成熟的情况下，将其播种于适宜的条件，种子内部会发生一系列生理生化过程，胚开始生长发育并形成幼苗。

## 一、种子的寿命和休眠

### （一）种子的寿命

种子的寿命是指种子在一定条件下保持生活力的最长期限，超过这个期限，种子的生活力丧失，不能萌发。不同植物种子寿命长短差异很大，根据种子寿命长短可分为短寿命种子、中寿命种子和长寿命种子3类。短寿命种子的寿命只有几小时至几周，如杨树、柳树、榆树、橡胶树等的种子。中寿命种子的寿命为几年到十几年，大多数栽培植物如水稻、小麦、大豆等的种子寿命一般为2年；玉米为2~3年；绿豆、蚕豆、豇豆为5~11年。长寿命种子的寿命则可达几十年以上，野生植物中，不少种子可以活几十年，莲的种子可以活150年以上。种子寿命的长短，一方面取决于植物的遗传性，另一方面也与种子的成熟度和贮藏条件有关。未完全成熟的种子容易丧失生活力，不恰当的贮藏也对种子的寿命有所影响。

一般在干燥、低温条件下，种子的细胞呼吸减弱、代谢降低、消耗少，可以延长种子寿命；反之，高温度、高湿度，使细胞呼吸作用增强，消耗大量贮藏物质，种子寿命自然缩短。但是，过于干燥的条件也不利于种子保持活力，过于干燥会导致种子的生命活动完全停止，实际上，种子在贮藏期间，只是新陈代谢速度减缓，生命活动仍然在进行。

此外，种子寿命的长短也与母体植株的健康状况、种皮保护状况以及病虫害对种子产生的影响等因素有关，因此，种子生活力的强弱、寿命的长短是多因素综合作用的结果。

### （二）种子的休眠

大多数植物的种子成熟后，即使给予适宜的萌发条件，种子也不立即萌发，而是需要经过一段时间后才萌发，这种现象称为种子的休眠（dormancy）。休眠期的种子，体内一切代谢活动都很缓慢且微弱，但在这一缓慢的代谢过程中种子会逐渐转化，解除休眠，从而具有萌发的能力，这种转化过程称为后熟作用。引起休眠的原因不同，种子的后熟情况也不同。种子休眠的原因有多种，有的植物种子在脱离母体时，胚尚未完全分化成熟，这类种子需经过一段时间使胚继续发育完全才能萌发；有的种子由于种皮阻碍了对水分和氧气的吸收，或种皮过于坚硬使胚不能突破种皮而向外伸展；有的种子由于内含抑制萌发的物质，如植物碱、有机酸、某些植物激素等，抑制了种子的萌发。这些种子均需通过各种代谢活动，改善种皮通透性，分解转化萌发抑制物，解除种子休眠，使其在适宜条件下萌发。

不同植物种子休眠期的长短是不一样的。有的植物休眠期很长，需要数周乃至数月或数年，如银杏、毛茛、松等；也有些植物种子，成熟后在适宜条件下可以很快萌发，不需要经过休眠期，只有当环境条件不利时才处于休眠状态，如芝麻、豌豆、小麦、水稻及多种高原植物的种子等。

种子的休眠在生物学上是一个有利的特性，休眠可以避免种子在不适宜的季节或环境下萌发，免于幼苗受伤害或死亡。大多数栽培植物的种子在长期人工选择的情况下不再出现休眠的现象。

## 二、种子萌发的条件及过程

### （一）种子萌发的条件

具有萌发能力的种子，在没有获得适宜的外界条件时处于休眠状态，一旦获得适宜条件，胚由休眠状态转入活动状态，开始生长，这一过程称为种子萌发（seed germination）。种子萌发的主要外界条件有三个：充足的水分、适宜的温度和足够的氧气。

**1. 充足的水分**

种子萌发的首要条件是吸收充足的水分。水在种子萌发过程中发挥的作用是多方面的：首先，种子通过吸水可以使种皮软化，从而增加透水性和透气性，加强细胞呼吸和新陈代谢作用；其次，种子内贮藏的有机养料需分解为溶解状态才可供胚利用，而有机养料的分解需要细胞里的酶物质，酶物质只有在细胞吸水后才可发挥作用；再次，种子吸水后，胚和胚乳体积增大，增大的胚和胚乳压迫柔软的种皮促使胚根、胚芽突破种皮向外伸展。

不同植物的种子，萌发时对水分的需求量不同，这取决于种子内贮藏的营养物质的性质。一般种子萌发需要的吸水量超过种子干重的30%左右。蛋白质含量较多的种子，萌发时吸水量较大，如大豆种子萌发需吸收大豆本身干重120%的水分；含淀粉和脂肪为主的种子，吸水量较少，如水稻为40%，花生为50%，小麦为60%。

**2. 适宜的温度**

适宜的温度是种子萌发的主要因素，也是决定种子萌发速度的首要条件。种子在吸水后，生命活动进入新的阶段，种子内部将发生一系列生理生化反应，如呼吸作用增强、酶活性加强、物质和能量转化加快等，这些生理生化反应都需要在酶的催化作用下进行，而酶催化作用的发挥又需要一定的温度，即最适温度。超过或低于最适温度一定限度时，种子萌发缓慢，仅有一小部分种子能勉强萌发，这时的温度称为最高温度或最低温度。可见，种子萌发对温度的要求表现出三个基点，常称为温度三基点（cardinal point of temperature）。不同植物种子的萌发对温度的要求不同，这由植物的遗传性所决定，是植物生长在某一地区长期适应的结果。表8-1中列出了几种常见作物种子萌发的温度范围，掌握种子萌发的最适温度，以便于在适当的季节进行播种。

**表 8-1 常见作物种子萌发时所需温度范围**

| 作物名称 | 最低温度 /℃ | 最适温度 /℃ | 最高温度 /℃ |
| --- | --- | --- | --- |
| 小麦、大麦 | 0～4 | 20～28 | 30～38 |
| 油菜 | 0～3 | 15～20 | 40～45 |
| 高粱 | 6～7 | 30～33 | 40～45 |
| 大豆 | 6～8 | 25～30 | 39～40 |

续表

| 作物名称 | 最低温度 /℃ | 最适温度 /℃ | 最高温度 /℃ |
|---|---|---|---|
| 玉米 | 5～10 | 32～35 | 40～45 |
| 水稻 | 8～12 | 30～35 | 38～42 |
| 烟草 | 10～12 | 25～28 | 35～40 |
| 棉花 | 10～12 | 25～32 | 40～45 |
| 花生 | 12～15 | 25～37 | 41～46 |
| 黄瓜 | 15～18 | 31～37 | 38～40 |
| 番茄 | 15 | 25～30 | 35 |
| 甘蓝 | 0～3 | 15～20 | 40～44 |

### 3. 足够的氧气

充足的氧气是细胞进行呼吸作用的保障，氧气对于种子萌发非常重要。在有氧条件下，胚的细胞呼吸作用增强、酶活动加快、细胞代谢旺盛。种子中贮藏的营养物质通过呼吸作用，为胚的生长提供中间产物和能量，使种子正常萌发。一般种子需要空气含氧量在 10% 以上才能正常萌发，含脂肪较多的种子比含淀粉的种子需要更多的氧气。当含氧量下降到 5% 以下时，多数种子不能萌发。作物播种前的松土，就是为种子萌发提供呼吸作用所需的氧气。当种子完全浸没在水中或藏于土壤深处时往往不能萌发，主要原因就是得不到氧气，因此，在播种和浸种过程中要加强人工管理，以控制和调节氧的供应。

有些种子萌发时，光照也是一个必要因素，如莴苣、烟草、杜鹃等植物的种子萌发需要光照，而洋葱、番茄、苋菜、菟丝子、瓜类等的种子只有在黑暗条件下才能顺利萌发。光照对种子萌发的促进或抑制作用主要通过植物中的光敏色素（phytochrome）来调节。土壤的酸碱性对种子萌发也有一定影响，一般种子在中性、微酸性或微碱性条件下萌发良好，酸碱度过高对种子萌发都不利。

## （二）种子萌发的过程

发育正常的种子，在适宜的条件下就开始萌发。种子萌发的过程是十分复杂的。首先，干燥的种子需要吸收充足的水分发生吸胀，吸胀后坚硬的种皮软化、酶活性增强、呼吸作用加速，子叶或胚乳中贮藏的营养物质分解为简单物质供胚吸收利用，胚细胞开始分裂并生长。通常种子萌发时胚根首先突破种皮，向下生长，发育形成主根（main root），继而形成根系，而胚芽向上生长，伸出土面，发育形成茎（stem）和叶（leaf）。种子萌发过程中，由胚长成的幼小植物体称为幼苗（seedling）。禾本科植物种子萌发时，胚芽鞘和胚根鞘首先突破种皮，以保护其内部的胚芽和胚根，而后胚芽和胚根再突破胚芽鞘和胚根鞘继续生长。种子在萌发过程中首先形成根具有重要的生物学意义，因为根可使幼苗固定于土壤中，同时可以从土壤中吸收水分和养料，利于幼小植物体的独立生长。

不同种类植物，种子萌发的形式也不完全一样。例如，小如尘埃的兰科植物的种子，其内几乎无贮藏的养分，胚的发育也不完全，萌发不能靠自己独立进行，需要有菌类与之共生才能发育成活；但对于椰子而言，因种子体积很大，内贮藏有大量养分，但胚却没有长足，十分微小，种子萌发后种子内的养分可继续供应一个很长的时期。

## 三、幼苗的类型

不同植物的种子在萌发时，因胚轴部分的生长速度不同，长成的幼苗在形态上各有差异。在前面胚的结构的内容中已经指出，胚轴是胚芽和胚根之间的连接部分，同时也与子叶相连。胚轴分为上胚轴和下胚轴，根据这两部分胚轴在种子萌发时的生长速度不同，常将植物幼苗分为两种类型，一种为子叶出土型幼苗（epigaeous seedling），一种为子叶留土型幼苗（hypogaeous seedling）。

### （一）子叶出土型幼苗

双子叶植物无胚乳种子中的大豆、油菜、棉花、向日葵与各种瓜类以及双子叶植物有胚乳种子中的蓖麻，均属于此类型。这类植物种子萌发时，胚根首先突破种皮向下生长伸入土中，形成主根。之后，下胚轴加速伸长，将子叶和胚芽一起推出土面，因此，幼苗的子叶是出土的（图8-10）。出土后的子叶通常变为绿色，暂可进行光合作用，待子叶营养耗尽、真叶展开后，子叶枯萎脱落。蓖麻子叶出土时，伸出土面的子叶上附着有残留的胚乳，不久也脱落消失。

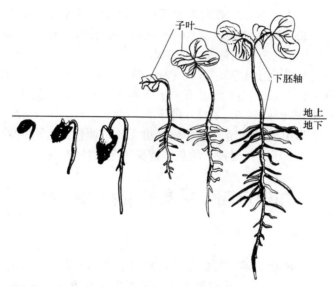

图 8-10　棉花种子的萌发（子叶出土型幼苗）（高彩虹仿绘）

单子叶植物洋葱种子的萌发和幼苗形态与大豆、蓖麻等不同，当种子开始萌发时，子叶下部和中部伸长，把胚根和胚轴推出种皮外，以后子叶很快伸长，露出种皮外，呈弯曲的弓形。土壤不够坚实的情况下，当子叶生长伸直时，种皮被子叶先端带出土面。此类也属于子叶出土型幼苗。

### （二）子叶留土型幼苗

双子叶植物无胚乳种子中的蚕豆、豌豆、荔枝、柑橘、胡桃和双子叶植物有胚乳种子中的橡胶树，以及单子叶植物中的小麦、水稻、玉米、毛竹、棕榈等的幼苗，均属于此类型。这类植物种子萌发时，胚根先穿出种皮向下生长，成为根系的主轴。胚芽随上胚轴的伸长被推出土面，由于下胚轴几乎不伸长，子叶或胚乳并不随胚芽伸出土面，而是留在土中直到养料耗尽后腐烂（图 8-11）。

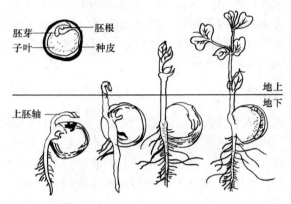

图 8-11　豌豆种子的萌发（子叶留土型幼苗）（高彩虹仿绘）

禾谷类植物，如小麦、玉米，在籽粒萌发时子叶留在土壤中，但胚芽的出土方式不同，有的是上胚轴伸长，即胚芽鞘节与真叶节之间伸长使胚芽出土，如小麦；有的是中胚轴伸长，即盾片节与芽鞘节之间伸长，如玉米。

了解种子萌发与幼苗出土类型，对农、林、园艺工作具有重要指导意义。种子萌发类型与播种深度有密切关系，一般情况下，子叶出土型幼苗宜浅播种，子叶留土型幼苗播种可稍深。但有些作物种子在萌发时，由于种子大小不同，顶土的力量就不一样。顶土力强的种子，即使为出土型幼苗，播种稍深也无妨，而顶土力弱的种子，就需考虑浅播种。因此，实际生产中还需依据种子的具体情况决定播种深度。

# 知识点四　果实的发育和结构

## 一、果实的发育

受精作用完成后，植物花器官各部分开始发生显著性变化。一般情况下，花冠凋谢，花萼脱落或伴随着果实的增大而宿存。雄蕊、柱头、花柱枯萎，子房逐渐膨大，发育成果实（fruit）。

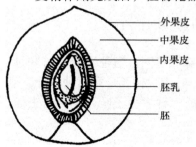

图 8-12　真果（桃果实）纵切图（引自李扬汉，1991）

根据果实的发育来源和组成部分，将果实分为真果（true fruit）和假果（false fruit 或 spurious fruit）两大类。真果是单纯由子房发育而来的，如桃、番茄、杏、柑橘、玉米、小麦等（图 8-12）。除子房外，花的其他结构参与形成的果实，称为假果。假果在自然界普遍存在，如由花序发育而来的桑葚，由托杯（hypanthium）发育而来的苹果（图 8-13）。

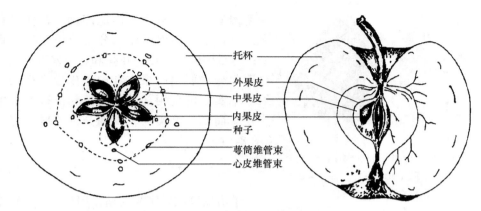

托杯
外果皮
中果皮
内果皮
种子
萼筒维管束
心皮维管束

图 8-13　苹果果实的纵切面和横切面（引自李扬汉，1991）

## 二、果实的结构

### （一）真果

真果的结构较为简单，包括子房壁发育而来的果皮（pericarp）和胚珠发育而来的种子两部分。果皮又可分为外果皮（exocarp）、中果皮（mesocarp）和内果皮（endocarp）三部分。果皮的厚度和层次性，因果实的种类而异。有的较易区分，如桃、李子等；有的难以区分，如番茄、葡萄的中果皮和内果皮；还有的较难分离，如玉米、小麦的果皮和种皮结合程度较为紧密，难以分离。

外果皮由子房壁的外表皮发育而来，由一层或多层细胞构成。一般外果皮角质化，分布有气孔，有的还着生附属物，如翅、钩、毛等，保护果实，参与果实的传播，同时也是植物分类的依据之一。幼果果皮细胞中因含有叶绿素而呈现绿色，果实成熟时，细胞中产生花青素或有色体而呈现出红色、绿色或黄色等多种颜色。

中果皮由子房壁的中层发育而来，由多层细胞构成。中果皮的形态结构，不同的果实差异较大：如杏、李子等中果皮富含丰富的薄壁细胞，成为美味的可食用部分；而有的中果皮如"橘络""丝瓜络"在果实成熟时，中果皮脱水变干成革质或成为疏松的网状维管组织结构。

内果皮由子房壁的内表皮发育而来，大多数为一层细胞构成，少数由多层细胞构成。桃、李、油橄榄等核果，内果皮为坚硬的核，为多层厚壁化的石细胞组成；葡萄、蓝莓等浆果，内果皮细胞分离成可被食用的浆状；橙、橘、柚等柑果，内果皮生物腺毛形成可食用的汁囊结构；而小麦、水稻、玉米等禾本科植物，内果皮常常与种皮愈合，难以分离，形成颖果类型。

心皮边缘结构愈合形成胎座，孕育胚珠，为种子发育提供营养物质。随着果实的不断成熟，大多数植物果实中的胎座逐渐萎缩，但也有少数果实如西瓜、番茄的胎座，作为果实的一部分，参与形成果肉结构。也有植物的果实，如桂圆、荔枝，其胎座形成肉质化的假种皮。

### （二）假果

假果是由子房壁和花器官的其他结构发育而来的。菠萝、无花果等植物果实中可

图 8-14　假果（曲波摄）
A. 苹果；B. 草莓

食用肉质化的部分主要由花序轴、花托发育而来；草莓果实中肉质化部分主要由花托发育而来；冬瓜中较硬的皮由花托和花萼发育而来，可食用部分主要由中果皮和内果皮发育而来；苹果的果实中可食用部分由花托和花被筒合生部分发育而来，果实的极少部分由子房发育而来（图 8-14）。

### 三、单性结实

子房发育成果实与受精作用相关，一般未经受精作用，子房不发育。但有些植物，不经受精作用，其子房也可以发育膨大形成果实，这种现象称为单性结实（parthenocarpy）。单性结实因为胚珠未经受精作用而不能发育成种子，因此形成无籽果实，如香蕉、柑橘、葡萄等。单性结实必然形成无籽果实，但无籽果实的产生不一定全部是由单性结实造成的。因为某些因素导致植物受精后，其胚珠发育受阻，也可以产出无籽果实。

单性结实分为自发单性结实（autonomous parthenocarpy）和诱导单性结实（induced parthenocarpy）两大类。花不经过传粉、受精或其他刺激所形成的果实称为自发单性结实，如香蕉、柿子、葡萄、柑橘、瓜类等；子房需要通过一定的刺激才能发育成果实称为诱导单性结实。例如，用马铃薯的花粉刺激番茄柱头，可得到无籽果实；用某些品种的苹果花粉刺激梨花柱头，也可得到无籽果实；用某些植物生长调节剂刺激花蕾，如低浓度的 IAA（吲哚乙酸）处理番茄和茄的花蕾，GA（赤霉素）浸葡萄花序，均可诱导单性结实；一些异常的气候环境也可以引发单性结实。

# 知识点五　果实的类型

果实类型根据发育过程中花的参与部分不同可分为真果和假果，也可依果实是单花或花序形成、雌蕊的类型及花的非心皮组织是否参与等，将其分为单果、聚合果和聚花果。

## 一、单果

大多数被子植物的果实为单果（simple fruit），由一朵花的一个单雌蕊或合生心皮复雌蕊的子房发育形成。根据果皮及附属物成熟时的质地、结构和开裂方式分为肉质果和干果两大类。

### （一）肉质果

果实成熟时肉质多汁，可食用的大部分结构是果肉的果实称为肉质果（fleshy fruit）。肉质果可分为以下几种（图 8-15）。

**1. 浆果**

浆果（berry）由一个或多个心皮组成，内含一粒或多粒种子，外果皮较薄，中果皮和内果皮肉质多汁，如番茄、葡萄等。

图 8-15 肉质果（刘晓柱摄）
A. 浆果（番茄）；B. 核果（桃）；C. 梨果（梨）

**2. 柑果**

柑橘类植物特有的一类肉质果称为柑果（hesperidium），由复雌蕊发育而成。外果皮革质，分布许多分泌腔；中果皮疏松，具多分枝的维管束；内果皮膜质，分为若干室，向内产生许多多汁的毛囊，是食用的主要部分，每室内有多个种子。

**3. 瓠果**

瓜类特有的果实称为瓠果（pepo），由 3 个心皮组成，是具侧膜胎座的下位子房发育而成的假果。花托与外果皮常愈合成坚硬的果壁，中果皮和内果皮肉质，胎座较发达。南瓜、冬瓜和甜瓜的食用部分为肉质的中果皮和内果皮，西瓜的主要食用部分为发达的胎座。

**4. 核果**

核果（drupe）是指具有坚硬内果皮的一类肉质果。通常由单一心皮组成，内含一粒种子，外果皮较薄，由表皮层和厚角组织组成，肉质或革质；中果皮肥厚，为可食用的肉质部分，由薄壁细胞组成；内果皮较为坚硬，由石细胞构成，如桃、梅、李等。椰子也属于核果，其中果皮干燥无汁，呈纤维状，俗称椰棕；内果皮即椰壳。枣花内有柱基分生组织和花盘分生组织两种居间分生组织。杯状萼筒经过以上两种分生组织活动，被推到果实基部，退化的花盘及花部残基，形成褐色残余结构。枣果有花盘参加发育，因此不是真正的核果，属于"拟核果"。

**5. 梨果**

由多心皮的下位子房和花托愈合而成的果实称为梨果（pome）。外面较厚的果肉部分由花托发育而来，里面较少的肉质部分为果皮。外果皮与花托、外果皮和中果皮之间无明显界限；内果皮木质化，容易分辨；内果皮将果实的核心分成 5 个小室，每个小室含 2 粒种子，如苹果、梨、山楂等。

## （二）干果

成熟时，果皮失水干燥，含水量较少的果实称为干果（dry fruit）。果皮会发生木质化、膜质化或革质化。根据果实成熟时是否开裂，可分为裂果（dehiscent fruit）和闭果（achenocarp）两大类。

**1. 裂果**

果实成熟后，果皮开裂，根据心皮数目与开裂方式的差异，分成下列几类（图 8-16）。

图 8-16　裂果（刘晓柱摄）

A. 荚果（大豆）；B. 蓇葖果（八角）；C. 蒴果（棉花）；D. 角果（荠菜）

（1）荚果（legume）　由单雌蕊的上位子房发育而成。果实的腹缝为心皮的结合部位，其上着生有种子，背缝相当于心皮的中肋，果实成熟时果皮沿背缝线和腹缝线两侧裂开，如大豆、蚕豆、豌豆等豆科植物的果实。但有些豆科植物的荚果较为特殊，如合欢的荚果在自然情况下不开裂；含羞草、决明等植物的荚果呈分节状，果实成熟时分节脱落；苜蓿的荚果常卷曲，果皮边缘有刺。

（2）蓇葖果（follicle）　由一个心皮或离生心皮发育而成，上位子房，子房一室，常有多数种子。果实成熟时沿腹缝线（如牡丹、飞燕草、芍药）或背缝线开裂（如辛夷、木兰）。

（3）蒴果（capsule）　由几个心皮连合而成，每室含有多枚种子。因果实开裂方式不同分为：①背裂（loculicidal dehiscence），果瓣（即成熟的心皮）沿背缝开裂，如酢浆草、鸢尾、百合等；②间裂（septididal dehiscence），果瓣沿相接处的隔膜开裂，如杜鹃和牵牛花；③孔裂（porous dehiscence），果瓣作孔裂，如罂粟；④周裂（circumscissile dehiscence），果实中上部环状横裂，呈盖状脱落，如车前、马齿苋。

（4）角果（silique）　由两心皮的子房发育而来，子房一室，心皮边缘合生处向中央生出的假隔膜，将子房分割为两室。果实成熟时，果皮沿背、腹缝线开裂为两片并脱落，只剩假隔膜，种子则附着在假隔膜上。角果是十字花科植物所特有的果实类型。油菜、拟南芥、白菜等的角果较长，称为长角果（silique）；荠菜和遏蓝菜的角果较短，称为短角果（silicle）。

**2. 闭果**

果实成熟时不开裂，常在果柄上产生离层，使果实脱落而得以传播。闭果又可分为下面几种类型。

图 8-17　闭果（曲波摄）

A. 瘦果（向日葵）；B. 颖果（玉米）

（1）瘦果（achene）　由 1～3 个心皮组成，子房一室，只含一粒种子，果皮革质化或木质化，果皮与种皮较易分离，种子的基部与果皮相连。一心皮的有白头翁，两心皮的有向日葵（图 8-17A），三心皮的有荞麦。

（2）颖果（caryopsis）　由一心皮组成，一室一粒种子，果皮与种皮愈合，不易分离。颖果是禾本科植物特有的果实类型，如小麦、水稻、玉米等。颖果与瘦果的区别在于果皮与种皮是否较易分离（图 8-17B）。

（3）胞果（utricle）　由合生心皮形成的一类果实，

含一粒种子，成熟时干燥而不开裂。果皮薄而疏松，呈囊状，又称囊果，如藜、梭梭、地肤等藜科植物的果实。

（4）翅果（samara）　由一心皮或数个心皮的子房组成。果皮一部分延伸成翅状，有助于果实的传播，如榆、枫杨、白蜡树等的果实。翅果与瘦果相似，即有翅的瘦果。

（5）坚果（nut）　果皮坚硬并木质化，含石细胞，内有一粒种子，成熟时不开裂，如榛子的果实。通常一个花序中仅有一个果实成熟，但也有两三个果实成熟的，如板栗。

（6）分果（schizocarp）　一般为两心皮所组成，有2或数个室。果实成熟时，各心皮沿中轴分开但不开裂，各形成含一粒种子的小果，如伞形花科植物，果实成熟后形成双悬果。槭属植物的果实也由两部分组成，成熟时分离，形成具有翅膀状的附属物，叫作双翅果。唇形科的植物，子房由两心皮组成，常裂为4个室，果实成熟时分离为四分果。

## 二、聚合果

聚合果（aggregate fruit）由一朵花中多数分离心皮的雌蕊发育形成，每个雌蕊都形成一个单果，集生在膨大的花托上，花托肉质化。聚合果因小果的不同可分为多种，如覆八角、玉兰的果实形成的聚合蓇葖果，草莓、蔷薇的果实形成的聚合瘦果，悬钩子果实形成的聚合核果。

## 三、聚花果

聚花果（collective fruit）由整个花序发育而成，又叫复果（multiple fruit）或花序果。花序中的每朵花都形成独立的小果，聚集在花序轴上，形似一果实。常见的有桑葚、无花果、菠萝等。

桑树的雄花和雌花着生于不同的花序上，每个雌花有单室的子房，各子房发育为一小单果，包藏于厚而多汁的花萼中，各果逐渐增大，密集生长，形成叫桑葚的复果结构。

无花果的花着生于肥厚肉质化的花轴内壁。每一雌花有一单室的子房，各子房发育为一坚果，小坚果包藏于肉质的花托内，这种多汁的花轴，称为无花果。

菠萝的果实由许多聚生在肉质花序轴上的花发育而成，这些花无花柄，各花肉质的基部与子房合生，形成菠萝外部可食用的部分（图8-18）。

A　　　　　　　　　　　　　B

图 8-18　聚花果（刘晓柱摄）

A. 桑葚；B. 菠萝

# 知识点六　果实与种子的传播

在长期的自然选择过程中，植物的果实与种子形成了多样化的形态结构以适应多种传播方式，扩大后代的生存范围，从而使种族得以繁衍昌盛。果实和种子主要依靠风力、水力、人和动物、自身的力量以及重力进行传播。

## 一、风力传播

　　风力是果实和种子传播的一种媒介。靠风力传播的果实和种子一般细小且轻盈，能够悬浮在空气中，常具有毛、翅等附属结构，便于被风力吹送至远处。例如，松属、槭属、榆属等果实或种子有翅；棉花、柳、白杨等植物的种子外有白绒毛；酸浆的果实外有薄膜形状的气囊；蒲公英的果实有冠毛；白头翁有宿存的羽状柱头。另外，草原和荒漠上的一种称为风滚草的植物，种子成熟时，植株呈圆球状，自根茎处断裂后，可随风滚动进行传播（图8-19）。

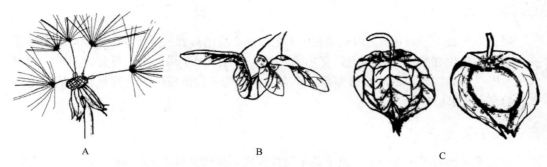

图 8-19　风力传播的果实和种子（邵美妮仿绘）
A. 蒲公英的果实；B. 槭树的果实；C. 酸浆的果实

## 二、水力传播

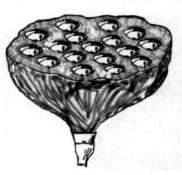

　　一些水生植物或生活在沼泽地带的植物，果实和种子的传播常依靠水力进行，其果实或种子多形成漂浮状结构。例如，椰子的外果皮粗松，不透水，中果皮呈纤维状，内充空气，可漂浮在水上，借助水力可传播较远的地方；莲的花托组织疏松，形成“莲蓬”结构，可漂载聚合果进行传播（图8-20）；沟渠旁的杂草，种子散落水中，可顺流传播。

图 8-20　莲的果实和靠水力传播的种子（邵美妮仿绘）

## 三、靠人和动物传播

　　这些靠人和动物活动进行传播的果实和种子具有不同的适应结构。例如，苍耳、蒺藜、葎草等植物的果实上有钩刺，可附着在人的衣服上或动物的皮毛上，随着人和动物的运动，被带至其他地方（图8-21）；马鞭草、鼠尾草等植物的种子，果实残留有宿存黏萼，较易附着在动物的皮毛上进行传播；一些果实或种子的果皮或种皮较为坚硬，不易被消化，可被动物吞食后，随着粪便的排出而被传播；坚果可被动物如松鼠等搬运埋藏于土中进行传播；丹参属、独行菜属和槲寄生属植物的果实或种子外面常有黏液，可黏附在动物体外进行传播。

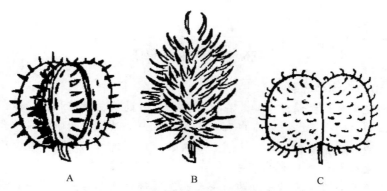

图 8-21　人和动物传播的果实和种子（邵美妮仿绘）
A. 蓖麻的果实；B. 苍耳的果实；C. 葎草的果实

　　人类的活动是植物果实和种子传播的重要途径，一些杂草的果实和种子常与栽培植物同时成熟，借助人类的收获和播种等活动进行传播。栽培植物的引种，农产品的交换和贸易，饲料植物与未腐熟肥料的应用，都常夹带着各类杂草种子，随着交通的发展，得到更广泛的传播。

　　另外，鸟类也可作为植物果实和种子的传播媒介。例如，鸟类食用果实的肉质部分，种子经消化道排出，散布于各处，且消化液不影响种子的萌发能力。

## 四、靠自身力量传播

　　一些植物如大豆、凤仙花、牻牛儿苗等果皮的各部分结构和细胞含水量都不同，果实在成熟时，各部分的收缩程度不同，使果皮开裂，将种子弹出，进行传播。一种叫作喷瓜（*Ecballium elaterium*）的植物，当瓜成熟时，稍有触动，此“瓜”便将“瓜”内种子连同黏液一起从顶端喷出（图 8-22）。

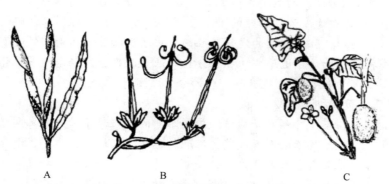

图 8-22　靠果实自身力量传播的种子（邵美妮仿绘）
A. 菜豆；B. 老鹳草；C. 喷瓜（果实成熟后，脱离果柄时，由断口处喷出浆液和种子）

## 五、靠重力传播

　　在山区或地势差异较大的地方，一些植物如红松、锥栗，其果实和种子呈圆球形，成熟后掉在地上，可随地势滚动，依靠重力作用进行传播。

## 胚胎发育和种子形成

### 1. 受精和不均等分裂

种子的发育是从受精开始的。在被子植物中通过双受精过程，由精、卵细胞融合而形成二倍体的合子，并发育成胚。同时，另一个精核与两个极核结合形成三倍体的胚乳。卵细胞在受精后表现出明显的极性，然后进行不均等分裂，这些过程对胚细胞的分化和发育起着重要作用。

由于不均等分裂，两个子细胞所含的细胞质部分是不相同的，它们的大小、形状也相差很大，发育的渐成论或后生遗传理论（developmental epigenetic theory）认为，细胞质的控制因子（controlling factor）在不均等分裂后的子细胞中是不同的，通过连续的细胞核和细胞质的相互作用，通过转录水平的调节，引起基因的选择性表达，因而特定的基因组在特定的发育阶段被激活，并在特定的细胞里被翻译，合成各种相应的蛋白质和酶，这样在各种类型的细胞里便表现出不同形态、结构和代谢特点，从而引起了细胞的分化和发育。

### 2. 胚和胚柄的发育

从受精卵不均等分裂而产生的两个子细胞进一步分别形成胚和胚柄。胚柄能对胚提供各种营养和激素物质，因而胚和胚柄间的相互作用与胚的发育有着密切的关系。

在菜豆（*Phaseolus vulgaris*）的胚胎发育过程里，胚细胞不断分裂，形成大量二倍体细胞，并逐步开始器官和组织的分化，而当胚柄的细胞数达到200个左右时，细胞不再分裂，并通过多倍体的形成来持续染色体DNA的复制。从分布来看，多倍体的倍数以基部细胞为高，靠近胚的胚柄细胞较低。同位素标记实验表明，多倍体胚柄细胞RNA合成的速率也远远高于二倍体的胚细胞，在胚胎发育的第8天，胚柄细胞RNA合成速率为胚细胞的164倍，而在第10天，达到胚细胞的790倍。

在豆科植物中，胚柄细胞的发育与胚的分化密切相关，随着胚的发育，胚柄逐步退化，并把营养物质输送给胚。在胚分化的旺盛时期，胚柄通过多倍体细胞的形成而迅速合成大量RNA，可能有利于胚的分化、发育。

### 3. 胚乳发育和种子形成

胚乳的发育在单子叶和双子叶植物中是不同的。在单子叶的禾本科植物（如水稻、小麦）中，随着种子的发育成熟，胚乳的体积不断增大，占据了种子的主要部分，其主要作用是贮存各种贮藏产物；而双子叶植物（如大豆、拟南芥）中，胚乳的功能主要是提供营养，随着种子形成，含有激素和各种营养物质的胚乳逐步为胚所吸收，最后子叶占据了种子的主要部分并担负了贮存各类贮藏产物的功能。

在双子叶植物中，大豆胚和种子的发育需要120d，并可分为5个阶段。阶段Ⅰ、Ⅱ、Ⅲ分别是胚发生的球形胚期、心形胚期和鱼雷形胚期，在阶段Ⅲ的末期，胚的各类组织已经形成，但体积比成熟胚小很多。阶段Ⅳ是成熟中期，在这一阶段大量贮藏蛋白在子细胞中引起子叶大小和质量的迅速增加。此时期种子的鲜重可增加 100 倍左右，这一阶段也可以称为种子形成时期，种子的其他结构，如种皮也在这一时期形成。这一阶段的末期，种子脱水，大部分基因的转录和蛋白质的合成停止，种子进入阶段 V，即休眠期。

### 4. 胚胎发育和基因表达

从受精卵的不均等分裂开始的植物胚胎发育过程是一个有次序的、选择性的基因表达过程。在特定的发育阶段，特定的基因组在细胞核内选择性地转录，并释放出相应的 mRNA 到细胞质中。因此，在细胞分化过程中，总是伴随着特定 mRNA 的积累和变化，同时还要在细胞质内进一步受到翻译水平的调节和控制。

在烟草的各种主要组织类型中曾发现存在有 2.5 万多种不同的 mRNA，其中 8000 种为各类细胞所共有，而其他的则为不同细胞所特有，因而在分化、发育的过程中，细胞和组织的专化往往包含了特定基因的激活。

## 主要参考文献

李扬汉. 1991. 植物学. 上海：上海科学技术出版社

陆时万，徐祥生，沈敏健. 1991. 植物学. 2 版. 北京：高等教育出版社

吴万春. 1990. 植物学. 北京：高等教育出版社

徐汉卿. 1996. 植物学. 北京：中国农业出版社

周云龙. 1999. 植物生物学. 北京：高等教育出版社

# 第九章 植物界基本类群

**【主要内容】**

本章主要介绍了植物分类的基础知识：植物分类方法；植物分类的各级单位；植物的命名方法；植物检索表及其应用。植物界的基本类群：低等植物的特征；藻类植物；菌类植物；地衣植物；高等植物的特征；苔藓植物；蕨类植物；裸子植物；被子植物。

**【学习指南】**

了解植物分类方法，了解各基本类群的分类及其在自然界中的地位。掌握植物分类单位、植物命名，掌握检索表的使用。掌握植物界各基本类群的特点。

## 知识点一 植物分类学基础

### 一、植物分类的意义

全世界植物约有 50 万种，它们分布广，与人类生活关系密切，是人类衣、食、住、行所不可缺少的物质源泉。人类要更好地认识、利用、改造它们，就必须对它们进行分类。植物分类的历史悠久，它是人类根据实际生活的需要，在生产实践中产生的。很早以前人类在接触和利用植物的过程中，辨别了可食的和有毒的植物，把某些植物的种子、果实、块茎、块根等作为食物，另一些植物用以治疗疾病，积累了认识植物的经验。例如，东汉时的《神农本草经》记载了 365 种药用植物，并分为上、中、下三品。自此以后，历代都有关于本草的书籍，如明代李时珍所著《本草纲目》，记载了 1892 种药物，其中植物药 1094 种，包括各种药物的名称、产地、形状、性质、效用等，这些辨别植物的类别、名称、性能和对植物的描述，就是早期的植物分类。

植物分类的目的，不仅是认识植物，给植物一定的名称和描述，还要按植物亲缘关系，把它们分门别类，建立一个足以说明亲缘关系的分类系统，从而了解植物的系统发育规律，为人们鉴别、发掘、利用和改造植物奠定基础。

植物分类已成为一种信息存取系统。它不仅将世界现存的绝大多数植物进行了分门别类、系统排列和描述记载，在服务于农、林、医药等生产发展中也起到了重要作用，还在作物育种、植物引种驯化和资源寻找及开发利用等方面得到广泛应用。为了更好地学习和运用植物分类这门科学，我们首先必须学习和掌握植物分类的基础知识。

### 二、植物分类方法

在植物学的发展中，植物分类方法大致可分为两种：一种是人为分类方法，是人们按照自己的想法，仅将植物的形态、习性、用途上的一个或几个特征作为分类依据。例如，瑞典分类学家林奈（Linnaeus，1707～1778）根据雄蕊的有无、数目及着生情况，将植物分为一雄蕊纲、二雄蕊纲等 24 纲，这就是人为分类方法，这样的分类系统是人为分类系统。另一种是自然分类方法，是将植物的亲疏程度作为分类依据。判断亲疏程度是根据植物相同点的多少，如小麦与水稻有许多相同点，于是认为它们较为相近；小麦与大豆相同地方较少，所以它们较疏远。这样的分类方法，力求反映出生物界的亲缘关系和演化发展，是自然分类方法，这样的分类系统是自然分类系统。

1859年达尔文《物种起源》一书发表，对植物分类有很大影响。进化论的思想开阔了人们的眼界，分类学家重新评估已建立的系统，纷纷创立新的反映植物界客观进化关系的系统。例如，德国恩格勒系统，出自恩格勒（Engler）和勃兰特（Prantl）编著的《植物自然分科志》，该书自1892年问世之后，即被广泛采用，以后几经修改，逐步成为一个比较完善的自然分类系统。

分类学的发展是随着解剖学、生态学、细胞学、生物化学、遗传学及分子生物学等学科的发展而发展起来的。植物分类吸收了这些学科的研究方法，得到更多的依据进一步研究物种形成和种系发生，为分类学提供了比以往更清晰准确的依据，因而分类学出现了许多新的研究方向。例如，用细胞学方法对有丝分裂时染色体数目、形态及行为动态的比较研究来帮助查明物种的差异和亲缘关系的细胞分类学；用生物化学方法分析植物体内蛋白质、生物碱及其他内含物的特征，而达到用植物的化学性状来帮助解决植物分类学上的问题，近年来逐渐形成了化学分类学；用生态学的方法采取不同生态条件或改变原来的生态条件对某种植物进行栽培实验，观察新的生态条件对植物形态及生活习性产生的影响及变化，以区别物种和生态型，达到验证分类学所划分的种的客观性，或应用种内杂交和种间杂交的方法来验证分类学，进而形成了验证自然系统发展真实性的实验分类学；应用数学理论和电子计算机研究生物分类，发展成为数值分类学，等等。

总之，上述各种新的研究动向推动了分类学的发展，但根据形态特征的分类在现今的植物分类中仍然是一个重要的基本的组成部分。

## 三、植物分类的各级单位

地球上，凡是有生命的机体统称为生物。1735年瑞典的林奈将生物分为植物界和动物界。这种两界系统建立最早，也使用得最广、沿用最久。随着科学的发展，之后出现了三界系统、四界系统、六界系统乃至八界系统。本书仍沿用习惯上的两界系统，界以下的各级分类单位如表9-1所示。

**表 9-1　植物分类的基本单位**

| 中文名 | 拉丁文 | 英文 | 中文名 | 拉丁文 | 英文 |
|---|---|---|---|---|---|
| 界 | Regnum | Kingdom | 科 | Familia | Family |
| 门 | Divisio | Division | 属 | Genus | Genus |
| 纲 | Classis | Class | 种 | Species | Species |
| 目 | Ordo | Order | | | |

各级单位根据需要可再分成亚级，即在各级单位之前加上一个亚（sub-）字，如亚门，为subdivision。现以稻为例，说明它在分类上所属的各级单位。

界　植物界（Regnum vegetabile）
　门　被子植物门（Angiospermae）
　　纲　单子叶植物纲（Monocotyledoneae）
　　　亚纲　颖花亚纲（Glumiflorae）
　　　　目　禾本目（Graminales）
　　　　　科　禾本科（Gramineae）
　　　　　　属　稻属（*Oryza*）
　　　　　　　种　稻（*Oryza sativa* L.）

种（species）：分类的基本单位，同种内所有个体起源于共同的祖先，具有相似的形态、结构和生理功能，且能进行自然交配，产生正常后代，并有其一定的地理分布区域，如水稻、玉米、小麦等都是植物的种。不同种间存在生殖隔离，即不同种不能交配，或能交配，但其后代不育。如果种内某些植物个体之间，产生一定数量稳定且可遗传的变异时，可视其变异的大小划分种以下的分类单位：亚种（subspecies）、变种（varietas）、变型（forma）等。

亚种（subspecies，subsp.）：一个种内的类群，形态上有区别，分布上，或生态上，或季节上有隔离，这样的类群即为亚种。例如，分布于中亚和我国新疆的新疆桃［*Prunus persica*（L.）Batsch. subsp. *ferganensis* Kost. et Rjab.］为原产中国山西、甘肃及西藏东部的桃［*P. persica*（L.）Batsch.］的亚种。

变种（varietas，var.）：形态上产生变异，并比较稳定，其分布范围比亚种小，这样的种内变异类群叫变种，如糯稻（*Oryza sativa* L. var. *glutinosa* Matsurn.）为水稻（*O. sativa* L.）的变种。

变型（form，f.）：形态有变异，但不出分布区，而是零星分布的个体，这样的个体叫变型。例如，欧夏枯草（*Prunella vulgaris* L.），其花为淡紫色，其种内常发现的白花类型，可视为欧夏枯草的白花变型（*P. vulgaris* L. f. *leucantha* Schar）。

品种（cultivar，cv.）：不是分类学中的分类单位，而是人们长期选择培育形成的。品种划分主要依据经济性状和优良的生物学特性，如植株高矮与果实的色、味、香等，实际上是栽培植物的变种或变型。

品系（strain）：起源于共同祖先的一群个体。在遗传学上一般是指自交或近亲繁殖若干代后所获得的某些性状相当一致的后代；在作物育种学上是指遗传性状比较稳定一致而起源于共同祖先的一群个体。品系经比较鉴定，优良者繁育推广后可成为品种。

## 四、植物的命名方法

▶ 植物命名法

植物的一般名称，叫作俗名，是某地通用的名称。同一植物生长在不同国家，其俗名不同。在同一国家不同地区，也有"同物异名"或"同名异物"的现象。在我国，如玉蜀黍，不同地区分别叫玉米、苞谷、棒子等；又如叫白头翁的植物，达 16 种之多，分属 4 科 16 属。为避免混乱和便于工作、国际学术交流，有必要给每种生物制定统一使用的科学名称，即学名。1753 年瑞典植物学家林奈发表的《植物种志》（*Species Plantarum*）创立了双名法命名，后被各国植物学家所采用，并经国际植物学会确认，于 1867 年由德堪多（德堪多为瑞典植物学家，提出了"分类学"一词）的儿子（A. de Decando）等制定出《国际植物命名法规》（*International Code of Botanical Nomenclature*）作为管理植物学（包括藻类学和真菌学）科学命名的规则。按《国际植物命名法规》规定，每种植物的学名用两个拉丁词构成；第一个词为属名，是名词，其第一个字母要大写；第二个词为种加词，常为形容词及所有格的名词，表示某一植物的性质及特征；后面再写出命名人的姓氏或姓氏缩写（第一个字母要大写），便于考证。例如，水稻的学名是 *Oryza sativa* L.，第一个词是属名，是水稻的古希腊名，为名词；第二个词是种加词，为形容词，是栽培的意思；后面大写的"L."是命名人林奈（Linnaeus）的缩写。亚种、变种和变型的命名，则是在种加词后加亚种、变种和变型的缩写 subsp. 或 ssp.、var. 和 f.，再分别加亚种、变种和变型名，同样后边附以命名人的姓氏或姓氏缩写。例如，桃［*Prunus persica*（L.）Batsch.］的变种蟠桃的学名为 *Prunus persica*（L.）Batsch. var. *compressa* Bean.。

《国际植物命名法规》最早在 1867 年法国巴黎举行的第一次国际植物学会议上提出，由德堪多的儿子等负责起草，称为巴黎法规，共 7 节 68 条，由历届国际植物学会议的命名法分会会议修订，每 6 年出版一次修订版。1910 年在比利时的布鲁塞尔召开的第三次国际植物学会议，奠定了现行通用的《国际植物命名法规》的基础。2006 年出版的《国际植物命名法规》体现了 2005 年在维也纳举办的第 17 届国际植物学会议的各项决定，并取代了美国密苏里州圣路易斯市于 1999 年举办的第 16 届国际植物学会议之后出版的圣路易斯法规（Saint Louis Code；Greuter et al.，2000）。

《国际植物命名法规》是各国植物分类学者进行植物命名时所必须遵循的规章。现将其要点简述如下。

### （一）植物命名的模式和模式标本

科或科级以下的分类群的名称，都是由命名模式来决定的。但更高等级（科级以上）分类群的名称，只有当其名称是基于属名的时候，也是由命名模式来决定的。种或种级以下的分类群的命名必须有模式标本根据。模式标本必须要永久保存，不能是活植物。模式标本有下列几种。

1）主模式标本（全模式标本、正模式标本）（holotype）：是由命名人指定的模式标本，即命名人发表新分类群时据以命名、描述和绘图的那一份标本。

2）等模式标本（同号模式标本、复模式标本）（isotype）：是与主模式标本为同一采集者在同一地点与时间所采集的同号复份标本。

3）合模式标本（等值模式标本）（syntype）：命名人在发表一分类群时未曾指定主模式而引证了 2 个以上的标本或被命名人指定为模式标本的标本，其数目在 2 个以上时，此等标本中的任何 1 份，均可称为合模式标本。

4）后选模式标本（选定模式标本）（lectotype）：当发表新分类群时，命名人未曾指定主模式标本或主模式标本已遗失或损坏时，由后来的命名人根据原始资料，在等模式标本或依次从合模式标本、副模式标本、新模式标本和原产地模式标本中，选定 1 份作为命名模式的标本，即后选模式标本。

5）副模式标本（同举模式标本）（paratype）：对于某一分类群，命名人在原描述中除主模式标本、等模式标本或合模式标本以外同时引证的标本，称为副模式标本。

6）新模式标本（neotype）：当主模式标本、等模式标本、合模式标本、副模式标本均有错误、损坏或遗失时，根据原始资料从其他标本中重新选定出来充当命名模式标本的标本。

7）原产地模式标本（topotype）：当不能获得某种植物的模式标本时，便从该植物的模式标本产地采到同种植物的标本，与原始资料核对，完全符合者用来代替模式标本，称为原产地模式标本。

### （二）学名的格式

学名包括属名和种加词，其后附加命名人之姓氏或姓氏缩写。

### （三）学名的有效发表和合格发表

根据法规，植物学名的有效发表条件是发表作品一定要是印刷品，并可通过出售、交换或赠送，到达公共图书馆或者至少一般植物学家能去的研究机构的图书馆。仅在公共集会、手稿或标本上，以及仅在商业目录中或非科学性的新闻报刊上宣布的新名称，即使有拉丁文特征集要，也均属无效。自 1935 年 1 月 1 日起，除藻类（但现代藻类自 1958 年 1 月 1 日起）和化石植物外，1 个新分类群名称的发表，必须伴随有拉丁文描述或特征集要，否则不作为合格发表。自 1958 年 1 月 1 日起，科或科级以下新分类群的发表，必须指明其命名模式，才算合格发表。例如，新科应指明模式属；新属应指明模式种；新种应指明模式标本。

### （四）优先律原则

植物名称有其发表的优先律（priority）。凡符合法规的最早发表的名称，为唯一的正确名称。种子植物的种加词（种名）优先律的起点为 1753 年 5 月 1 日，即以林奈 1753 年出版的《植物种志》（*Species plantarum*）为起点；属名的起点以 1754 年及 1764 年林奈所著的《植物属志》（*Genera plantarum*）的第 5 版与第 6 版为起点。因此，1 种植物如有 2 个或 2 个以上的学名，应以最早发表的名称为合法名称。例如，银线草有 3 个学名，先后分别被发表过 3 次：

*Chloranthus japonicus* Sieb.,in Nov. Act. Cur. 14(2): 681. 1829

*Chloranthus mandshuricus* Rupr. Dec. Pl. Amur. t. 2. 1859

*Tricercandra japonica* (Sieb.) Nakai,F1.Sylv. Koreana 18:14. 1930

按命名法规优先律原则，*Chloranthus japonicus* Sieb. 发表年代最早，应作为合法有效的学名，后两个名称均为它的异名。

### （五）学名的改变

有时，由于进行了专门的研究，认为一个属中的某一种应转移到另一属中去时，假如等级不变，可将它原来的种加词移动到另一个属中而被留用，这样组成的新名称叫"新组合"（combination nova），原来的名称叫基原异名（basonym），原命名人则用括号括起来，一并移去，转移的作者写在小括号之外。例如，杉木最初是 1803 年由 Lambert 定名为 *Pinus lanceolata* Lamb.；1826 年，Robert Brown 又定名为 *Cunninghamia sinensis* R. Br. ex Rich.；1827 年，Hooker 在研究了该名的原始文献后，认为它属于 *Cunninghamia*，

但 *Pinus lanceolata* Lamb. 这一学名发表较早，按命名法规定，在该学名转移到另一属时，种加词"*lanceolata*"应予以保留，故杉木的学名为 *Cunninghamia lanceolata*（Lamb.）Hook. 其他两个学名成为它的异名，而 *Pinus lanceolata* Lamb. 称为基原异名。

### （六）保留名

对不符合命名法规的名称，但由于历史上惯用已久，可经国际植物学会议讨论通过作为保留名（nomina conservanda）。例如，某些科名，其拉丁词尾不是 -aceae，如豆科 Leguminosae（或为 Fabaceae）、十字花科 Cruciferae（或为 Brassicaceae）、菊科 Compositae（或为 Asteraceae）等。

### （七）名称的废弃

凡符合命名法规所发表的植物名称，不能随意废弃和变更。但有下列情形之一者，不在此限。

1）同属于一个分类群且早已有正确名称，之后所作的多余发表者，在命名上都是多余名（superfluous name），应予以废弃。

2）同属于一个分类群且早已有正确名称，之后由另一学者发表相同的名称称为晚出同名（later homonym），必须予以废弃。

3）将已废弃的属名，用作种加词时，此名必须废弃。

4）在同一属内的两个次级区分或在同一种内的两个种下分类群，具有相同的名称，即使它们基于不同模式，又非同一等级，都是不合法的，要作为同名处理。

5）种加词如有下述情形，如用简单的语言作为名称而不能表达意义的、丝毫不差地重复属名的、所发表的种名不能充分显示其为双名法的，均属无效，必须废弃。

### （八）杂种

杂种用两个种加词之间加"×"表示，如 *Calystegia sepium* × *silvatica* 为 *C. sepium* 和 *C. silvatica* 之间的杂交种。

栽培植物有专门的命名法规，基本的方法是在种级以上与自然种命名法相同，种下设品种（cultivar, cv.）。

## 五、植物检索表

植物检索表是识别鉴定植物的必要工具，有人把它比作识别植物的一把"钥匙"，只要能熟练地应用它，就可较容易地鉴别植物了。检索表是根据法国分类学家拉马克（Lamarck, 1744～1829）的二歧分类原则编制的。按照划分科、属、种彼此间的相对性状，将植物分成相对应的两个分支，再把每个分支中相对性状分成两个相对应的分支，依次下去，直到最后分出科、属、种为止。为了便于使用，各分支按其出现的先后顺序，前面加上顺序数字，相对的两个分支前面的数字、位置相同。检索表常见的有两种形式，一种叫作定距检索表，这种检索表的每一个分支下边相对应的两个分支，较先出现的分支向右低一字格，依此下去，直到要编制的终点为止。在定距检索表里，将每一种相对特征的描述给予同一号码，并列在同一距离处，其优点是将相对性质的特征都排列在同样位置，一目了然，便于应用；缺点是，如果编排的种类过多，检索表势必偏斜而浪费很多篇幅。另一种叫作平行检索表，这种检索表，把每一种相对特征的描写并列在相邻的两行里，每一条后面注明往下查的号码或植物名称。这种检索表的优点是排列整齐而美观，缺点是不如定距检索表那么一目了然。

检索表分为分门检索表、分纲检索表，乃至分种检索表，可根据要鉴定植物的需要应用上述各种类或某些类别的检索表，可分别检索出植物的科、属、种。例如，检索一种植物时，根据被检索植物的形态特征，可以首先鉴别出门和纲，后面的鉴定工作只需要查找分科检索表、分属检索表、分种检索表就够了。利用检索表进行检索时，先以检索表中首次出现的两个分支的形态特征与植物相对照，选与其相符合的一个分支，再在这一分支下面的两个分支中继续检索，直到检索出植物的科、属、种名为止。然后对照该植物的描述和插图，验证检索是否有误，最后鉴定出植物的正确名称。

鉴定植物需要有完整的检索表资料和植物标本，此外，还需要熟悉和正确理解描述植物形态特征的术语，只有这样才能顺利进行检索。

## （一）定距检索表

### 毛茛科植物常见种分属检索表

1. 子房内仅具 1 个胚珠；瘦果。
  2. 叶对生；萼片镊合状排列 ···················································· 铁线莲属 *Clematis*
  2. 叶互生或基生；萼片为覆瓦状排列。
    3. 花被有萼片与花瓣的区别 ···················································· 毛茛属 *Ranunculus*
    3. 花仅具花瓣状的花萼。
      4. 花单生于花葶顶端；果实成熟时花柱延长为羽毛状·········· 白头翁属 *Pulsatilla*
      4. 花排列为总状或圆锥花序；果实成熟时花柱不延长为羽毛状·········· 唐松草属 *Thalictrum*
1. 子房内具多个胚珠；蓇葖果、蒴果或浆果。
  5. 花整齐。
    6. 花大，径 7～10cm，顶生；子房壁肉质；柱头宽广 ················ 芍药属 *Paeonia*
    6. 花小，径不超过 1cm，排列成总状、穗状、圆锥花序或聚伞花序；子房壁不为肉质；柱头狭而小。
      7. 聚伞花序；无根茎 ···················································· 蓝堇草属 *Leptopyrum*
      7. 总状或圆锥花序；有根茎 ···················································· 升麻属 *Cimicifuga*
  5. 花不整齐 ···················································· 乌头属 *Aconitum*

## （二）平行检索表

### 铁线莲属常见种分种检索表

1. 茎直立 ················································································· 2
1. 茎攀缘 ················································································· 3
2. 花白色；叶羽状全裂 ·························· 棉团铁线莲 *Clematis hexapetala* Pall.
2. 花蓝色；三出复叶 ·························· 大叶铁线莲 *Clematis heracleifolia* DC.
3. 萼片暗紫色，外被褐色软毛 ·················· 褐毛铁线莲 *Clematis fusca* Turcz.
3. 萼片白色 ················································································· 4
4. 小叶全缘 ·························· 东北铁线莲 *C. mandshurica* Rupr.
4. 小叶有锯齿 ················································································· 5
5. 羽状复叶；花序有二类，一为二歧聚伞花序，一为聚伞圆锥花序 ········· 羽叶铁线莲 *C. pinnata* Max.
5. 二回三出复叶；花序为聚伞圆锥花序 ·········· 短尾铁线莲 *C. brevicaudata* DC.

# 知识点二　低等植物

两界生物系统

低等植物和高等植物的区别

植物的种类繁多，人们通常根据其形态结构和进化关系等，把植物分为低等植物和高等植物两大类，共 15 门：蓝藻门（Cyanophyta）、裸藻门（Euglenophyta）、绿藻门（Chlorophyta）、金藻门（Chrysophyta）、甲藻门（Pyrrophyta）、红藻门（Rhodophyta）、褐藻门（Phaeophyta）、细菌门（Bacteriophyta）、黏菌门（Myxomycophyta）、真菌门（Eumycophyta）、地衣门（Lichenes）、苔藓植物门（Bryophyta）、蕨类植物门（Pteridophyta）、裸子植物门（Gymnospermae）、被子植物门（Angiospermae）。

藻类、菌类、地衣、苔藓、蕨类等植物由于无花、不结果、用孢子繁殖，因此被称为孢子植物（spore plant）或隐花植物（cryptogamae），而裸子植物和被子植物开花结果，用种子繁殖，所以被称为种子植物（seed plant）或显花植物（phanerogamae）。也有人把具有维管束的蕨类植物和种子植物合称为维管植物（vascular plant），与此相对，把苔藓、地衣、菌类、藻类植物称为非维管植物（non-vascular plant）。苔藓植物和蕨类植物的雌性生殖器官为颈卵器（archegonium），在裸子植物中也有退化的颈卵器，三者又合称颈卵器植物（archegoniatae）。苔藓、蕨类、种子植物的受精卵在母体中发育为胚，又称为有胚植物（embryophyta）。下面按其进化发展顺序简要叙述各大类群的主要特征、代表属种和进化关系。

低等植物（lower plant）是地球上出现最早的一群古老植物，植物体结构比较简单，为单细胞或由多细胞组成的叶状体，叶状体分枝或不分枝，没有根、茎、叶的分化。生殖器官为单细胞，极少数为多细胞。它们的生殖过程也很简单，合子直接萌发成为叶状体，而不形成胚。它们大部分生活在水中或潮湿的环境中。根据植物体的结构和营养方式的不同，又可将低等植物分为藻类植物、菌类植物和地衣植物。现分别介绍如下。

## 一、藻类植物

### （一）藻类植物的特征

藻类植物（Algae）是最简单、最古老的植物，大多生活在海水或淡水中，少数生长在潮湿的土地、树干和岩石上，有些种类可附生在动物或植物体上，有的则与真菌共生。藻类的植物体简称藻体（frond），结构简单，分为单细胞、单细胞群体和多细胞体。多细胞体又分为丝状体和叶状体等。藻体的细胞内含有叶绿素和其他色素，形成载色体（chromatophore）或色素体，许多藻类由于载色体上含有与高等植物相同的叶绿素 a、叶绿素 b、叶黄素和胡萝卜素等成分，能进行光合作用。藻类的生活方式为自养类型，植物体的营养细胞都有吸收水分和无机盐的作用。细胞壁富含胶质。藻类植物的繁殖方式多样化，有营养生殖、无性生殖和有性生殖。营养生殖是通过藻体的细胞分裂来进行的。无性生殖产生的孢子有游动孢子、不动孢子、厚壁孢子 3 种。有性生殖的方式有同配生殖（isogamy）、异配生殖（anisogamy）、卵式生殖（oogamy）及接合生殖（conjugation）。形状大小和行为完全相同的两个配子的结合称为同配生殖；形状相同，但大小和行为不同，大而运动能力迟缓的叫雌配子（female gamete），小而运动能力强的叫雄配子（male gamete），这两种配子的结合称为异配生殖；在形状、大小和行为上都不相同的配子，大而无鞭毛，不能游动的为卵，小而有鞭毛能游动的为精子，精卵结合称为卵式生殖，也叫受精，融合后的细胞称为合子，又叫受精卵；接合生殖是指两个没有鞭毛、能变形的配子相结合的生殖方式。

一般依据所含色素的种类、植物体细胞的结构、贮藏养分的类型和生殖方式等特点将藻类分为蓝藻门、绿藻门、裸藻门、金藻门、甲藻门、红藻门和褐藻门7门。

## （二）常见藻类

### 1. 蓝藻门

蓝藻门植物是最简单的蓝绿色自养植物，植物体都是由圆球形细胞或由单列细胞组成的丝状体，外面有共同的胶质鞘（gelatinous sheath），常由许多个丝状体聚在一起形成胶质的块状或球状。细胞里的原生质体分化为中心质（centroplasm）和周质（periplasm）两部分。中心质又叫中央体（central body），在细胞中央，其中含有核质，但无核膜和核仁的分化，有核的功能，故又称为原核。周质又叫色素质（chromoplasm），在中心质的四周，内有规则排列的光合片层（lamella），且含有多种色素，是光合作用的场所（图9-1）。

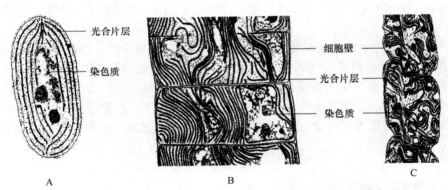

图 9-1　蓝藻的超微结构（引自曲波和张春宇，2011）

A. 螺旋藻属（*Spirulina*）；B. 颤藻属（*Oscillatoria*）；C. 念珠藻属（*Nostoc*）

蓝藻门植物的繁殖方式为营养生殖。

蓝藻门植物一般生长在潮湿的地区或水流缓慢、有机质较丰富的浅水水底，有的种类能生长在地面和岩石上。常见的种有地木耳（*Nostoc commune*）和发菜（*N. flagelliforme*），可供人类食用，有些种类如念珠藻属（*Nostoc*）和项圈藻属（*Anabaena*）能进行固氮作用。

### 2. 绿藻门

（1）衣藻属　　衣藻属（*Chlamydomonas*）为绿藻门绿藻纲团藻目内单细胞类型中的常见植物，有卵形、椭圆形和圆形等形状。衣藻体前有两条顶生鞭毛，是其在水中的运动器官。多数种的载色体如厚底杯形，在基部有一个明显的蛋白核（pyrenoid）。细胞中央有一个细胞核。鞭毛基部有两个伸缩泡（contractile vacuole），一般认为是排泄器官。体前端是无色透明的，内有一个红色眼点，为感光构造。

衣藻的繁殖方式有无性和有性两种。无性生殖多发生在夜间，藻体鞭毛收缩或脱落。细胞核先分裂，形成4个子核（也有的形成8~16个子核）。随后胞质纵裂，形成相应个数的子原生质体，每个子原生质体分泌一层细胞壁，并生出两条鞭毛，即游动孢子，随后母细胞破裂并放出游动孢子，后者长成新的植物体。

衣藻进行无性生殖多代后，再进行有性生殖，多数种的有性生殖为同配。配子的产生与游动孢子的产生相同，但数目较多，常为8~64个，体形较小，也有两条鞭毛。配子结合为具4条鞭毛的合子，并分泌出厚壁，休眠后，经过减数分裂，产生4个原生质体，以后合子壁破裂，原生质体被放出，并在几分钟内生出鞭毛，发育为新的个体（图9-2）。

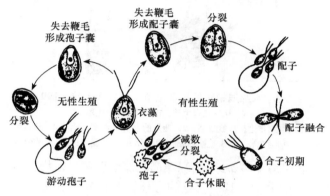

图9-2　衣藻属的生活史（引自许玉凤和曲波，2008）

衣藻的游动孢子和配子形态相同，所以有人认为有性生殖与无性生殖是同源的，在有充分营养的条件下，配子也可不经过配合而形成新个体。因此，一般认为有性生殖是从无性生殖发展而来的。

（2）团藻属　　团藻属（*Volvox*）为绿藻门绿藻纲团藻目植物。藻体是数百个至上万个衣藻型细胞排列成的一空心球体，细胞排列在球体表面，球体内充满胶质和水，各细胞间有原生质丝相连，在团藻中营养细胞和生殖细胞已有明显分化，大多数细胞不能分裂，只有几个大型细胞（生殖细胞）有繁殖能力。无性生殖时，由一部分生殖细胞进行多次分裂形成小球体，后来，小球体随母体破裂而逸出，发育成新个体。

团藻的有性生殖为卵式生殖，卵囊（ovicyst）内有大型的卵细胞。精子囊（gonecyst）内含有大量的游动精子，在水中游动到达卵囊，与卵结合形成合子，转入休眠状态。环境适宜时萌发，产生新个体。

（3）水绵属　　水绵属（*Spirogyra*）为绿藻门绿藻纲接合藻目常见的淡水藻类。植物体为不分枝的丝状体，鲜绿色；丝状体分节，每节为一个细胞，呈圆柱形。细胞中有一个细胞核和几个大液泡。细胞内载色体带状，呈螺旋状环绕，上有一列蛋白核。

水绵属有性生殖为接合生殖。春季或秋季，在两条并列的丝状体上，相对的细胞各发生一个突起，逐渐伸长相互接触，接触的隔膜消失，连成接合管（conjugation tube）。同时，各细胞中的原生质体收缩成为配子，其中一个细胞内的原生质体流入另一个细胞中，两个细胞核进行融合，成为合子（图9-3）。

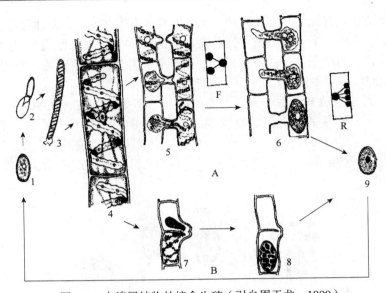

图 9-3　水绵属植物的接合生殖（引自周天龙，1999）

A. 梯形接合生殖；B. 侧面接合生殖

1. 合子内细胞核进行减数分裂；2. 萌发的合子；3. 幼植体；4. 营养体；
5，6. 梯形接合；7，8. 侧面接合；9. 合子；F. 受精；R. 减数分裂

（4）轮藻属　　轮藻属（*Chara*）为绿藻门轮藻纲轮藻目植物，是一类构造比较复杂的藻类。植物体有简单的分化，具一直立的主枝，上有节与节间之分。每个节上着生一轮旁枝，有的种类旁枝的节上又轮生短枝，基部有假根，伸入泥土中（图9-4）。

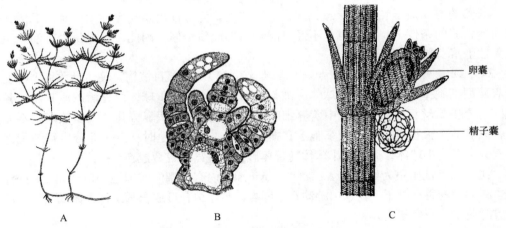

图 9-4　轮藻（引自张景钺和梁家骥，1965）

A. 轮藻植物体；B. 轮藻顶端纵切；C. 轮藻小枝

轮藻的有性生殖均为卵式生殖，由短枝的节部生出精子囊和卵囊。卵囊位于精子囊之上，内含一卵细胞；精子囊为球形，呈红色，成熟时形成许多带双鞭毛的精子。精子游至卵囊与卵细胞融合形成合子，合子沉入水底，经休眠后萌发成新个体。

**3. 褐藻门**

褐藻门多数为海生。植物体外形多样，有丝状、叶状或树枝状，大小差别也很大，

扭线藻只有几百微米，而巨藻长达几十米，它们都是多细胞，没有单细胞或群体。营养细胞都具有明显的细胞壁，外层为果胶质，内层为纤维素。细胞内含有叶绿素 a、叶绿素 c、胡萝卜素、墨角藻黄素和大量的叶黄素等。藻体的颜色因所含各种色素的比例不同而变化较大，有黄褐色、深褐色。光合作用的产物是海带多糖（又名褐藻淀粉）和甘露醇。内部结构较其他藻类复杂，有表皮、皮层及髓的分化。中央扁平的髓部由丝状细胞交织而成，具输导作用。髓部以外是皮层，细胞呈方形或多边形，最外层是由一层排列紧密的细胞组成的表皮。

我国沿海地区褐藻门植物种类较多，资源丰富，而且具有广泛的用途。黄渤海沿岸常见的海带、裙带菜和南海产的马尾藻都是重要的经济海藻，海带和群带菜是人工栽培的主要对象，是主要的食用海藻，三者又都是提取褐藻胶、甘露醇和碘的主要原料。

### （三）藻类在自然界的作用及其经济意义

许多藻类，虽然个体非常小，但在整个地球的水域里却构成了体积很大的浮游植物，藻类在进行同化作用时吸收水中的有害物质，增加水中的氧气，净化和氧化污水，清除水中腐烂的嫌气细菌；有的可成为鱼类和其他水生动物的主要食物；有的藻类能溶蚀石灰岩，促进大量碳素的继续循环；也有一些土壤藻类有固氮作用，可增加土壤中的氮素含量。

藻类及其提取物可用于农业、工业、食品业、医药和科研等领域。有些藻类还可作为家畜的饲料和绿肥；浮游的藻类在形成腐殖质淤泥中有巨大的作用，而腐殖质淤泥则是农业上一个很大的肥源。另外，可根据藻类的存在数量来鉴定水质，测定水源清洁程度。硅藻土在水泥、造纸、印刷等行业都有应用。红藻中的石花菜属中的一些种的细胞壁含琼脂，可供医药、食品、纺织等行业应用。海带因含碘量高，被广泛用于食物和药品中，预防甲状腺肿大。

## 二、菌类植物

### （一）菌类植物的特征

菌类植物（Fungi）不是一个具有自然亲缘关系的类群，但它们都不具叶绿素和其他色素，不能自制养料，是典型的异养植物，这一基本特征是相同的。它们与含叶绿素和其他色素并具有色素体能进行光合作用的自养藻类不同，与具有茎、叶或根、茎、叶构造的高等植物也完全不同。

### （二）菌类植物的类群

菌类植物可分为细菌门、黏菌门和真菌门。

**1. 细菌门**

细菌是一类原始的、低等的、极微小的单细胞生物，主要特征是不含叶绿素和没有细胞核的分化。根据细菌的形态可以分为球菌（coccus）、杆菌（bacillus）、螺旋菌（spirillum）（图 9-5）。细菌多成群存在，称为菌落（colony）。

细菌一般都很小，球菌的直径为 0.15～2μm，通常 0.5～0.6μm，多数杆菌长 1.5～10μm。

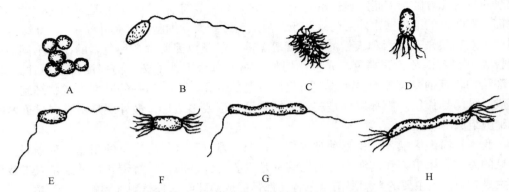

图 9-5　常见的几种类型细菌（引自张景钺和梁家骥，1965）

A. 球菌；B～F. 杆菌；G，H. 螺旋菌

　　细菌的细胞结构非常简单，无真正的细胞核，属于原核生物（图 9-6）。细胞壁极薄，一般不含纤维素。有些种类的细胞外具有一薄层透明的胶状物质，称为荚膜（capsule），起保护作用。有些细胞生长到某个阶段，会失水浓缩，形成一个圆形或椭圆形的内生孢子，叫芽孢（germ），其壁厚，含水量少，对不良环境的抵抗能力很强，一般可生存十几年，遇到适宜条件又可萌发成一个新的菌体。故芽孢不是一种繁殖方式，只是一种休眠的结构。

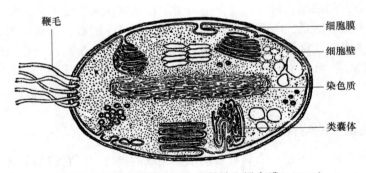

图 9-6　细菌的结构（引自张景钺和梁家骥，1965）

　　细菌常见的生殖方式是一个细胞分裂为两个，故细菌又称为裂殖菌（fission fungi）。细菌的营养方式一般为异养，故其又叫作异养细菌（heterotrophic bacteria），包括寄生细菌（parasitic bacteria）和腐生细菌（saprophytic bacteria）；也有少数种类可以进行光合作用，叫作自养细菌（autotrophic bacteria）。

　　细菌分布极广，土壤里、水中、空气中、高山上，以及人和动植物体的内外都有。在自然界的物质循环中，细菌占很重要的地位，细菌的活动，对碳与氮的循环尤为重要，有些细菌，如根瘤菌属（*Rhizobium*）、梭状芽孢杆菌属（*Clostridium*）、固氮菌属（*Azotobacteria*），它们能摄取大气中的氮素并合成含氮化合物，直接或间接地供给绿色植物的需要。经细菌的活动，动植物遗体被腐烂分解，使复杂的有机物还原成简单化合物，重新为植物所利用，同时，将土壤中不能被植物利用的物质转化成可利用的物质。例如，将森林下的枯枝落叶分解成腐殖质，增加肥力。细菌在工业及轻工业方面也有极大用处，如应用于乙醇、乳酸、丙酮等的酿造提取。细菌在医药卫生方面的应用也极为广泛，如预防和治疗疾病的菌苗、抗病血清以及各种抗生素，都是由细菌中制取的。细菌对人类健康有直接影响，可以引起人、禽、畜及植物发生病害，甚至造成死亡。

**2. 黏菌门**

黏菌是介于动物和植物之间的一类生物。在其生活史中，营养时期喜潮湿、阴暗，原生质体裸露，能做变形虫式运动吞食固体食物，这与动物相似；生殖时期趋光、喜干燥，形成各种各样的孢子，孢子外面有含纤维素的壁，这是植物的性状。营腐生或寄生生活，有些种类可以在寄主内产生孢子，破坏寄主组织，造成危害，如甘蓝的根肿病菌（ *Plasmodiophora brassicae* ），常见的有发网菌，其生活史如图9-7所示。

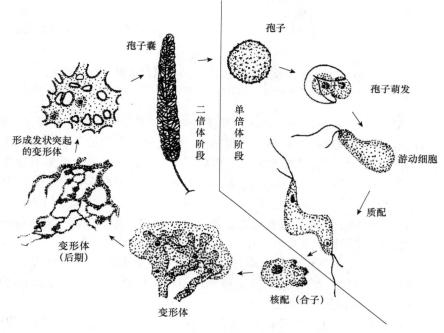

图9-7　发网菌生活史（引自周云龙，1999）

**3. 真菌门**

真菌（fungus）是一类缺乏叶绿素的异养生物，主要以吸收的方式获得自身生长所需的营养；具有细胞壁和真正的细胞核，细胞壁主要由几丁质（chitin）和β-葡聚糖构成；营养体大多是多细胞结构的丝状体，每一根细丝称为菌丝（hyphae），组成一个菌体的全部菌丝叫作菌丝体（mycelium）。通常，高等真菌的菌丝具有典型的隔膜，称为有隔菌丝，由单核或多核的多细胞组成；低等真菌的菌丝虽然分枝繁多，但通常是典型的无隔膜类型，称为无隔菌丝，是无隔的多核体（图9-8）。

在长期的生物进化与不断适应外界环境变化的过程中，很多真菌可以形成许多不同类型的变态菌丝（图9-9）。这些变态的菌丝在长期的演化过程中被赋予了特殊的功能。例如，当真菌遇到不良环境时，其菌丝体或孢子的某些细胞膨大、原生质浓缩、细胞壁

图 9-8　无隔菌丝（A）和有隔菌丝（B）（引自许玉凤和曲波，2008）

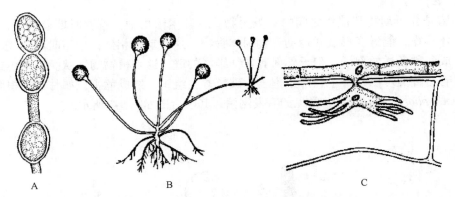

图 9-9　常见的菌丝变态类型（引自许玉凤和曲波，2008）
A. 厚垣孢子；B. 根足霉属（*Rhizopus*）的假根；C. 柄锈菌属（*Puccinia*）植物的螃蟹形吸器

变厚而形成厚垣孢子（chlamydospore），是真菌用来应对不良环境的一种特殊营养结构。而当环境条件适宜时，厚垣孢子可萌发成菌丝体，恢复营养阶段的生长发育。还有些真菌菌体的某个部位长出外表很像植物根系的根状菌丝，可伸入基质内吸取养分并固着菌体，这种根状菌丝称为假根（rhizoid），假根两端通常有匍匐状的菌丝相连。此外，还有些种类的真菌在侵入寄主后，菌丝上可产生一种短小的分枝，特化为专门从寄主细胞吸收养分，从而大大增加了真菌吸收营养物质的面积的结构，称为吸器（haustorium）。各种真菌形成的吸器形状不同，有球状、指状、掌状、蟹状（丝状）等。

真菌类似这样的变态菌丝结构有很多。例如，有些真菌的菌丝可以进一步密集地纠结在一起形成菌丝组织，为了进一步适应环境变化特化形成菌核（sclerotium）、子座（stroma）、菌索（rhizomorph）等特殊结构。

真菌的生长发育通常可分为营养阶段和生殖阶段，真菌经过营养生长后，即转入生殖阶段。生殖阶段又分为无性生殖和有性生殖，大多数真菌既有性生殖又有无性生殖，少数只进行无性生殖。由于真菌种类繁多，其生殖方式也多种多样。真菌可以通过菌丝断裂、单细胞菌体裂殖、出芽、原生质割裂和产生孢子的方式进行无性繁殖，同时又可以通过减数分裂产生有性孢子和配子融合而进行有性生殖。真菌在生殖阶段可产生各种类型的孢子（spore），其中有性孢子的类型有卵孢子、接合孢子、子囊孢子和担孢子，无性孢子的类型有游动孢子、孢囊孢子、分生孢子等（图 9-10）。真菌产生孢子的结构，无论简单还是复杂，都称为子实体（fruiting body）。

无性孢子是不经过性细胞结合过程而直接由菌丝分化形成的孢子。无性孢子有多种。

游动孢子（zoospore）形成于游动孢子囊内。孢子囊是由菌丝或包囊梗顶端膨大而形成的囊状物。游动孢子没有细胞壁，有 1 或 2 根鞭毛。成熟时从孢子囊内释放出来，能在水中游动。

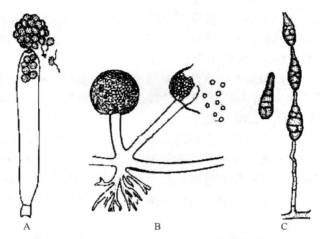

图 9-10　真菌的无性孢子类型（引自许玉凤和曲波，2008）
A. 游动孢子；B. 孢囊孢子；C. 分生孢子

孢囊孢子（sporangiospore）的孢子囊由营养菌丝分化或孢囊梗的顶端膨大而成，孢囊孢子有细胞壁，没有鞭毛。成熟后孢子囊壁破裂，孢囊孢子散出。

分生孢子（conidium）产生于由菌丝分化而形成的分生孢子梗上，顶生、侧生或串生等，形状、颜色、大小多种多样。

有性生殖是指真菌通过两个具可亲和性（compatible）的细胞的结合而进行的一种繁殖方式。有性孢子主要有以下几种（图 9-11）。

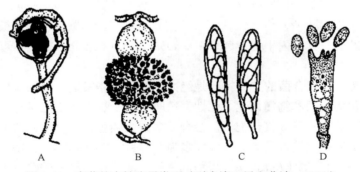

图 9-11　真菌的有性孢子类型（引自许玉凤和曲波，2008）
A. 卵孢子；B. 接合孢子；C. 子囊孢子；D. 担孢子

卵孢子（oospore）是卵菌纲有性孢子的代表，多数是由两个异型（少数同型）配子囊（大的称为藏卵器，小的称为雄器）接触后，雄器内的原生质和细胞核移到藏卵器里，经过质配和核配而形成的。在壶菌中，性细胞的配合方式主要是游动配子配合、配子囊接触和体细胞配合。

接合孢子（zygospore）是接合菌典型的有性孢子，是由两个同型但性别不同的配子囊相结合，经过质配和核配后形成的。

子囊孢子（ascospore）是子囊菌典型的有性孢子，是由两个异型配子囊相结合，经过质配、核配和减数分裂而形成的。

担孢子（basidiospore）是担子菌所产生的有性孢子，由性别不同的两条菌丝相结合形成双核菌丝，双核菌丝的顶端细胞膨大成棒状的担子，在担子里的双核经过核配和减数分裂，最后在担子上形成外生的担孢子。

真菌种类繁多，通常根据真菌有性阶段形成的孢子类型，将真菌划分成壶菌、接合菌、子囊菌和担子菌四大类。不形成有性阶段或至今尚未发现有性阶段的真菌，由于其只进行无性繁殖，统一称为无性型真菌。

（1）壶菌　　壶菌类真菌几乎全部是水生的，且大多能分解纤维素和几丁质。典型特征是游动孢子后端具有可在水中游动的鞭毛，可腐生和寄生。营养体单细胞，有些单细胞具无核的根状菌丝（可固着于基物上）。无性繁殖形成线形至球形的孢子囊，孢子囊因形成游动孢子而称为游动孢子囊。有性生殖有同配、异配或体细胞配合。有水生、陆生或两栖。

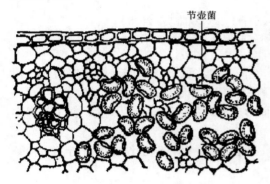

节壶菌

图 9-12　寄生于玉米中的节壶菌
（引自许玉凤和曲波，2008）

壶菌中的节壶菌属（*Physoderma*）全部都是寄生菌，可侵染高等植物的组织，其中玉米节壶菌（*Physoderma maydis*）可引起玉米褐斑病（图 9-12）。

油壶菌属 [*Olpidium*（Braun.）Rabenh.] 可寄生于藻类、高等植物的根部、水中的花粉或真菌的孢子上。比较著名的是十字花科植物上的芸薹油壶菌（*Olpidium brassicae*），危害十字花科植物的根部，引起猝倒病。

集壶菌属（*Synchytrium* de Bary et Woron）主要寄生于藓、蕨类植物和被子植物，被侵染的植物发生畸形。其中内生集壶菌 [*S. endobioticum*（Schulb.）Per.] 可引起马铃薯癌肿病。

（2）接合菌　　接合菌的主要特征是绝大多数菌丝体发达，无隔多核，有些接合菌的菌丝可以分化成假根和匍匐菌丝。无性繁殖时在孢子囊中产生孢囊孢子，有性繁殖时通过配子囊配合的方式形成接合孢子。接合菌多数为陆生，腐生菌，细胞壁主要由几丁质构成。日常生活中比较常见的接合菌大多为毛霉目（Mucorales）真菌。毛霉目中的毛霉属（*Mucor*）和根霉属（*Rhizopus*）可引起果实、蔬菜在运输和贮藏过程中的腐烂，但也有一些种类如总状毛霉（*M. racemosus*）、华根霉（*R. chinonsis*）广泛地应用于酿造业。

（3）子囊菌　　子囊菌是真菌中最大的类群，分布十分广泛，多陆生，有腐生和寄生两种类型。子囊菌与其他种类真菌的主要区别是有性生殖形成子囊（ascus）和子囊孢子（ascospore），典型的子囊菌的子囊中有 8 个子囊孢子。营养体是具隔膜的菌丝体，少数（如酵母菌）为单细胞。子囊大都产生在有菌丝形成的包被内，形成具有一定形状的子实体，称为子囊果（ascocarp）（图 9-13）。有的子囊菌子囊外面没有包被，是裸生的，不形成子囊果。子囊果主要有 4 种类型：①子囊被封闭在一个球形的缺乏孔口的子囊果内，称为闭囊壳（cleistothecium）；②子囊着生在球形或瓶状具孔口的子囊果内，称为子囊壳（perithecium）；③子囊着生在一个盘状或杯状开口的子囊果内，与侧丝平行排列在一起形成子实层，称为子囊盘；④子囊单独地、成束地或成排地着生于子座的腔内，子囊的周围并没有形成真正的子囊果壁，这种含有子囊的子座称为子囊座，在子囊座内着生子囊的腔称为子囊腔。子囊果的形状是子囊菌纲分类的主要依据。无性生殖产生分生孢子（conidium）。在子囊菌中有不少种类与人类的生活密切相关。

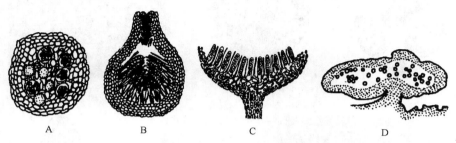

图 9-13　子囊果的类型（引自许玉凤和曲波，2008）
A. 闭囊壳；B. 子囊壳；C. 子囊盘；D. 子囊座

　　酵母菌属（*Saccharomyces*）是子囊菌中较为常见的种类，能将单糖（葡萄糖、果糖等）在无氧条件下，分解为二氧化碳和乙醇，因此，常用来酿酒、发馒头和制作面包（图 9-14A）。

　　麦角菌属（*Claviceps*）可引起麦类作物的麦角病，造成作物减产，并且人和牲畜误食后会导致不同程度的中毒，甚至死亡（图 9-14B）。但麦角中含有的麦角胺、麦角毒碱、麦角新碱等活性成分，如果合理使用又是很好的子宫出血或内脏器官出血的止血剂，其中麦角胺可治疗偏头痛和放射病。目前，已用深层培养法生产麦角碱，并在医药领域广泛应用。

　　青霉属（*Penicillium*）的有性阶段很少见，多无性繁殖，青霉菌丝上产生很多分生孢子梗，从小梗上再生出灰绿色或深绿色分生孢子（图 9-14C）。青霉菌是生活中常见的污染菌，生长在腐烂的水果、蔬菜和各种潮湿的有机物上。青霉属的几个种可产生医学上的重要抗生素——青霉素，主要是黄青霉（*P. chrysogenum*）和点青霉（*P. notatum*）。

　　曲霉属（*Aspergillus*）与青霉属相似，其分生孢子梗顶端膨大成球，不分枝，其中黄曲霉（*A. flavus*）的产毒菌株产生黄曲霉毒素，其毒性很大，可引起肝癌甚至使动物死亡（图 9-14D）。

　　虫草属（*Cordyceps*）中的"冬虫夏草"（*C. sinensis*）是一种名贵药材，性平味甘，具有止咳、抗疲劳等功效。其子座形成于鳞翅目幼虫尺蠖的虫体上（图 9-14E）。

　　羊肚菌属（*Morchella*）中的羊肚菌（*M. esculenta*）是一种比较名贵且营养价值很高的食用菌（图 9-14F），此菌含有人体所需要的主要氨基酸，故可作为人体蛋白质和维生素的补充来源。早在 1963 年，国外就开始了用羊肚菌作为调味品的商业化生产。

　　（4）担子菌　　担子菌是真菌中最高等的一类。担子菌中有很多是名贵药材和美味的食用菌，如木耳、银耳、蘑菇、竹荪、灵芝、茯苓、猪苓等。同时也有许多重要植物病原菌，如对农林业生产造成很大危害的黑粉菌、锈病菌、多孔菌、蜜环菌等。

　　担子菌最主要的特征是有性生殖产生担子及担孢子。担子上常有 4 个担孢子（basidi-

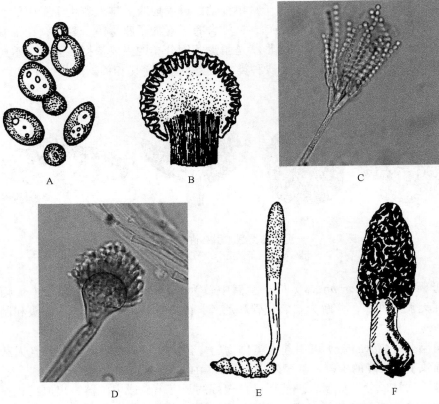

图 9-14　子囊菌中的几类代表性植物（引自许玉凤和曲波，2008）

A. 酵母菌；B. 麦角菌属；C. 青霉属；D. 曲霉属；E. 虫草属；F. 羊肚菌属

ospore）。担子菌的子实体也称为担子果（basidiocarp），是高等担子菌产生担子和担孢子的一种结构，其大小、形状、质地、色泽差异很大。担子菌数量大、种类多，很多种类与人类生活密切相关。

锈菌目（Uredinales）真菌通常称为锈菌（图 9-15A），是担子菌门所有菌物中最重要的种类之一，全部寄生于寄主植物上，常常导致许多栽培作物（如麦类的锈病）的巨大损失。

黑粉菌目（Ustilaginales）真菌通常称为黑粉菌（图 9-15B），可引起寄主植物上（如玉米瘤黑粉病）形成类似煤黑色的粉状物。

伞菌目（Agaricales）是担子菌中最常见的真菌，通常称其子实体（sporophore）为蘑菇，子实体最显著的部分是菌盖（pileus）和菌柄（stipe），菌盖下面有许多辐射状排列的薄片，称为菌褶（gills）。随着子实体的生长，包围在其外面的薄膜破裂，残留在菌柄上的部分叫菌环（annulus），有些种类［如鹅膏菌属（*Amanita*）］在菌柄基部还有残余部分，叫菌托（volva）（图 9-15C）。担子双核，双核融合后，经减数分裂，形成 4 个担孢子，成熟后，在适宜的条件下，萌发生长为初生菌丝。伞菌目包括许多营养价值很高的食用菌和药用真菌。目前已可以人工栽培的食用菌有双孢菇、草菇、香菇、平菇等。此外，很多种类可与植物形成菌根，在农业造林中得到很广泛的应用。本目还包括

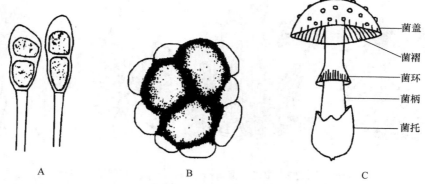

图 9-15　担子菌中的几种代表植物（引自许玉凤和曲波，2008）
A. 柄锈菌属；B. 条黑粉菌属；C. 伞菌子实体结构

一些对人畜有致死作用的毒蘑菇，目前主要是根据形态学特征来鉴定食用菌类和有毒类蘑菇。

非褶菌目（Aphyllophorales）旧称多孔菌目（Polyporales），主要特征是子实体平滑或呈管状、刺状、褶状（由菌管破裂而成）等，担子果珊瑚状、帽状、马蹄状、贝壳状等。非褶菌目绝大多数腐生，有的可导致木材腐朽，使林业生产很大损失。例如，层孔菌属（*Fomes*）中的木蹄层孔菌（*F. fomentarius*）生于桦、栎等阔叶树种的树干和原木上，引起白色杂斑并使木材腐朽。

担子菌有些种类是名贵食用菌和药材，如猴头菌属（*Hericium*）美味可口，可用来治疗消化系统的溃疡病，现在已经可以人工栽培。灵芝属（*Ganoderma*）在热带能寄生于茶、竹、油棕、可可等植物上，引起根腐病，但传统中医认为其担子果可医治神经衰弱、慢性肝炎和胃病等多种疾病。

另外，担子菌中还有一类大型真菌的担子果为被果型——腹菌。腹菌的担孢子通常不弹射，孢子成熟后从孔口、裂口或被破坏了的子实体散出，由风、昆虫、啮齿动物等传播。比较常见的种类有以下 3 种。

1）鬼笔属（*Phallus*）：有粗而呈海绵状的柄，顶端有帽状的菌盖，造孢组织生于菌盖外部。

2）地星属（*Geastrum*）：担子果近球形，初期埋生于土中，后露出土面。外包被的内层肉质，外层纤维质，成熟后外层从顶部呈放射状开裂，并与内层分离，遇潮湿开放呈星状，从中散出孢子。

3）马勃属（*Lycoperdon*）：担子果球形，内包被不破裂，顶部中央有一孔口，孢子由此散出，幼时可食。

（5）无性型真菌　　无性型真菌（anamorphic fungi）是指以有丝分裂方式产生繁殖结构的真菌，其中绝大多数种类产生分生孢子，而少数种类则由没有分化的菌丝产生繁殖结构。无性型真菌的分类主要依据孢子的形态特征及其产孢方式等。分生孢子大多产生于由菌丝分化而形成的分生孢子梗上，顶生、侧生或串生等，形状、颜色、大小多种多样。有些真菌的分生孢子往往产生于具有一定形状的产孢结构内，主要是分生孢子座、分生孢子盘、分生孢子器和孢梗束等（图 9-16）。

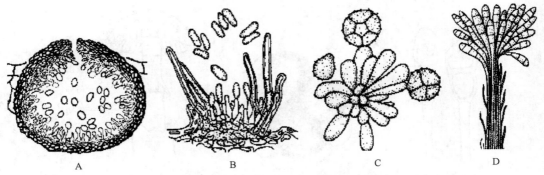

图 9-16　无性型真菌的产孢结构（引自许玉凤和曲波，2008）
A. 分生孢子器；B. 分生孢子盘；C. 分生孢子座；D. 孢梗束

分生孢子器（pycnidium）：是一个球形或瓶形的结构，在其内壁的表面或底部生有极短的分生孢子梗，梗上产生分生孢子，分生孢子器顶端有一孔口，孢子成熟后由孔口散出。

分生孢子盘（acervulus）：是由菌丝构成的一种垫状物。在寄主的角质层或表皮下，分生孢子梗簇生在一起而形成的盘状或扁平状的结构，其中夹杂有或无刚毛，梗上生分生孢子。

分生孢子座（sporodochium）：许多分生孢子梗紧密聚集成簇，形成垫状，分生孢子着生于每个梗的顶端，这种结构称为分生孢子座。

孢梗束（synnema）：是分生孢子梗的基部连合成的束状结构，束丝顶端分开且常具分枝，分生孢子着生在无数分枝的顶端。

真菌是一个广泛的生物类群，种类繁多，可以腐生、寄生等多种方式存活于自然界中，它们可在土壤、空气、植物、动物、海水等不同生态环境条件下，以其特有的生活方式世代繁衍。它们当中的一些种类可以腐蚀食品，引起人畜疾病及农作物病害等，给人类生活造成不同程度的不便和损失。但也有很多种类的真菌通过合理开发而为人类所用。例如，青霉属真菌产生的抗生素——青霉素，能够很好地抑制细菌的生长，目前仍在临床上广泛应用。

### （三）菌类植物的意义

自然界中分布的腐生细菌和腐生真菌联合起来，把动物、植物的死体和排泄物以及各种遗弃物分解为简单物质，直至变为水、二氧化碳、氨、硫化氢或其他无机盐类为止，它们不仅完成了自然界的物质循环，还为植物提供肥料。

好多种大型真菌是滋味鲜美的食用菌，如香菇、口蘑、猴头、羊肚、木耳、银耳等。药用真菌也很多，如冬虫夏草、竹黄、茯苓、灵芝等。在酿造工业中，利用酵母菌、曲霉、毛霉和根霉造酒。在生活中可利用酵母菌的发酵作用制作面包和馒头。利用真菌酶的作用，分解饲料和提高饲料的营养价值，都取得了可喜的成果。此外，还可利用真菌提取植物激素，促进作物生长，以及利用白僵菌、绿僵菌杀灭害虫等。

菌类植物既对人类有益，同时又直接或间接地对人类有害。例如，食品的霉烂，森林和农作物的病害，大都是由菌类植物的寄生和腐生引起的。

三、地衣植物

地衣（Lichene）是真菌和藻类的共生植物。藻类为整个植物体制造养分，而菌类则吸收水分和无机盐，为藻类提供原料，并围在藻类细胞的外面，以保持一定的湿度，它们之间的这种互惠关系称为共生。

地衣依外部形态可分为三种类型。

（1）枝状地衣（fruticose lichen）　植物体直立或下垂，通常多分枝（图 9-17A、B），如石蕊属（*Cladonia*）和松萝属（*Usnea*）。

（2）叶状地衣（foliose lichen）　植物体扁平，形似叶片，有背腹性，以假根或脐固着在基物上，易采取（图 9-17C、D），如脐衣属（*Umbilicaria*）和梅花衣属（*Parmelia*）。

（3）壳状地衣（crustose lichen）　植物体扁平，呈壳状，紧贴基质，难以剥离（图 9-17E、F），如茶渍衣属（*Lecanora*）和文字衣属（*Graphis*）。

地衣从解剖结构上可分为皮层、藻胞层和髓层。根据藻类细胞在地衣体内的分布情况，通常又分为两种类型：藻类细胞在髓层中均匀分布，无单独藻胞层的称为同层地衣（图 9-17G）；藻类成层排列于上皮层之下的称为异层地衣（图 9-17H）。壳状地衣多数为同层地衣，而枝状地衣常为异层地衣。

地衣主要靠植物体的断裂进行营养生殖，一个地衣体可分裂为数个裂片，每个裂片均可发育为新个体。地衣的有性生殖由共生的真菌独立进行。

地衣是多年生植物，生长极慢，抗旱性很强，对养分要求不高，因此，常生长在岩石、地表和树木上。它分泌的地衣酸，对岩石的风化和土壤的形成起促进作用，是自然界的先锋植物之一。

许多地衣具有较高的经济价值，如松萝（*Usnea subrobusta*）可供药用；石耳（*Umbilicaria esculenta*）、冰岛衣（*Cetraria islandica*）等可作饲料；染料衣（*Roccella tinctoria*）可提取染料，作为化学指示剂，以及医学上的杀菌剂和纺织品的染料。但是，它们以假根侵入寄主的皮层甚至形成层内，吸取养分，妨碍树木的生长，甚至导致死亡。

# 知识点三　高等植物

高等植物（higher plant）是由低等植物经过长期的演变进化而来的，为适应陆地生活，它们绝大多数为陆生，除苔藓外，都有根、茎、叶和维管束的分化，有明显的世代交替（alternation of generation）现象。生殖器官由多细胞构成，有性生殖形成的合子发育成胚，再长成植物体。高等植物可分为苔藓植物门（Bryophyta）、蕨类植物门（Pteridophyta）、裸子植物门（Gymnospermae）和被子植物门（Angiospermae）。

一、苔藓植物

（一）苔藓植物的特征

苔藓植物是植物界从水生到陆生的过渡类型，虽脱离了水生环境，但仍生长在阴湿环境中。植物体矮小，大的也仅有几十厘米。体型为叶状体或茎叶体，无真根，假根是

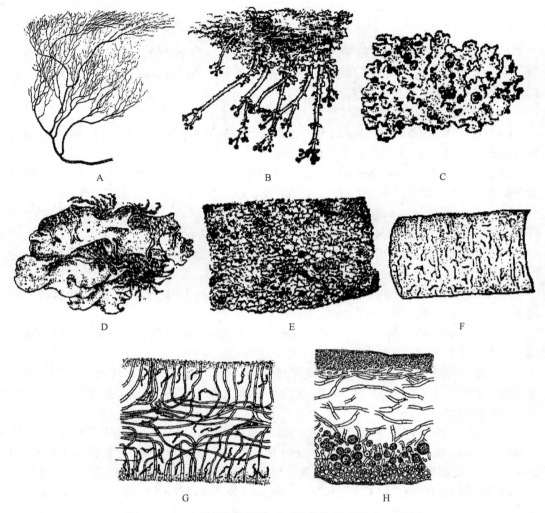

图 9-17　地衣的形态和结构（引自许玉凤和曲波，2008）
A，B. 枝状地衣；C，D. 叶状地衣；E，F. 壳状地衣；G. 同层地衣；H. 异层地衣

单细胞或单列细胞的丝状分枝构造，可吸收水分、无机盐和固着植物体。输导组织不发达，无维管束，叶多为一层细胞。雌性生殖器官瓶状，有长的颈，称为颈卵器。雄性生殖器官卵形或球形，叫作精子器。在世代交替中配子体发达，孢子体简化并寄居在配子体上，不能独立生活，孢子萌发常形成原丝体，再发育成配子体（图 9-18）。

## （二）苔藓植物的类群

苔藓植物有 23 000 种，根据其营养体的形态结构，分为苔纲（Hepaticae）和藓纲（Musci）。

### 1. 苔纲

本纲植物多生于阴湿的土地、岩石和树干上，有的种类也可以漂浮于水面，或完全生于水中。营养体（配子体）形状很不一致，但多为背腹式。孢子体的结构简单，孢蒴

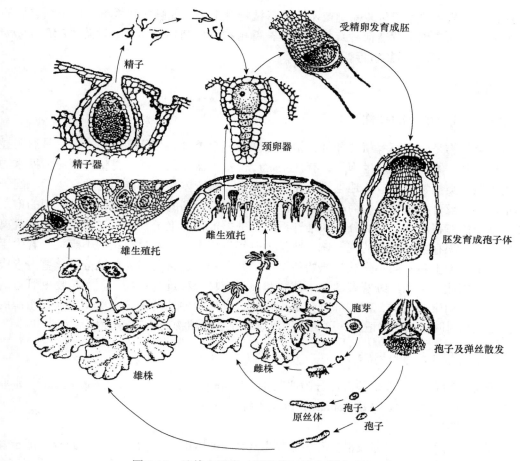

图 9-18 地钱生活史（引自许玉凤和曲波，2008）

（capsule）无蒴齿（peristomal teeth），多数种类无蒴轴（columella），孢蒴内除孢子外还有弹丝（elater）。孢子萌发时，原丝体（protonema）不发达。

本纲常见植物有地钱（*Marchantia polymorpha*）、叶苔（*Jungermannia lanceolata*）和角苔（*Anthoceros punctatus*）等。

**2. 藓纲**

本纲植物有茎、叶的区别，为茎叶体，无背腹之分的叶状体。有的种类的茎常有中轴的分化，叶在茎上的排列多为螺旋式，故植物体呈辐射对称。有的叶具有中肋（nerve），孢子体构造比苔类复杂，蒴柄坚挺，孢蒴内有蒴轴，无弹丝，成熟时多为盖裂。孢子萌发后，原丝体时期常形成多个植株。

本纲常见的植物有提灯藓（*Mnium cuspidatum*）、泥炭藓（*Sphagnum cymbifolium*）、葫芦藓（*Funaria hygrometrica*）等。

## （三）苔藓植物在自然界的作用及其经济意义

多种苔藓植物同地衣植物一样，可分泌酸性物质，对促进岩石的分解和土壤的形成起先锋作用。苔藓植物的茎、叶有很强的吸水和保水能力，对山地的水土保持有重要作用，在园艺上常用于包装新鲜苗木。苔藓植物对土壤、气候非常敏感，可根据它们的种类成分，确定该地营造何种森林。一些苔藓植物可作药用，如大金发藓（*Polytrichum commune*）能乌发、清热解毒。

## 二、蕨类植物

### （一）蕨类植物的特性

蕨类植物是介于苔藓植物和种子植物之间的一个类群。与苔藓植物一样，具有明显的世代交替，无性生殖产生孢子，有性生殖产生精子器和颈卵器，受精过程需借助水的作用，但蕨类植物更适应陆地生活。在生活史中，配子体和孢子体均可独立生活，配子体很微小，较苔藓植物更为简单，孢子体发达。我们看到的蕨类植物，都是它们的孢子体，孢子体有根、茎、叶的分化和维管系统。蕨类植物用孢子繁殖，受精作用仍未脱离水的限制。现存蕨类植物的孢子体，通常为多年生草本，根多为须状的不定根，着生于根状茎上，地上茎一般不发达，原始类型为二叉分枝，进化类型为单轴分枝，茎内形成维管柱，因此，它和具维管束的裸子植物和被子植物合称维管植物。蕨类植物维管束的木质部主要由管胞组成，韧皮部有筛胞无伴胞，是比较原始的维管束类型。输导组织的产生是植物对陆地生活的适应，蕨类植物显然要比苔藓植物更适应陆地生活。

### （二）蕨类植物的类群

蕨类植物有 12 000 余种，可分为裸蕨纲（Psilotinae）、石松纲（Lycopodinae）、水韭纲（Isoetinae）、木贼纲（Equisetinae）和真蕨纲（Filicinae）。

**1. 裸蕨纲**

本纲植物孢子体仅有假根。叶为小型叶（microphyll），枝为多次二叉分枝。孢子囊生于柄状孢子叶近顶端。孢子同型（isospory），游动精子螺旋形，具多数鞭毛。我国只有松叶蕨属（*Psilotum*），分布于我国南方的有松叶兰（*P. nudum*）。

**2. 石松纲**

本纲植物孢子体多为二叉分枝的小型叶，常呈螺旋状排列，有时对生或为轮生，有或无叶舌，孢子囊壁有厚壁，单生于孢子叶腋的基部，或聚生于枝端成孢子叶球。孢子同型或孢子异型（heterospory）。

常见植物有石松（*Lycopodium clavatum* L.）（图 9-19）和卷柏（*Selaginella tamariscina*）等。

**3. 水韭纲**

本纲植物多生于水边或水底，叶细长似韭，丛生于短粗的茎上，叶舌生于孢子囊的上方。有大小孢子囊及孢子。精子有多条鞭毛。常见的有中华水韭（*Isoetes sinensis*）。

**4. 木贼纲**

本纲植物的茎具有明显的节和节间，叶小，鳞片状轮生。孢子囊穗生于枝顶，孢子叶盾状，下生多个孢子囊，孢子同型，具有 2 条弹丝，螺旋形游动精子，具有多条鞭毛。常见植物有节节草（*Equisetum ramosi-simum*），可药用，是田间杂草；木贼（*E. hiemale*）及问荆（*E. arvense*）可入药，有清热利尿的作用，也是田间杂草。

**5. 真蕨纲**

本纲植物叶为大型叶（macrophyll）。孢子囊着生于叶缘或叶背，汇集成各种孢子囊

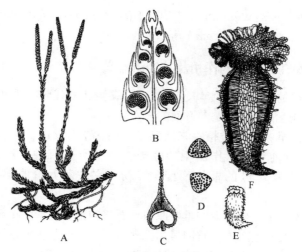

图 9-19　石松（引自许玉凤和曲波，2008）

A. 植株；B. 孢子叶穗；C. 孢子叶；D. 孢子；E. 配子体；F. 配子体纵切面（放大）

群堆，有或无囊群盖。孢子同型。配子体常为心脏形，生殖器官生于腹面。真蕨是现今最繁茂的蕨类植物，约有 10 000 种，常见植物有蕨（*Pteridium aquilinum*）（图 9-20）、

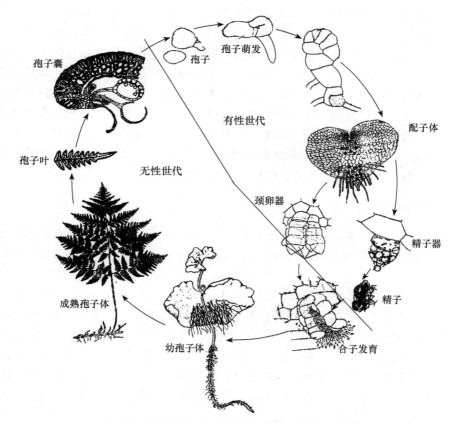

图 9-20　蕨的生活史（引自许玉凤和曲波，2008）

瓶尔小草（*Ophioglossum vulgatum*）、芒萁（*Dicranopteris dichotoma*）、紫萁（*Osmunda japonica*）和满江红（*Azolla imbricata*）等。

### （三）蕨类植物在自然界的作用及其经济意义

蕨类植物和人类的关系非常密切，除形成了煤炭和古代蕨类植物，为人类提供大量能源外，蕨类植物的经济利用也是多方面的。

我国劳动人民很早就用蕨类植物来治病了。明代李时珍的《本草纲目》中就记载了不少蕨类植物。到目前为止，作药用的蕨类，至少有一百种。被人们食用的种类有蕨、紫萁等大部分种类。蕨的根状茎富含淀粉，它的营养价值不亚于藕粉，不但可食，还可酿酒。

许多蕨类植物还是工业生产上的重要原料。石松的孢子可作为冶金工业上的优良脱模剂。有些蕨类植物是农业生产中优质饲料和肥料，如满江红是很好的绿肥，其干重含氮量达 4.65%，比苜蓿还高，也是猪、鸭等家畜的良好饲料。很多蕨类植物的体态优美，有观赏价值，目前温室和庭院中广泛栽培的有肾蕨、铁线蕨、卷柏、鸟巢蕨、鹿角蕨、桫椤等。

## 三、裸子植物

### （一）裸子植物的特征

裸子植物最显著的特征是胚珠和种子裸露，不形成果实。孢子体特别发达，多为高大乔木，在结构上有形成层和次生构造。配子体十分简化，完全寄生在孢子体上，受精时，小孢子萌发形成花粉管，将精子输送到卵旁，这一过程摆脱了对水的依赖，是适应陆生环境的一次大飞跃。裸子植物与前面所讲的苔藓、蕨类植物的一个重要区别就是由胚、胚乳和珠被等形成了种子，为植物的繁殖和分布创造了更加有利的条件。有了花粉管和种子，裸子植物就发展到比蕨类植物更为高级的水平，并取代了它们在陆地上的优势地位。裸子植物大多数种类有颈卵器，木质部只有管胞而无导管，韧皮部只有筛胞而无筛管和伴胞，少数裸子植物有多鞭毛的游动精子。所以裸子植物既是颈卵器植物，又是种子植物，是介于蕨类植物与被子植物之间的维管束植物。

### （二）裸子植物的类群

现有的裸子植物有 760 余种，可分为苏铁纲（Cycadopsida）、银杏纲（Ginkgopsida）、松柏纲（Coniferopsida）、红豆杉纲（Taxopsida）和买麻藤（盖子植物）纲（Gnetopsida）5 个纲。

#### 1. 苏铁纲

茎干不分枝。羽状复叶。雌雄异株，大小孢子叶球均集生于茎顶。大孢子叶两侧有大形胚珠，一层珠被，珠心顶端有贮粉室，珠心中的大孢子母细胞经减数分裂形成胚囊（大孢子），胚囊进而形成 2～5 个颈卵器，颈部仅由 2 个细胞组成，颈卵器中的核分裂为 2，上有一个腹沟细胞，不久解体，下有一个卵。小孢子叶上有孢子囊（花粉囊），其中的小孢子母细胞（花粉母细胞）经减数分裂形成小孢子。成熟的小孢子，进入花粉室，生出花粉管，在花粉管中形成 2 个陀螺形、有多数鞭毛的精子（图 9-21）。精卵结合后形成合子，继而长成新的植物。

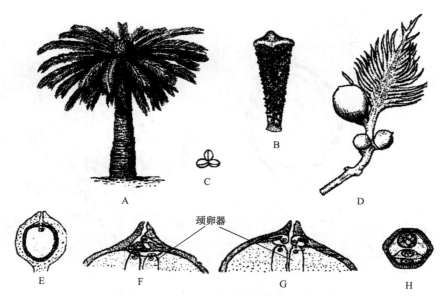

图 9-21　铁树（引自许玉凤和曲波，2008）

A. 植株；B. 小孢子叶；C. 花粉粒；D. 大孢子叶；E. 胚珠纵切；F，G. 珠心和雌配子体部分放大；H. 雄配子体

本纲中现存的只有苏铁科（Cycaceae），9 属 100 种左右；我国仅有苏铁属（*Cycas*），约有 8 种，常见的有苏铁（*C. revoluta*）和华南苏铁（*C. rumphii*）。

**2. 银杏纲**

落叶乔木，树干高大，枝顶生营养性长枝和侧生生殖性短枝。雌雄异株。小孢子叶球呈柔黄花序状，小孢子叶有一短柄，柄端有多由 2 个小孢子囊组成的悬垂的小孢子囊群。大孢子叶球很简单，通常仅有一个长柄，柄端有 2 个环形的大孢子叶，称为珠领（collar），也叫珠座，大孢子叶上各生 1 个直生胚珠，但通常只有 1 个发育。珠被一层，珠心中央凹陷为花粉室（图 9-22）。游动精子具纤毛。

本纲仅残存 1 目 1 科 1 属 1 种。银杏（*Ginkgo biloba*）为著名的孑遗植物，为我国特产，现广泛栽培于世界各地，仅浙江西天目山有野生状态的树木，生于海拔 500～1000m。

**3. 松柏纲**

木本，茎多分枝。叶为单叶，针形、鳞片、条形等。雌雄同株或异株。孢子叶常集成球果状态或种子核果状。小孢子叶（雄蕊）背部生 2 个小孢子囊（花药），其中的小孢子母细胞（花粉母细胞），经减数分裂形成小孢子（花粉粒）。大孢子叶球由许多珠鳞组成，其下有苞鳞。有 2 个胚珠，珠心中的大孢子母细胞经减数分裂形成大孢子，继而形成胚乳，其上端有 2～7 个颈卵器，各有 1 个卵，几个颈细胞，1 个腹沟细胞（很快解体）。传粉后，小孢子生成花粉管，其中有 2 个不具鞭毛的精子，每个颈卵器的卵都可受精，但只有一个发育成胚，继而大孢子叶球发育成球果（图 9-23，图 9-24）。

本纲有松科（Pinaceae）、杉科（Taxodiaceae）、柏科（Cupressaceae）、南洋杉科（Araucariaceae）4 科 23 属约 150 种。常见植物有油松（*Pinus tabulaeformis*）、马尾松（*P. massoniana*）、红松（*P. koraiensis*）、杉木（*Cunninghamia lanceolata*）、水杉（*Metasequoia glyptostroboides*）、侧柏（*Biota orientalis*）等。

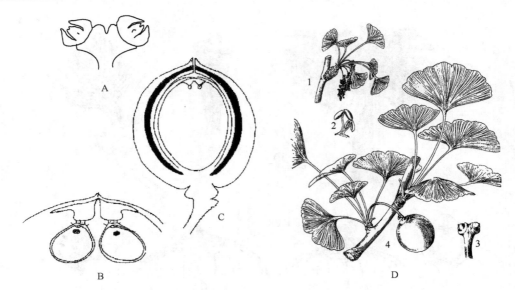

图 9-22　银杏（引自许玉凤和曲波，2008）
A. 大孢子叶球；B. 胚珠和珠领纵切面；C. 种子纵切面；D. 枝条
1. 着生小孢子叶球的短枝；2. 小孢子叶球；3. 大孢子叶球；4. 长、短枝及种子

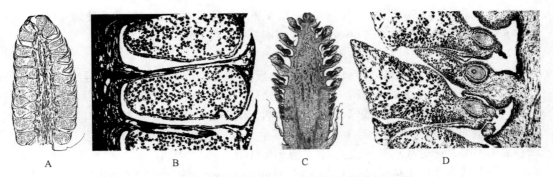

图 9-23　油松雌雄球花（引自许玉凤和曲波，2008）
A. 小孢子叶纵切；B. 小孢子叶及小孢子囊；C. 大孢子叶纵切；D. 珠鳞

**4. 红豆杉纲**

　　常绿乔木或灌木，多分枝。叶为条形、披针形等。孢子叶球单性异株。胚珠生于盘状或漏斗状的珠托上，由或囊状或杯状的套被包围。种子具肉质的假种皮或外种皮。

　　本纲含罗汉松科（Podocarpaceae）、三尖杉科（Cephalotaxaceae）、红豆杉科（Taxaceae）等。常见植物有罗汉松（*Podocarpus macrophyllus*）、陆均松（*Dacrydium pierrei*）、三尖杉（*Cephalotaxus fortunei*）、红豆杉（*Taxus chinensis*）等。

**5. 买麻藤纲**

　　灌木或木质藤本，稀草本状小灌木。次生木质部常具导管。叶细小，膜质，带状。孢子叶球单性，孢子叶球有类似于花被的盖被，也称假花被；胚珠 1 枚，珠被 1 或 2 层，具珠孔管；精子无鞭毛；颈卵器极其退化或无；成熟大孢子叶球球果状、浆果状或细长穗状。种子包于由盖被发育而成的假种皮中，种皮 1 或 2 层，胚乳丰富。

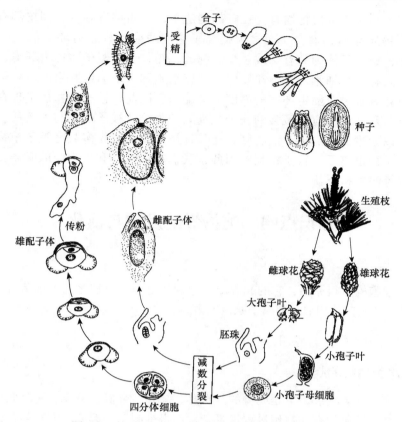

图 9-24 松的生活史（引自许玉凤和曲波，2008）

本纲含麻黄科（Ephedraceae）、买麻藤科（Gnetaceae）和百岁兰科（Welwitschiaceae）。常见植物有草麻黄（*Ephedra sinica*）、买麻藤（*Gnetum montanum*）等。

### （三）裸子植物在自然界的作用及其经济意义

历史上，裸子植物曾一度在地球上占优势地位。后来，由于气候的变化和冰川的发生，很多种类埋于地下，形成煤炭，为人类提供了大量的能源。现在的裸子植物，虽然种类不多，但常组成大面积的针叶林，并且材质优良，为林业生产上的主要用材树种。此外，还可制纸或作为提取单宁、松香等的原料。有些植物，如银杏的种仁（白果）可食，入药有润肺、止咳的功效；草麻黄含麻黄碱，可镇咳止喘，为著名的中药。大多数裸子植物为常绿树，树冠美丽，是庭院栽植的观赏植物。

### 四、被子植物

被子植物是植物界最高级的一类，最大的特征是具有真正的花，胚珠由心皮包被，受精后胚珠发育成种子，而子房则发育成果实，种子仍包被在果实内，不裸露，使种子得到了更好的保护和散播。在有性生殖过程中，出现双受精现象，使胚和胚乳都含有父母双方的遗传物质，具有更强的生命力。孢子体高度发达，占绝对优势，在形态、结构、生活型等方面，比其他各类植物更完善化、多样化，乔木、灌木、草本俱全，多年生、一年生植物均有。在解剖构造上，木质部有导管，韧皮部有筛管和伴胞，使体内物质运输畅通，从而大大提高了它们适应各种恶劣环境的能力。配子体进一步简化，雄配子体为只有 2 或 3 个细胞的花粉粒。雌配子体称为胚囊，不具颈卵器的构造，只有 1 个细胞，其中卵器由 1 个卵细胞和 2 个助细胞组成。被子植物的上述特征，使它具备了对陆生环境的高度适应能力。因此，被子植物成了现存植物中种类最多、分布最广、适应力最强的一个最高级的类群。被子植物与人类的生活息息相关，人类赖以为生的粮、棉、油、糖、药等经济作物，绝大多数是被子植物，人们的衣、食、住、行也离不开被子植物。因此，我们在认识、利用它们的时候，一定要注意对它们进行保护和更新。

# 知识点四　植物界的发生与演化

## 一、细胞和蓝藻的发生与演化

蓝藻的细胞构造很原始，它的起源应在原始鞭毛藻类出现之前。细菌有细胞壁，没有细胞核结构，与蓝藻相似，都属于原核生物。

## 二、真核藻类的发生与演化

### （一）藻类植物的起源

一般认为，藻类在起源上是同源的，裸藻、绿藻、金藻、甲藻、褐藻似乎应起源于原始鞭毛藻类。红藻的有性生殖过程很复杂，不得推测它的起源，但它与蓝藻都含有相同的色素，又都没有游动细胞，它们可能有共同的远祖。

### （二）藻类植物的演化

藻类植物在几十亿年的发展中，各个类群之间的进化关系都是按着由单细胞到多细胞，由简单到复杂，由低级到高级的规律在演化和发展。

藻类细胞的演化：第一，细胞核由原核进化到真核。近代发现甲藻等细胞的核质无蛋白质，细胞分裂时核膜不消失，不形成纺锤体，称为中核（mesocaryon）。因而人们认为细胞核的进化可能是由原核到中核再到真核。第二，细胞质的进化，是由细胞质中不具载色体等各种细胞器到有细胞器。第三，细胞的功能和繁殖方式由不分工到有明显的分工。

藻体的演化：首先由单细胞到群体，再演化为多细胞植物体。其次由简单到复杂：在外部形态上由不分枝的丝状体到有分枝的丝状体或叶状体，直到有类似根、茎、叶分化的植物体；在内部构造上由无组织分化向有组织分化发展。另外，还表现为具鞭毛能自由游动，到无鞭毛不能游动而营固着生活或附生生活的趋势。

繁殖及生活史的演化：藻类的繁殖是由营养生殖到无性生殖，再到有性生殖。营养生殖和无性生殖没有减数分裂和核相的变化，生活史中没有世代交替。而大多数藻类除了产生各类孢子进行无性生殖外，都具有有性生殖。有性生殖有减数分裂和核相的变化，生活史中有世代交替。有性生殖是沿着同配、异配、卵配的路线演化的。

### 三、黏菌和真菌的发生与演化

黏菌的起源和亲缘关系迄今仍不明确。从它的特性来看，是属于动物和植物之间的。从结构和生理方面来看，好像巨大的变形虫。从它的繁殖方式来看，产生具细胞壁的孢子，又是植物的性质。

真菌的起源还是未解决的问题，有不同的假说。多数人主张真菌由接近原生动物的鞭毛有机体发展而来。藻菌纲菌类的水生和陆生原始类型，都有游动孢子，所以认为藻菌纲是直接由这种鞭毛有机体进化而来的，因进化途中，其中有一支产生静孢子和进行接合生殖，说明它们是从水生向陆生演化的。

真菌门的各纲，也是遵循由小到大，由简单到复杂，由低级到高级，由水生到陆生的进化规律。

### 四、苔藓和蕨类植物的发生与演化

关于苔藓植物的起源，认识不一，但一般认为是起源于绿藻。其理由是它们含有相同的色素和淀粉。精子均具两条等长、顶生的鞭毛，苔藓植物的孢子萌发所形成的原丝体与分枝的丝状绿藻很相似。虽然如此，但尚有待论证。苔藓植物体矮小，虽有茎、叶的分化，但结构简单，无真根，也没有真正的输导组织，生活未完全脱离水的环境，受精更离不开水。在生活史中，配子体占优势，孢子体寄居在配子体上。因而在陆地上难以进一步适应发展。到目前为止，也未发现哪一类高等植物是由其发展而来的。因此，一般认为苔藓植物是植物界演化的一个盲枝。

蕨类植物的起源，根据已发现的古植物化石推断，一般认为，古代和现代生存的蕨类植物的共同祖先，都是距今4亿年前的古生代志留纪末和泥盆纪时出现的裸蕨植物。裸蕨植物登陆生活后，由于陆地的生存条件是多种多样的，这些植物为适应多变的生活环境，而不断向前分化和发展。在漫长的历史过程中，它们沿着石松类、木贼类和真蕨类三条路线进行演化和发展。

### 五、裸子植物的发生与演化

根据现存的化石资料，一般认为裸子植物来自前裸子植物（Progymnospermae），如在中泥盆纪（距今约3.8亿年前）地层中出现的古蕨属（*Afchae pteris*）等，理由是其植物体的茎内有次生生长组织，木质部的成分是具缘纹孔的管胞，孢子和孢子囊异型，但没有种子。由前裸子植物分两支发展，一支在上泥盆纪发展成种子蕨（Pteridospermae）产生了种子，但无完整的胚，再演化成拟苏铁植物（Cycadeoideinae）和苏铁纲植物，其中拟苏铁在白垩纪灭绝，苏铁纲植物残存。另一支在石炭纪形成科达树植物（Cordaitinae），再发展成银杏纲和松柏纲植物，即现存的多数裸子植物。至于买麻藤纲植物的演化，还未找到可信的证据。

裸子植物在系统发育过程中主要的演化趋势是：植物体茎干由不分枝到多分枝；孢子叶由散生到聚生成各式孢子叶球；大孢子叶逐渐特化；雄配子体由吸器发展为花粉管；雄配子由游动的、多鞭毛精子发展到无鞭毛的精核；颈卵器由退化发展到没有等。

## 六、被子植物的发生与演化

花粉粒和叶化石证据表明，被子植物出现于 1.2 亿～1.35 亿年前的早白垩纪。

被子植物的属种十分庞杂，形态变化很大，分布极广，粗看起来，确实难用统一的特征将所有的被子植物归成一类，因此，对被子植物的祖先存在不同的假说，有多元论和单元论两种起源说。多元论认为被子植物来自许多不相亲近的群类，彼此是平行发展的。胡先骕、米塞（Meeuse）、恩格勒（Engler）和兰姆（Lam）等是多元论的代表。我国的分类学家胡先骕在 1950 年发表了一个被子植物多元起源的系统，也是我国学者发表的唯一的被子植物系统。单元论是目前多数植物学家主张的被子植物起源说。主要依据是被子植物有许多独特和高度特化的性状，如雄蕊都有 4 个孢子（花粉）囊和特有的药室内层；大孢子叶（心皮）和柱头的存在；雌雄蕊在花轴上排列的位置固定不变；双受精现象和三倍体胚乳；筛管和伴胞的存在。因此，人们认为被子植物只能起源于一个共同的祖先。哈钦松（Hutchinson）、塔赫他间（Takhtajan）、克朗奎斯特（Cronquist）和贾德（Judd）是单元论的主要代表。被子植物如果确实是单元起源，那么它究竟发生于哪一类植物呢？推测很多，至今未有定论。人们推测的有：藻类、蕨类、松杉目、买麻藤目、本内苏铁目、种子蕨等。目前比较流行的是本内苏铁目和种子蕨这两种假说。

塔赫他间和克朗奎斯特通过研究现代被子植物的原始类型和活化石，得出被子植物的祖先类群可能是一群古老的裸子植物的结论，并主张木兰目为现代被子植物的原始类型。这一观点已得到多数学者的支持。那么，木兰类又是从哪一群原始被子植物起源的呢？莱米斯尔（Lemesle）主张起源于本内苏铁，认为本内苏铁的孢子叶球常两性，稀单性，和木兰、鹅掌楸的花相似，种子无胚乳，仅是两个肉质的子叶和次生木质部的构造也相似，等等，从而提出被子植物起源于本内苏铁。但是，近年来这种主张逐渐减少。塔赫他间认为，首先，本内苏铁的孢子叶球和木兰的花的相似性是表面的，因为木兰类的雄蕊（小孢子叶）像其他原始被子植物的小孢子叶一样是分离、螺旋状排列的，而本内苏铁的小孢子叶为轮状排列，且在近基部合生，小孢子囊合生成聚合囊。其次，本内苏铁的大孢子叶退化为一个小轴，顶生一个直生胚珠。因此要想象这种简化的大孢子叶转化为被子植物的心皮是很困难的。再者，本内苏铁以珠孔管来接受小孢子，而被子植物通过柱头进行授粉，所有这些都表明被子植物起源于本内苏铁的可能性较小。塔赫他间认为被子植物同本内苏铁有一个共同的祖先，有可能起源于一群最原始的种子蕨。目前，大部分系统发育学家接受种子蕨作为被子植物的可能祖先，但是由于化石记录的不完全，这种假说的证实还有待更全面、更深入的研究。

在植物的进化过程中，大多数种类符合上述规律或原则。例如，被子植物导管的出现，花的产生和果实的形成，以及有特殊性质胚乳的发生等，这些都标志着被子植物能完善地适应生境和繁衍后代，这种趋向称为上升的演化。此外，也可看到一些特殊情况，似乎违背了上述规律，这就是简化和专化。例如，有些被子植物又重新回到水生环境中去，输导组织退化，有些风媒植物的花被消失，有些植物种子的胚乳被吸收到子叶中去等，这些现象并不意味着植物的原始性，而是适应特殊环境的结果，相对地简化一些组织和器官，可减少物质和能量的消耗，同样能完善地适应环境和繁殖后代，代表进步的另一种趋势，称为下降的演化。也有一些植物在适应特殊环境的情况下，发展了些特殊构造，如某些虫媒花植物的花被或雄蕊高度特化，只能适应某一类昆虫传粉，这种现象称为专化。一旦这类昆虫不存在时，相应的植物也随之变化，所以专化在演化中无疑是一条危险的道路。

## 扩展阅读

### 微藻产业发展

微观藻类（微藻）需要借助显微镜才能观察到其形态，是一类系统发生各异、个体较小、通常为单细胞或多细胞群体（丝状体、膜状体）的、能进行光合作用的水生低等植物。与高等植物相比，微藻有许多独特的优势，它们细胞结构简单，通常能够更有效地转化太阳能，并且繁殖速度较快，单位面积产量是陆生高等植物的若干倍。

人类食用微藻的历史悠久，几千年前中国人就使用一种普通念珠藻（*Nostoc commune*，又称地皮菜或葛仙米）作为食物逃避饥荒。另外，一种在我国西北草原上生长的被称为"发菜"的生物也是一种藻类，它是发状念珠藻（*Nostoc flagelliforme*）。古代乍得人和墨西哥人也以节旋藻作为食物的来源。其他蓝藻，如束丝藻的食用历史也超过几千年。

但人类培养微藻的历史却很短。19世纪50年代，随着人口的急剧增加，食物和蛋白质资源短缺，人们开始寻找新的可替代的非传统蛋白质资源。尽管藻类一直被用于食物来源，但规模却非常有限。直到第二次世界大战时，德国才真正考虑大规模培养微藻制备生物质用于食用产品的生产。20世纪60年代初，日本开始大规模商业化培养小球藻属（*Chlorella*）植物。1973年，墨西哥建立了节旋藻收获和培养设备，开设了世界上第一个节旋藻工厂。1986年，澳大利亚建立了规模化的生产设备培养盐生杜氏藻（*Dunaliella salina*）来生产β-胡萝卜素。之后，美国、以色列和印度等国家也相继建立了工厂来培养微藻生产工业产品。目前在亚太地区大约有110家微藻生产企业，每年生产数千吨干藻粉。

微藻在医疗方面的应用已经有很长的历史，但从微藻中开发生物活性成分，特别是抗氧化活性物质，始于20世纪50年代。许多研究表明，从微藻中提取的活性成分具有抗肿瘤、抗炎及抵抗艾滋病病毒感染等功能。

微藻种类繁多，具有丰富的代谢多样性，不同类型的微藻细胞中分别含有或结合存在各种生物活性成分，目前已知的色素类，如虾青素（astaxanthin）、叶黄素（lutein）、β-胡萝卜素（β-carotene）、盐藻黄素（fucoxanthin）、叶绿素（chlorophyll）、藻胆蛋白（phycobiliprotein）等；多不饱和脂肪酸，如二十二碳六烯酸（DHA）、二十碳五烯酸（EPA）、花生四烯酸（AA）、γ-亚麻酸（GLA）；多糖，如硫酸酯多糖等。微藻的这些生物活性分子具有明显的生理功能。

近几年来，随着微藻生物技术的发展，利用微藻制备生物燃料是研究热点之一。利用微藻油脂、烷烃或微藻淀粉生产生物柴油或生物乙醇已经成为国际生物能源研究领域的前沿和各个国家能源科技竞争的焦点。但是目前生产技术成本还较高，要降低成本还需要克服一些技术上的难题。

目前，商业化培养的微藻都来自于自然型野生藻株经过驯化后的应用。藻类在生命系统树中广泛分布，包括多个真核生物组群，藻类的多样性在研究不同生命过程，包括代谢途径、信号转导、发育调控与分化机制等方面具有巨大的研究价值。自然界中一些新的还未被发掘的藻株仍然具有较大的商业应用潜力，先进的诱变技术和基因组学、转录组学、代谢组学的不断发展以及新的基因工程手段的不断涌现，将为微藻生物技术的发展带来很好的前景。

## 主要参考文献

崔玲华. 2005. 植物学基础. 北京：中国林业出版社

富象乾. 1992. 植物分类学. 北京：农业出版社

郭皓. 2016. 我国海域赤潮甲藻孢囊形态与分布特征研究. 大连：大连海事大学博士学位论文

贺学礼. 2010. 植物学. 2 版. 北京：高等教育出版社

李扬汉. 2006. 植物学. 3 版. 上海：上海科学技术出版社

曲波，张春宇. 2011. 植物学. 北京：高等教育出版社

许玉凤，曲波. 2008. 植物学. 北京：中国农业大学出版社

杨世杰. 2010. 植物生物学. 2 版. 北京：高等教育出版社

张景钺，梁家骥. 1965. 植物系统学. 北京：人民教育出版社

周世权，马恩伟. 1995. 植物分类学. 北京：中国农业出版社

周云龙. 1985. 紫菜生活史简介. 植物学通报，3（2）：57-59

周云龙. 1999. 植物生物学. 北京：高等教育出版社

周云龙. 2004. 植物生物学. 2 版. 北京：高等教育出版社

周云龙. 2011. 植物生物学. 3 版. 北京：高等教育出版社

朱诚. 2012. 植物生物学. 北京：北京师范大学出版社

庄毅，陈建伟，谢小梅，等. 2012. 中药内的菌物药. 中草药，43（8）：1457-1461

| 第十章 | 被子植物主要分科 |

**【主要内容】**

本章主要介绍被子植物常见的 15 个科的主要特征、主要类群及其代表植物。

**【学习指南】**

掌握双子叶植物纲和单子叶植物纲的主要区别。

双子叶植物纲分为离瓣花亚纲和合瓣花亚纲，离瓣花亚纲主要介绍毛茛科、十字花科、蔷薇科、豆科、锦葵科、杨柳科、伞形科，合瓣花亚纲主要介绍葫芦科、茄科、旋花科、唇形科、菊科。单子叶植物主要介绍百合科、禾本科、莎草科。主要掌握 15 个科的主要特征、花程式和代表植物。

# 知识点一  双子叶植物和单子叶植物

被子植物是植物界进化最高级、种类最多、适应性最强的类群。全世界有 20 万～25 万种。我国被子植物种类繁多，大约有 3 万种。被子植物通常分为双子叶植物纲（Dicotyledoneae）和单子叶植物纲（Monocotyledoneae）两个主要类群，目前已经描述的双子叶植物大约有 165 000 种。

所谓双子叶植物就是种子具有两片子叶的植物。一般来说，双子叶植物的叶片具有网状脉序，主根发达，多为直根系，花基数通常为 4 或 5，花萼和花冠的形态也多不相同。解剖结构上双子叶植物的支脉末梢是不封闭的，是自由支脉末梢，叶片上的气孔排列不规则，多为散生，种子的胚通常有两片子叶，根、茎具有形成层，能进行次生生长，不断加粗。双子叶植物根据花被的离合分为离瓣花亚纲和合瓣花亚纲。

单子叶植物种子具有一片子叶。一般来说单子叶植物叶片为平行脉序或弧形脉序，支脉末梢封闭，无自由支脉末梢，气孔排列规则，多为纵向排列；胚通常有 1 片子叶；茎没有形成层，不能持续增粗；一般主根不发达，由多数不定根形成须根系；花基数通常为 3，且花萼和花冠非常相似。

从进化的角度来说，单子叶植物的须根系、缺乏形成层、平行脉序等特征都是次生的，但是单萌发孔的花粉却保留了比大多数双子叶植物还要原始的特点。在原始的双子叶植物中，也有单萌发孔的花粉，因此有专家认为单子叶植物是由双子叶植物进化来的，双子叶植物可能是单子叶植物的祖先。

▶ 迄今最早的被子植物：辽宁古果

双子叶植物纲和单子叶植物纲的区别见表 10-1。

表 10-1  被子植物双子叶植物纲和单子叶植物纲的比较

| 双子叶植物纲（木兰纲 Magnoliopsida） | 单子叶植物纲（百合纲 Liliopsida） |
| --- | --- |
| 主根发达，多为直根系 | 主根不发达，多为须根系 |
| 维管束环状排列 | 维管束星散排列 |
| 网状脉序 | 平行或弧状脉序 |
| 花部 4 基数或 5 基数，少 3 基数 | 花部常 3 基数，少 4 基数 |
| 胚具 2 片子叶 | 胚具 1 片子叶 |
| 花粉粒具 3 个萌发孔 | 花粉粒具单个萌发孔 |

# 知识点二　离瓣花亚纲

离瓣花亚纲（Choripetalae），又称古生（原始）花被亚纲，是被子植物门双子叶植物纲（又称木兰纲）下的亚纲，包括无被花、单被花或有花萼和花冠区别而花瓣通常分离的类型。雄蕊和花冠离生，胚珠一般有一层珠被。

## 一、毛茛科

$$♂*Ca_{3-\infty}Co_{3-\infty}A_{\infty}\underline{G}_{\infty-1}$$

毛茛科（Ranunculaceae），多年生或一年生、二年生草本，稀为灌木或木质藤本。叶互生或对生，有时基生；单叶或复叶，掌状分裂或不分裂，三出或羽状。花两性，稀单性，雌雄同株或异株，辐射对称，稀两侧对称，单生或为聚伞花序或总状花序；萼片离生，（3）4～5，稀更多，绿色，或呈花瓣状；花瓣 4 或 5，稀更多或无，离生，通常有蜜腺并常特化成分泌器官，比萼片小，呈杯状、筒状或二唇状，基部常有距；雄蕊多数，离生，螺旋状排列，花药 2 室，侧生，纵裂，有时有退化雄蕊；雌蕊 1 个至多数，离生，稀基部合生，子房上位，胚珠 1 个至多数，倒生。果实为蓇葖果或瘦果，稀为浆果或蒴果。种子胚小，含有丰富的胚乳（花图式见图 10-1）。染色体：$X=6～10，13$。

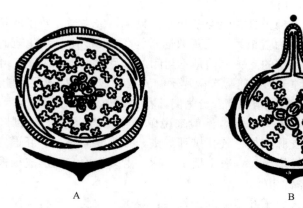

A

B

图 10-1　毛茛科花图式（邵美妮仿绘）

A. 辐射对称；B. 两侧对称

本科约有 50 属 1900 余种，主产北温带。我国有 43 属 750 余种。

## （一）毛茛属

毛茛属（Ranunculus），直立草本，叶基生或互生，三出复叶或单叶掌状分裂。花单生于茎顶或为聚伞花序；花黄色；萼片和花瓣各 5，分离，花瓣基部有一蜜腺穴；雄蕊和心皮均为多数、离生，螺旋状排列于突起的花托上。瘦果聚合成头状。本属植物有毒，可作生物农药，主要种类有毛茛（*Ranunculus japonicus* Thunb.）（图 10-2～图 10-4）、茴茴蒜（*Ranunculus chinensis* Bge.）等。

图 10-2　毛茛植株（曲波摄）

图 10-3　毛茛花（曲波摄）

## （二）铁线莲属

铁线莲属（*Clematis*），攀缘草本或木质蔓生藤本，叶对生，单叶、羽状复叶、三出复叶或分裂。花单生、聚伞花序或圆锥状聚伞花序；萼片 4 或 5；无花瓣或外轮雄蕊变态为花瓣状与萼片等长或短于萼片；雄蕊和雌蕊多数。瘦果多数集成头状，具宿存的羽毛状花柱。本属植物根可入药，

图 10-4　毛茛花的雄蕊和雌蕊（曲波摄）

主要有威灵仙（*Clematis chinensis* Osbeck.）、东北铁线莲（*Clematis mandshurica* Rupr.）、大叶铁线莲（*Clematis heracleifolia* DC.）、棉团铁线莲（*Clematis hexapetala* Pall.）等。

本科有毒植物、药用植物和农药植物丰富。黄连（*Coptis chinensis* Franch.）根状茎黄色，味苦，可入药。白头翁［*Pulsatilla chinensis*（Bunge.）Regel.］根含白头翁素，可作土农药。乌头（*Aconitum carmichaeli* Debx.）块根即乌头，入药能祛风镇痛，子根为中药"附子"。

本科识别要点：草本，雄蕊、雌蕊多数螺旋着生，花托隆起，聚合果。

## 二、十字花科

$$♀ *Ca_{2+2}Co_{2+2}A_{2+4}\underline{G}_{(2:1)}$$

十字花科（Brassicaceae），一年生、二年生或多年生草本，稀稍呈灌木状。植株无毛或有单毛、分枝毛、星状毛或腺毛。茎直立、斜生或铺散。叶通常互生，单叶或羽状复叶，不具托叶，基生叶通常莲座状丛生。总状花序顶生或腋生，初时呈伞房状，花后伸长成总状，通常无苞片及小苞片；花两性，整齐，2 基数；萼片 4，排列为两轮，相等或不相等，有时基部呈囊状，尤以内轮位于两侧者显著；花瓣 4，通常有直立瓣爪和开展的瓣片形成十字形，故名十字花科；雄蕊 6，为四强雄蕊，与萼片对生，即位于前方与后方的各 2 枚雄蕊较长，位于两侧的各 1 枚雄蕊较短，通常分离，有时长雄蕊花丝成对合生，雄蕊很少为 4 或 2，蜜腺位于花丝基部，长雄蕊基部的蜜腺有时无，蜜腺的形状和排列方式各式各样；雌蕊由 2 心皮构成，子房通常 2 室，中间有假隔膜或假隔膜形成不完全，有的具穿孔，或完全没有形成，而为子房 1 室，花柱明显或无花柱，柱头头状或 2

裂，裂片很少彼此连合，侧模胎座，胚珠通常多数，弯生或倒生。果实为长角果或短角果，开裂或不开裂，有时成段脱落而为1室，含1粒种子，呈坚果状。种子无胚乳，胚充满种子。根据胚根与子叶的位置，可分为子叶缘倚、子叶背倚、子叶纵折、子叶卷折或子叶回折。十字花科花图式见图10-5。染色体：$X＝4\sim15$，多数为$6\sim9$。

十字花科共有340属3000余种，全球分布。我国有90属300种。

### （一）葶苈属

葶苈属（*Draba*），草本，常簇生，被单毛、分枝毛或星状毛。基生叶呈莲座状，茎多无叶。花白色或黄色；花瓣全缘或顶端微缺。短角果长圆形、卵形以至条形，背腹压扁，子叶缘倚。本属植物葶苈（*Draba nemorosa* L.），全株被星毛；基生叶卵形至卵状披针形；总状花序，结果时舒展；短角果矩圆形或长椭圆形，具长梗。

### （二）荠属

荠属（*Capsella*），草本，无毛、具单毛或分枝毛。基生叶莲座状，全缘、大头羽状或羽状裂，茎生叶常抱茎。花瓣小，白色，匙形。短角果倒三角形或倒心形，扁压，开裂；子叶背倚。本属植物荠菜［*Capsella bursa-pastoria*（L.）Medic.］（图10-6），遍布全国各地，生于山坡草地、荒地、田边、宅旁和路边，嫩枝叶人畜均可食用，也可入药。

图10-5 十字花科花图式（邵美妮绘）

图10-6 荠菜植株（曲波摄）

### （三）独行菜属

独行菜属（*Lepidium*），草本。单叶，全缘或羽状分裂。花小，白色，萼片段；花瓣2~4或缺。短角果圆形、倒卵形或心脏形，两侧压扁，顶端全缘，或因微翅而成微缺；每室有种子1粒；子叶背倚。本属植物独行菜（*Lepidium apetalum* Willd.），植株多分枝，被头状腺毛。萼片呈舟状，花瓣退化，雄蕊常为2。

### （四）萝卜属

萝卜属（*Raphanus*），草本。常有肉质根。叶大头羽状裂，上部多有锯齿。总状花序伞房状；花白色或紫色，具深色脉纹。长角果圆筒状，不开裂，明显于种子间缢缩，顶端有细喙。本属植物萝卜（*Raphanus sativus* L.），各地普遍栽培，是重要蔬菜；种子、根、叶皆可入药。

### （五）芸薹属

芸薹属（*Brassica*），草本。基生叶莲座状，茎生叶无柄而抱茎。总状花序伞房状，果时伸长；花瓣黄色或白色，具长爪。长角果圆筒形，开裂，具喙。本属出产大量蔬菜，如油菜（*Brassica campestris* L.）、白菜（*Brassica pekinensis* Rupr.）、小白菜（青菜）（*Brassica chinensis* L.）、卷心菜（*Brassica oleracea* var. *capitata* L.）、花椰菜（*Brassica oleracea* var. *botrylis* L.）、甘蓝（*Brassica caulorapa* Pasq.）、芜菁（*Brassica rapa* L.）、芥菜［*Brassica juncea*（L.）Czerm. et Coss.］等。

### （六）碎米芥属

碎米芥属（*Cardamine*），草本，常具匍匐茎。叶羽状分裂或为羽状复叶。花淡紫色或白色。长角果条形或条状披针形，扁平，两端渐尖，果瓣成熟后弹起或卷起，子叶缘倚。

本科除了生产大量蔬菜外，还有很多药用植物，如菘蓝（*Isatis tinctoria* L.）、遏兰菜（*Thlaspi ravens* L.）等，观赏植物如羽衣甘蓝［*Brassica oleracea* var. *acephala* DC. f. *tricolor* Hout.］、紫罗兰［*Matthiola incana*（L.）R. Br.］等。

本科识别要点：草本，单叶互生，总状花序，十字花冠，四强雄蕊，角果。

## 三、蔷薇科

蔷薇科（Rosaceae），草本，灌木或乔木，落叶或常绿，有刺或无刺。叶互生或对生，单叶或复叶，有托叶，有时托叶早落，稀无托叶。花两性，稀单性，通常整齐；子房上位、周位或下位；花轴顶端发育成碟状、钟状、杯状、坛状或筒状的花托，其边缘生萼片、花瓣和雄蕊；萼片4或5，覆瓦状排列，有时有副萼片；花瓣与萼片同数，或无花瓣；雄蕊（4）5至多数，稀1或2，花丝离生，稀合生；心皮1至多数，离生或合生，有时与花托合生，每心皮有1至数枚直立或倒生胚珠，花柱分离或连合，顶生、侧生或基生。果实为蓇葖果、瘦果、核果或梨果，稀蒴果；种子通常无胚乳。染色体：$X=7，8，9，17$。

蔷薇科约有125属3300种，我国有52属1000余种。本科分为4个亚科：绣线菊亚科、蔷薇亚科、苹果（梨）亚科、梅（李）亚科。

### （一）绣线菊亚科

$$♀*Ca_5Co_5A_∞G_5$$

绣线菊亚科（Spiraeoideae），灌木。单叶，少复叶，常无托叶。花托扁平或微凹；心皮5，少1或2或多数，离生雌蕊，子房上位，每室胚珠2至多数。聚合蓇葖果。本亚科约有22属，我国有8属。其花图式见图10-7。

#### 1. 绣线菊属

绣线菊属（*Spiraea*），落叶灌木。单叶，边缘有锯齿或缺刻。伞形、伞房状、总状或圆锥状花序；花托钟状；萼片、花瓣

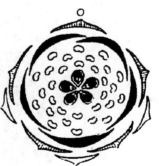

图10-7 绣线菊亚科花图式
（邵美妮仿绘）

均为 5；心皮 5，离生。蓇葖果 5。许多种类耐寒，花朵美丽，白或红色，为庭院常见观赏植物。常见的有土庄绣线菊（*Spiraea pubescens* Turcz.）、粉花绣线菊（*Spiraea japonica* L.）、珍珠绣线菊（*Spiraea thunbergii* Blume.）、柳叶绣线菊（*Spiraea salicifolia* L.）（图 10-8）等。

**2. 珍珠梅属**

珍珠梅属（*Sorbaria*），落叶灌木，小枝圆柱形；冬芽卵形，鳞片数个。叶互生，羽状复叶，小叶有重锯齿；有托叶。花小而多，组成顶生大型圆锥花序；萼筒钟状，萼片 5，反折；花瓣 5，白色，在芽中呈覆瓦状排列；雄蕊 20～50；心皮 5，基部合生。蓇葖果成熟时沿腹缝线开裂，内有种子数个。常见植物珍珠梅 [*Sorbaria kirilowii*（Regel.）Maxim.] 为观赏植物。

## （二）蔷薇亚科

$$♂*Ca_5Co_5A_∞\underline{G}_∞$$

蔷薇亚科（Rosoideae），木本或草本。复叶少单叶，托叶发达。花托突起或凹陷；心皮多数，离生雌蕊，子房上位，每室 1 胚珠。聚合瘦果或聚合小核果。本亚科约有 35 属，我国有 21 属。其花图式见图 10-9。

图 10-8　柳叶绣线菊
（曲波摄）

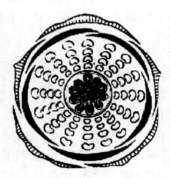

图 10-9　蔷薇亚科花图式
（邵美妮仿绘）

**1. 蔷薇属**

图 10-10　黄刺玫花纵切（曲波摄）

蔷薇属（*Rosa*），落叶或常绿灌木。茎直立、攀缘或蔓生，有皮刺。奇数羽状复叶互生，少数单叶，小叶有锯齿；托叶和叶柄合生或分离。花单生或呈伞房、圆锥花序，着生短枝顶端；萼片 5，少数 4，脱落或宿存；花瓣 5，少数 4，或为重瓣；雄蕊多数；心皮多数，离生，包在壶状花托内，花柱分离或连合；花托成熟时肉质，内有骨质瘦果，连同萼筒共同形成的聚合果，叫蔷薇果。黄刺玫（*Rosa xanthina* Lindl.）（图 10-10）、月季（*Rosa chinensis* Jacq.）、蔷 薇（*Rosa multiflora* Thunb.）

和玫瑰（*Rosa rugosa* Thunb.）是本属常见花卉。

### 2. 草莓属

草莓属（*Fragaria*），多年生草本，有匍匐茎。三出复叶或 5 小叶，具长柄；托叶膜质，基部与叶合生。花单生、数朵或聚伞花序；花托盘状；萼片 5，副萼 5，与萼片互生；花瓣 5，白色。瘦果多数，嵌于膨大的肉质花托内，形成聚合果，萼片宿存，果实可食。栽培草莓（*Fragaria xananassa* Duch.），三出羽状复叶；花白色；聚合果鲜红色或淡红色，萼片紧贴果实。我国各地均有栽培。

### （三）苹果（梨）亚科

$$♂ *Ca_5Co_5A_\infty \overline{G}_{(2\text{-}5:2\text{-}5)}$$

苹果（梨）亚科（Maloideae），乔木或灌木。单叶稀复叶，有托叶。花托下凹，心皮 2～5，合生雌蕊，子房下位，每室有胚珠 1 或 2 个。梨果。本亚科约有 20 属，我国有 16 属。其花图式见图 10-11。

图 10-11　苹果（梨）亚科花图式（邵美妮仿绘）

### 1. 苹果属

苹果属（*Malus*），落叶乔木或灌木。单叶互生，边缘有锯齿或分裂。花白色或粉红色，排成伞房花序；花柱 3～5，基部合生。梨果无石细胞，子房壁软骨质。多数为重要的果树或观赏树种。苹果（*Malus pumila* Mill.），果鲜食或加工果品。海棠［*Malus spectabilis*（Ait.）Borkh.］为常见观赏植物。

### 2. 梨属

梨属（*Pyrus*），落叶乔木或灌木，少数为半常绿乔木，有时有枝刺。单叶互生，有锯齿或全缘；有叶柄；托叶早落。伞形总状花序，花先于叶开放或同时开放；萼筒钟状，萼片 5，反折或开展；花瓣 5，有爪；雄蕊 15～30；子房下位，2～5 室，每室胚珠 2，花柱 2～5，离生。梨果 2～5 室，每室有种子 1 或 2，肉质，多石细胞，心皮成熟时变软骨质。白梨（*Pyrus bretschneideri* Rahd.）为常见水果。

### 3. 山楂属

山楂属（*Crataegus*），落叶灌木或小乔木，通常有茎刺。单叶互生，常分裂，有托叶。顶生伞房花序。山楂（*Crataegus pinnatifida* Bunge.）（图 10-12，图 10-13），果红色，近球形，可食用，也可入药。

图 10-12　山楂果实（曲波摄）

图 10-13　山楂花（曲波摄）

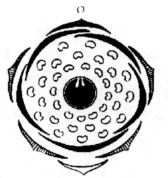

图 10-14 梅（李）亚科花图式
（邵美妮仿绘）

## （四）梅（李）亚科

$\male * Ca_5 Co_5 A_\infty \underline{G}_1$

梅（李）亚科（Prunoideae），乔木或灌木。单叶，托叶早落，叶柄顶端常有腺体。花托扁平或微凹，心皮 1，子房上位，胚珠 1 或 2。核果，常含 1 粒种子。本亚科约有 10 属，我国有 9 属。其花图式见图 10-14。其中的主要属为李属（梅属）。

李属（梅属）（Prunus），落叶，常绿乔木或灌木。单叶互生，有锯齿，少数全缘，基部边缘或叶柄上端常有腺体。花单生、数朵簇生或组成花序；萼筒钟状或管状，萼片 5，脱落，少数宿存；花瓣 5；雄蕊多数；雌蕊由单心皮组成，着生在萼筒基部，子房上位，有胚珠 2。核果，内有种子 1 粒。桃 [ Prunus persica（L.）Batsch. ]（图 10-15，图 10-16）、李（Prunus salicina Lindl.）、杏（Prunus armeniaca L.）、梅 [ Prunus mume（Sieb.）Sieb. et Zucc. ] 为常见水果，日本樱花（Prunus yedoensis Matsum.）、榆叶梅（Prunus triloba Lindl.）为常见观赏植物。

图 10-15 桃花（曲波摄）

图 10-16 桃花纵切（曲波摄）

蔷薇科常见植物还有：山楂叶悬钩子（Rubus crataegifolius Bge.）、委陵菜（Potentilla chinensis Ser.）、枇杷 [ Erilbotrlya japonica（Thunb.）Lindl. ]、木瓜 [ Chaenomeles sinensis（Touin.）Koehne. ] 等。蔷薇科 4 个亚科的区别见表 10-2。

### 表 10-2 蔷薇科 4 个亚科的区别

| 亚科 | 托叶有无 | 花托形状 | 心皮数目、连合及子房位置 | 果实类型 |
| --- | --- | --- | --- | --- |
| 绣线菊亚科 | 无 | 浅杯 | $\underline{G}_{1-5}$ | 蓇葖果 |
| 蔷薇亚科 | 有 | 壶形或隆起 | $\underline{G}_{5-\infty}$ | 瘦果或核果 |
| 苹果（梨）亚科 | 有 | 深杯形 | $\overline{G}_{(2-5)}$ | 梨果 |
| 梅（李）亚科 | 有 | 杯状 | $\underline{G}_1$ | 核果 |

本科识别要点：除绣线菊亚科外均有托叶。花为 5 基数。雄蕊多数，离生或轮生，心皮合生或离生，子房上位或下位。核果、梨果、瘦果或蓇葖果，少有蒴果。

## 四、豆科

$$♂↑Ca_{(5)}Co_5A_{(9)1,(5)5,(10)10}\underline{G}_{1:1}$$

豆科（Leguminosae 或 Fabaceae），木本或草本。常具根瘤。叶互生，羽状复叶或三出复叶，少为单叶，常具托叶。花两性，两侧对称，少辐射对称；萼片 5；花瓣 5，花冠多为蝶形或假蝶形，蝶形花冠有旗瓣 1，翼瓣 2，龙骨瓣 2；雄蕊 10，9 枚合生，1 枚分离，二体雄蕊，少有全分离或下部合生；花粉具 3 孔沟或 2 孔、4 孔、6 孔；心皮 1，子房 1 室偶 2 室，胚珠 1 至多数，边缘胎座。荚果，成熟时沿背、腹两缝线开裂成两瓣，偶不开裂；种子无胚乳，子叶发达。染色体：$X=5\sim16$，18，20，21。

按照哈钦松系统，豆目下分为含羞草科（合欢科）、苏木科（云实科）、蝶形花科（豆科）。按照恩格勒系统，豆科下分为含羞草亚科、云实亚科和蝶形花亚科，本科按照恩格勒系统进行分类。

1. 花辐射对称 ································································································含羞草亚科
1. 花两侧对称。
   2. 花冠不为蝶形 ·······················································································云实亚科
   2. 花冠为蝶形 ·························································································蝶形花亚科

本科约有 690 属 17 600 余种，广布于全世界。我国约有 130 属 1200 种，分布全国各地。

### （一）含羞草亚科

含羞草亚科（Mimosoideae），乔木、灌木或草本。一或二回羽状复叶，有托叶。花两性，辐射对称；萼片 5，合生；花瓣 5，镊合状排列，中下部合生。雄蕊 4~10 或多数，花丝离生或合生。荚果横列或不裂。染色体：$X=8$，11~14。其花图式见图 10-17。

图 10-17　含羞草亚科花图式
（邵美妮仿绘）

**1. 合欢属**

合欢属（Albizia），木本。二回羽状复叶。花萼钟状或漏斗状，具 5 齿；花瓣在中部以下合生。荚果扁平，通常不开裂，种子间无横隔。合欢（Albizia julibrissin Durazz.）作为行道树和绿化树种，各地多有栽培。

**2. 含羞草属**

含羞草属（Mimosa），二回羽状复叶，常很敏感，触之即闭合下垂。花小，两性或杂性，组成稠密的球形头状花序或圆柱形穗状花序；雄蕊与花瓣同数或为其 2 倍，分离。荚果成熟时横裂为数节，而荚缘宿存在果柄上，每节含 1 种子。含羞草（Mimosa pudica L.），草本，具刺；头状花序圆球形，萼钟状，裂片 4，花瓣 4，雄蕊 4，全株可药用，也可栽培供观赏。

### （二）云实亚科

云实亚科（苏木亚科，Caesalpinioideae），多为木本。常为偶数羽状复叶，稀单叶。

图 10-18　云实亚科花图式
（邵美妮仿绘）

花两性，两侧对称；萼片 5；花瓣 5，覆瓦状排列，最上一瓣在最内，形成假蝶形花冠；雄蕊 10 或较少，多分离。荚果，有时具横隔。染色体：$X=6\sim14$。其花图式见图 10-18。

### 1. 云实属

云实属（*Caesalpinia*），花黄色或橙黄色。荚果卵形、长圆形或披针形，平滑或有刺，革质或木质；种子无胚乳。云实 [*Caesalpinia decapetala*（Roth.）Alston.]，总状花序顶生，花黄色；荚果长圆状舌形，沿腹缝线有狭翅，成熟时沿腹缝线开裂。根、果可药用，常栽培为绿篱。

### 2. 皂荚属

皂荚属（*Gleditsia*），乔木或灌木，具分枝的粗刺。一回或兼有二回偶数羽状复叶，小叶边缘具齿，少全缘。花杂性或单性异株，淡绿色或绿白色，雄蕊 6~10。山皂荚（*Gleditsia japonica* Miq.），乔木，小枝绿褐色至赤褐色，枝上有较粗壮、略扁且分枝的刺，偶数羽状复叶，互生，小叶 6~10 对，长椭圆形，花杂性，白色，排成总状花序；荚果大，黑棕色。全国各地均有分布，北方多栽培于村边地、房屋附近。本种木材坚硬，为车辆、家具用材，荚果煎汁可代肥皂用；荚、种子、刺均可入药。

### （三）蝶形花亚科

蝶形花亚科（Papilionoideae），草本、灌木或乔木。根具根瘤。羽状复叶或三出复叶，稀为单叶，有时具卷须，有托叶。花两侧对称；萼齿 5；花冠蝶形，最上方 1 片最大，为旗瓣，两侧两片为翼瓣，最里面两片常连合为龙骨瓣；雄蕊 10，呈二体或单体，少分离。荚果开裂或不开裂，有时形成横断开裂的节荚。染色体：$X=5\sim13$。其花图式见图 10-19。

图 10-19　蝶形花亚科花图式
（邵美妮仿绘）

### 1. 大豆属

大豆属（*Glycine*），攀缘或半直立，一年生草本。羽状复叶有 3 小叶，有时有 5~7 小叶；托叶小，通常脱落；小托叶和叶柄离生。总状花序短，腋生，花白色至淡紫色；花萼有毛，上面两萼齿合生；旗瓣大，基部两侧略有耳，翼瓣微黏合于短而钝的龙骨瓣上；有花盘，但不发达，环状。荚果带状或长椭圆形，扁平或略肿胀，直或弯曲如镰刀状；种子与种子间有隔膜，通常收缩。大豆 [*Glycine max*（L.）Marr.]，一年生草本，全株有毛。茎直立。叶为三出复叶，小叶卵形。总状花序，腋生，有 2~10 朵小花；花白色或紫色，萼片 5 枚；花瓣 5 枚，形成蝶状花冠；雄蕊 10 枚，连合成二体雄蕊；雌蕊 1 心皮，上位子房，边缘胎座。荚果密生粗毛。种子椭圆形，黄色，稀绿色或黑色。全国各地均有栽培，东北栽培最广，种子含丰富的蛋白质和脂肪。

### 2. 洋槐属

洋槐属（*Robinia*），落叶乔木或灌木。叶互生，单数羽状复叶，小叶有柄，全缘，有针状小托叶；托叶刺状。总状花序腋生，有细长梗，通常下垂，花有香味，白色、粉红色或紫色；花萼宽钟状，有 5 裂齿，稍二唇形；旗瓣近圆形，有爪，外反，基部有黄色斑点，翼瓣弯曲，龙骨瓣背部愈合（图10-20）；上部雄蕊离生或部分离生（图10-21）。荚果薄而扁平，长椭圆形或线状长椭圆形，熟时2瓣裂；种子数颗，种子间无横隔，肾形，黑色。洋槐（刺槐，*Robinia pseudoacacia* L.），落叶乔木；树皮褐色，有纵裂纹。羽状复叶有小叶7～25，互生，椭圆形或卵形，顶端圆或微凹，有小尖头，基部圆形。花白色，花萼筒上有红色斑纹；是重要用材树种，种子含油，茎皮、根、叶可药用，也是重要的蜜源植物。

图 10-20　洋槐的蝶形花冠（曲波摄）　　　图 10-21　洋槐的雌蕊和雄蕊（曲波摄）

### 3. 菜豆属

菜豆属（*Phaseolus*），缠绕或直立草本。小叶3；托叶宿存。花腋生，有时为顶生的总状花序；萼钟状；旗瓣阔，外弯；雄蕊两体；子房无柄，有胚珠多颗，花柱顶端膨大为一倾斜的柱头。荚果线状至长椭圆形，种子肾形，脐短小，位于中部。菜豆（*Phaseolus vulgaris* L.），一年生草本。茎缠绕。三出复叶，小叶广卵形。荚果扁平或筒形。种子形状及色彩各异，品种很多。全国各地普遍栽培，嫩荚果为重要的蔬菜（图10-22）。

图 10-22　菜豆（曲波摄）

本亚科中杂粮作物有赤豆［*Phaseolus angularis*（Wild.）W. F. Wight］，荚果圆柱形，无毛，成熟后黄白色；种子红色、暗红色或白色带条纹；各地均有栽培，种子可食用。绿豆（*Phaseolus radiatus* L.），荚果圆柱形，散生褐色粗硬毛，成熟后为绿色或黑色；种子绿色，栽培植物，种子可生豆芽或加工成各种食品。

药用植物有黄芪（*Astragalus membranaceus* Bunge.）、甘草（*Glycyrrhiza uralensis* Fisch.）等。黄芪分布于东北、华北、西北及四川、西藏等地区，根能补气、固表止汗、利尿、排脓。甘草分布于我国东北、华北、西北等地区，根茎入药通称甘草，能清热解毒、补脾胃、润肺、调和诸药。

可作绿肥和饲料的有苜蓿（*Medicago sativa* L.）、草木犀（*Melilotus suaveolens* Ledeb.）、胡枝子（*Lespedeza bicolor* Turca.）、白三叶（*Trifolium repens* L.）、红三叶（*Trifolium pratense* L.）等。

观赏植物主要有槐（*Sophora japonica* L.），落叶大乔木，花黄白色，雄蕊10个分离，荚果念珠状。树锦鸡儿［*Caragana arborescens*（Amm.）Lam.］，灌木或小乔木，花黄色。

图 10-23 锦葵科花图式
（邵美妮仿绘）

本科识别要点：叶为羽状复叶或三出复叶，有叶枕。花冠多为蝶形或假蝶形；二体雄蕊，也有单体或分离。荚果。

### 五、锦葵科

$$♀*Ca_5Co_5A_{(\infty)}\underline{G}_{(3-\infty;3-\infty)}$$

锦葵科（Malvaceae），草本、灌木或乔木，具星状毛。单叶互生，通常 5 裂，掌状脉。花两性，5 基数，整齐，腋生或顶生，单生或簇生呈聚伞状圆锥花序；萼片 5，分离或基部合生，其下常有 3 至多数小苞片；花瓣 5；雄蕊多数，花丝结合成圆筒状，为单体雄蕊；子房上位，1 至多室，每室具 1 至多数倒生胚珠，花柱与心皮同数或为其 2 倍，分离或基部合生，柱头线形、盾形或头状。果为蒴果或分果。种子肾形或倒卵形。种子有胚乳。其花图式见图 10-23。染色体：$X=5\sim22$，33，39。

锦葵科共有 75 属 1500 余种，分布于温带及热带。我国有 16 属 80 余种。

#### （一）棉属

棉属（Gossypium），一年生灌木状草本。叶掌状分裂。副萼 3 或 5，萼成杯状。蒴果 3~5 瓣，室背开裂，种子表皮细胞延伸成纤维。陆地棉（Gossypium hirsutum L.）、草棉（Gossypium herbaceum L.）、树棉（Gossypium arboreum L.）为常见的纤维植物。

#### （二）木槿属

木槿属（Hibiscus），木本或草本。副萼 5，全缘，花萼 5 齿裂；花冠钟形；单体雄蕊大；心皮 5，结合，花柱分枝 5，较长。种子肾形。木槿（Hibiscus syriacus L.）、扶桑（Hibiscus rosa-sinensis J.）、吊灯花（Hibiscus schizopetalus Hook. f.）等为常见的观赏植物。

本科还有蜀葵［Althaea rosea（L.）Cavan.］、锦葵（Malva sylvestris Cavan.）等观赏植物，种子也可以入药。

本科识别要点：草本，单叶掌状分裂，互生，具星状毛，具副萼，单体雄蕊，蒴果。

### 六、杨柳科

$$♂*Ca_0Co_0A_{2-\infty} \qquad ♀*Ca_0Co_0\underline{G}_{(2:1)}$$

杨柳科（Salicaceae），落叶乔木或直立、垫状、匍匐灌木。树皮通常有苦味，有托叶或早落。花单性，雌雄异株，偶同株；花序柔荑状，直立或下垂；花先于叶开放，或与叶同时开放，稀叶后开放，着生在苞片和花序轴间；苞片脱落或宿存，基部有杯状花盘或腺体，稀缺；雄蕊 2 至多数，花药 2 室，纵裂，花丝离合至合生；子房无柄或有柄，由 2~4 心皮合成，1 室，侧膜胎座，胚珠少至多数，花柱明显或无，柱头 2~4 裂。蒴果 2~4 瓣裂；种子小，胚直立，无胚乳或有少量胚乳，成熟后与胎座上的白色丝状长毛一起脱落。花图式见图 10-24。染色体：$X=19$，22。

杨柳科有 3 属约 500 种。我国有 3 属 230 余种。

图 10-24　杨柳科花图式（邵美妮仿绘）
A. 柳属雌花；B. 柳属雄花；C. 杨属雌花；D. 杨属雄花

## （一）杨属

杨属（*Populus*），乔木，具顶芽，冬芽具数枚鳞片。叶常宽阔。柔荑花序下垂，苞片边缘细裂，花具花盘；雄蕊多数。蒴果 2~4 瓣裂。加拿大杨（*Populus canadensis* Moench.），树干有裂口，树皮粗厚；叶三角形，基部截形（图 10-25）。原产北美洲，各地均有栽培，为绿化优良树种。毛白杨（*Populus tomentosa* Carr.），乔木，树皮灰白色；叶三角状卵形，基部近叶柄处常有 2 腺体，背面密生灰色绵毛；雄蕊 8，蒴果 2 裂。木材供建筑、家具、火柴杆、造纸、胶合板、人造纤维等用，也可作为防护林和行道树。山杨（*Populus davidiana* Dode.），叶近圆形、卵圆形或卵形，叶缘有整齐齿，叶柄近叶片处扁，为北方山区野生杨树，喜生阴坡湿润处，成片生长。木材供造纸及火柴杆用；树皮入药，可驱蛔虫、治腹泻及肺热咳嗽。

图 10-25　加拿大杨的叶片（左）与花序（右）（曲波摄）

我国绿化树种有银白杨（*Populus alba* L.），叶比毛白杨小，下面有银白色绒毛，不脱落，分布于东北、华北至西北。小叶杨（*Populus simonii* Carr.），叶菱状倒卵形，中部以上最宽，边缘有钝锯齿，叶柄短，分布于东北、华北和西北。胡杨（*Populus diversifolia* Schrenk.），又名异叶杨，乔木，叶多变，幼树及萌条上有叶，狭长如柳叶，有短柄，老枝上叶广卵形、菱形或心形，边缘多锯齿，叶柄较长，蒴果 3 瓣裂，分布于新疆、青海、甘肃的沙漠地带。胡杨的树脂（俗称胡杨泪）和根、叶、花均可入药，有清热解毒、止痛的作用。

图 10-26　柳的雌、雄花序（曲波摄）

## （二）柳属

柳属（*Salix*），灌木或乔木，无顶芽，冬芽具 1 鳞片。叶多狭长。柔荑花序直立（图 10-26），苞片全缘，花无花盘而具 1 或 2 蜜腺；雄蕊 1 或 2 或较多。蒴果 2 裂。旱柳（*Salix matsudana* Koidz.），乔木，枝直立。叶披针形，苞片三角形。雌花和雄花均有 2 腺体。蒴果 2 裂。为行道、固堤等树种，也为北方早春蜜源植物。垂柳（*Salix babylonica* L.），乔木，小枝细长下垂。叶狭披针形，苞片线状披针形，雄花有 2 腺体，雌花只有 1 腺体。蒴果 2 裂。根系发达，保土力强。用途同旱柳。

杨属和柳属的区别见表 10-3。

表 10-3　杨属和柳属的区别

|  | 冬芽 | 叶形 | 花序 | 苞片 | 花盘 | 腺体 | 雄蕊 |
|---|---|---|---|---|---|---|---|
| 杨属 | 鳞片数个 | 叶片阔 | 下垂 | 不规则分裂 | 有 | 无 | 多个 |
| 柳属 | 鳞片 1 个 | 披针形 | 直立 | 全缘 | 无 | 有 | 2 |

本科识别要点：木本。单叶互生，有托叶，柔荑花序，花单性，无花被，雌雄异株；有花盘或腺体。蒴果。种子小，基部有丝状长毛。

## 七、伞形科

$$♀ * Ca_{(5)-0}Co_5A_5\overline{G}_{(2:2)}$$

伞形科（Umbelliferae），草本，茎常中空，有纵棱，常含有挥发油而具香气。叶互生，大部分为复叶，叶柄基部膨大成鞘状，抱茎。伞形或复伞形花序，常有总苞；花小，两性，辐射对称，萼微小或缺。花瓣 5 枚；雄蕊 5 枚，着生于上位花盘的周围，雌蕊由 2 心皮组成，子房下位，2 室。果实为双悬果。种子胚乳丰富，胚小。其花图式见图 10-27。染色体：$X=4\sim12$。

本科约有 250 属 2000 种，多产于北温带。我国有 57 属 500 种。

### （一）胡萝卜属

胡萝卜属（*Daucus*），草本。叶二或三回羽状全裂。复伞形花序，总苞片叶状，羽状分裂；子房及果实有刺或刚毛。胡萝卜（*Daucus carota* var. Sativa DC.），二年生草本。圆锥形，粗大肉质根，黄色或橙黄色。叶为二或三回羽状全裂，最终裂片线状披针形。总苞片及小苞片羽状全裂。果实为双悬果，狭椭圆形，被皮

图 10-27　伞形科花图式
（邵美妮仿绘）

刺及钩状刺毛。本属多为栽培植物，根作为蔬菜，含有丰富的胡萝卜素，营养价值很高。

### （二）芹属

芹属（*Apium*），草本。叶一回羽状分裂至三回羽状多裂。复伞形花序，具总苞片和小苞片或缺，花白色。果侧扁。芹菜（*Apium graveolens* L.），一年生或二年生草本。茎直立，高5cm以上，具纵棱，绿色。叶单羽裂或二回羽裂，小叶有柄或无柄，边缘有缺刻，具齿牙。伞形花序几乎无柄，果球形。栽培蔬菜。

栽培蔬菜还有：香菜（芫荽）（*Coriandrum sativum* L.），茎和叶作蔬菜和调料用，叶裂片卵形或条形，具小总苞，花白色或粉红色，双悬果球形。茴香（*Foeniculum vulgare* Mill.），叶三或四回羽状细裂，小裂片丝状，具叶鞘；复伞形花序大，无总苞和小总苞，花黄色；双悬果圆球形；各地有栽培，嫩茎和叶作蔬菜，果作调味料，也可提取芳香油；入药称小茴香，能行气止痛，健胃散寒。

本科植物能入药的较多。当归[*Angelica sinensis*（Oliv.）Diels.]，根入药，有补血、活血、调经、滑肠的功效。独活（*Angelica pubescens* Mixim.），根具祛风、除湿、散寒、止痛的功能。柴胡（*Bupleurum chinense* DC.），根入药，主治感冒、疟疾、肝炎、久泻脱肛、月经不调、子宫下垂等症。防风[*Saposhnikovia divaricata*（Turcz.）Schischk]，根入药，有发汗解表、祛风除湿、止痛的功效。蛇床[*Cnidium monnieri*（L.）Cusson]，果实入药，名蛇床子，有祛风、燥湿、杀虫、止痒及温肾助阳的功能。

本科有毒植物有毒芹（*Cicuta virosa* L.），多年生草本，根、茎粗大，节间相接，内部有横隔。生于水湿地或沟边，全草有剧毒，人畜误食即可致死。根、茎入药，外用具拔毒、祛瘀的功能，严禁内服。

伞形科植物对昆虫传粉的适应：本科植物为异花传粉，通常靠雄蕊先熟来保证。花序的特化为虫媒传粉创造了有利条件，多数密集的小花在同一平面上，便于昆虫落足，边缘花常增大而具辐射瓣，有吸引昆虫的作用，适于各种昆虫采蜜，对短吻的蝇类更为方便。因此，向伞形科植物采蜜的昆虫种类非常多。

本科识别要点：草本。茎常中空。叶柄基部成鞘状，抱茎。伞形或复伞形花序。花部5数，子房下位。双悬果。

# 知识点三　合瓣花亚纲

合瓣花亚纲（Metachlamydeae），又称后生花被亚纲，也是被子植物门双子叶植物纲下的亚纲，主要特征是花瓣多少连合成合瓣花冠。花冠形成了各种形状，如漏斗状、钟状、唇形、管状、舌状等，由辐射对称发展到两侧对称。花冠各式的连合，增加了对昆虫传粉的适应及对雄蕊和雌蕊的保护。花的轮数趋向减少，由5轮（花萼1轮、花瓣1轮、雄蕊2轮、雌蕊的心皮1轮）减为4轮（花萼1轮、花瓣1轮、雄蕊1轮、雌蕊的心皮1轮），各轮数目也逐渐减少，如雄蕊的数目从与花冠裂片同数，如由5（旋花科、茄科等）减为2~4（唇形科、葫芦科等），心皮数由5减为2。通常无托叶，胚珠只有一层珠被。

# 一、葫芦科

$$♂Ca_{(5)}Co_{(5)}A_{1(2)(2)} \qquad ♀Ca_{(5)}Co_{(5)}\overline{G}_{(3:1)}$$

葫芦科（Cucurbitaceae），一年生或多年生草质藤本，植株被毛，粗糙，常有卷须。单叶，互生，常掌状分裂。花单性，同株或异株；萼片、花瓣各5枚，合瓣或离瓣；雄蕊5枚，常两两连合，一条单独，成为3组，或完全连合；花药常折叠弯曲，呈S形；雌蕊3心皮合生，子房下位，侧膜胎座，胚珠多数。瓠果，肉质或最后干燥变硬，不开裂；种子多数，常扁平，无胚乳。葫芦科花图式见图10-28和图10-29。染色体：$X＝7～14$。

图 10-28　葫芦科雄花花图式（邵美妮仿绘）　　　图 10-29　葫芦科雌花花图式（邵美妮仿绘）

本科约有90属700种，大部分产于热带地区。我国有22属100多种。

## （一）黄瓜属

黄瓜属（*Cucumis*），草质藤本，有不分枝的卷须。叶3～7裂。花冠辐状、黄色，5深裂；雄花单生或有时簇生（图10-30）；花萼裂片钻形，近全缘，不反折。本属的黄瓜（*Cucumis sativus* L.）是常见的栽培蔬菜（图10-31）。甜瓜（*Cucumis melo* L.），栽培已久，以新疆甜瓜最负盛名。

图 10-30　黄瓜雄花纵切（曲波摄）　　　　　图 10-31　黄瓜（曲波摄）

## （二）葫芦属

葫芦属（*Lagenaria*），草质藤本。叶片心状卵形，叶柄顶部有2个明显腺体。花白色，辐状；雄花萼筒部伸长约 2cm。葫芦 [ *Lagenaria siceraria* （Molina）Standl. ]，果下部大于上部，中部缢细，成熟后果皮变为木质，可作成各种容器。

### （三）南瓜属

南瓜属（*Cucurbita*），草质藤本，茎粗糙，卷须分枝。花冠大型钟状、黄色，5 中裂。南瓜 [ *Cucurbita moschata* （Duch.）Duch. ex Lam. ]、西葫芦（*Cucurbita pepo* L.），南方和北方都有栽培。

### （四）西瓜属

西瓜属（*Citrullus*），卷须分枝。叶羽状深裂。花单性同株或异株，单生，淡黄色，花冠 5 深裂。西瓜 [ *Citrullus lanatus* （Thunb.）Matsu. et Nakai ]，瓠果大型，胎座组织发达。各地广泛栽培，品种甚多。

### （五）丝瓜属

丝瓜属（*Luffa*），卷须分叉。叶 5～7 裂。花单性同株，黄色，雄花序总状，雌花单生，花冠 5 深裂。果内有网状纤维。丝瓜 [ *Luffa cylindrica* （L.）Roem ]，果圆柱形，嫩时菜用，熟后其网状纤维可药用，民间用其洗涤器皿。

本科常见植物中，作蔬菜的有冬瓜 [ *Benincasa hispida* （Thunb.）Cogn. ]、苦瓜（*Momordica charantia* L.）、蛇瓜（*Trichosanthes anguina* L.）等。药用植物有绞股蓝 [ *Gynostemma pentaphyllum* （Thunb.）Makino ]，全草入药，含有类似人参皂苷的绞股蓝皂苷，还可提制蓝色素。观赏植物有喷瓜 [ *Ecballium elaterium* （L.）A. Rich. ]，多年生草本，无卷须。

本科识别要点：草质藤本，大多具卷须。叶掌状分裂。花单性，花药折叠；子房下位，侧膜胎座，瓠果。

## 二、茄科

$$♀ *Ca_{(5)}Co_{(5)}A_5\underline{G}_{(2:2)}$$

茄科（Solanaceae），一年生或多年生草本，稀为灌木或小乔木。茎直立、匍匐或攀缘状，无刺或具皮刺，稀具棘刺。叶通常互生，单叶全缘，不分裂或分裂，有时为羽状复叶；无托叶。花单生、簇生或组成各种聚伞花序，稀为总状花序，顶生、腋生或腋外生；花两性，稀杂性，辐射对称或稍两侧对称，无苞片；花萼基部合生，上部通常 5 裂，花后增大或不增大，果期宿存，稀自近基部周裂而仅基部宿存；花冠辐射、漏斗状、高脚碟状、钟状或坛状，檐部 5 裂，稀 10 裂；雄蕊与花冠裂片同数或互生，同型或异型，着生于花冠筒上，花药直立或弯曲，有时靠合或合生成管状围绕花柱（依据《辽宁植物志》），药室 2，纵裂或顶孔裂；子房上位，具 2 心皮，通常 2 室，或不完全 4 室（假隔膜不完全），稀 3～5 室，花柱线形，柱头头状，不裂或 2 浅裂，胚珠多数，稀少数至 1 枚。果实为浆果或蒴果。种子圆盘形或肾形；胚直立或环状弯曲，胚乳丰富。茄科花图式见图 10-32。染色体 $X=7～12$，17，18，20～24。

茄科共有 85 属 2800 余种，广泛分布于温带及热带地区，美洲热带种类最多。我国

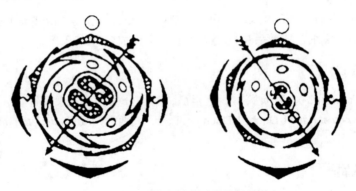

图 10-32　茄科花图式（邵美妮仿绘）

有 24 属约 115 种。

### （一）茄属

茄属（*Solanum*），草本、灌木或小乔木。常单叶，花冠常呈辐射状；花药侧面靠合，顶孔开裂；心皮 2，2 室。浆果。本属的茄（*Solanum melongena* L.）、马铃薯（*Solanum tuberosum* L.）（图 10-33）、番茄（*Solanum lycopersicum* L.）为重要蔬菜。

图 10-33　马铃薯（曲波摄）

A. 马铃薯植株；B. 马铃薯叶和块茎；C. 马铃薯花

### （二）辣椒属

辣椒属（*Capsicum*），花单生；花萼杯状，具不明显 5 齿。果柄粗壮，常俯垂；浆果无汁，有空腔，果皮肉质，辣味。本属的辣椒（*Capsicum annuum* L.）、菜椒 [ *Capsicum annuum* L. var. *grossum*（L.）Sendt. ] 为蔬菜，朝天椒 [ *Capsicum annuum* L. var. *conoides*（Mill.）Irish ] 主要用于盆景观赏。

### （三）烟草属

烟草属（*Nicotiana*），高大草本，全体被腺毛。圆锥状聚伞花序顶生。烟草（*Nicotiana*

*tabacum* L.）叶为卷烟和烟丝原料。本氏烟草（*Nicotiana benthamiana*）作为模式植物在科研上应用较多。

本科不少种类含生物碱及其他成分，可供药用，如莨菪（*Hyoscyamus niger* L.）、酸浆〔*Physalis alkekengl* L. var. *franchetii*（Mast.）Makino〕、曼陀罗（*Datura stramonium* L.）、枸杞（*Lycium chinense* Mill.）、颠茄（*Atropa belladonna* L.）等。碧冬茄（矮牵牛）（*Petunia hybrida* Vilm.）为观赏花卉。

本科识别要点：草本，叶互生，轮状花冠，花药粗壮，胚珠多数，浆果。

## 三、旋花科

$$♀ *Ca_{(5)}Co_{(5)}A_5\underline{G}_{(2-3:2-3)}$$

旋花科（Convolvulaceae），草质或木质藤本，通常有乳汁；叶互生，无托叶，单叶，全缘或分裂；花辐射对称，两性；萼片5，宿存；花冠通常钟状或漏斗状；雄蕊5，花药2室，花粉粒有刺或无刺；子房上位，2（1～4）室，每室具1～4个胚珠。果为蒴果，稀浆果。其花图式见图10-34。

图10-34 旋花科花图式
（邵美妮仿绘）

本科约有56属，1800种以上，分布于热带至温带地区，我国有22属约128种。

### （一）打碗花属

打碗花属（*Calystegia*），平卧或缠绕草本。叶箭形或戟形，全缘或分裂。花单生或稀为少花的聚伞花序；苞片2，大，包藏着花萼，宿存；萼片5，宿存；花冠漏斗状或钟状，冠檐近全缘；雄蕊内藏；子房1室或不完全2室，有胚珠4颗；蒴果球形，1室，有种子4粒。肾叶打碗花〔*Calystegia soldanella*（L.）R. Br.〕、打碗花（*Calystegia hederacea* Wall.）（图10-35，图10-36）和旋花〔*Calystegia sepium*（L.）R. Br.〕各地均有分布。

图10-35 打碗花（曲波摄）

图10-36 打碗花解剖（曲波摄）

## （二）番薯属

番薯属（*Ipomoea*），草本或灌木，通常缠绕。叶全缘或分裂。花单生或组成聚伞花序或伞形至头状花序，腋生；苞片各式；萼片 5，宿存，常于结果时多少增大；花冠通常钟状或漏斗状，冠檐 5 浅裂，稀 5 深裂；雄蕊 5，内藏，花粉粒具刺；子房 2～4 室，具胚珠 4～6 颗；蒴果。番薯［*Ipomoea batatas*（L.）Lam.］和蕹菜（*Ipomoea aquatica* Forsk.）为重要的粮食和蔬菜作物。

## （三）菟丝子属

菟丝子属（*Cuscuta*），缠绕、寄生草本。无叶。茎黄色或红色，具吸器。花小，总状、穗状或簇生成头状花序；萼片 4 或 5，基部多少连合；花瓣 4 或 5，合生成管状或钟状，近基部有 5 个流苏状鳞片；子房上位，2 室，胚珠 4 颗，花柱 2，分离或多少连合。蒴果，有时稍肉质，周裂或不规则破裂。本属也有学者将其另立为一科。

本科识别要点：藤本，含乳汁，单叶对生，漏斗状花冠，胚珠 2～4，蒴果。

## 四、唇形科

$$\male\female\uparrow \ Ca_{(5)}Co_{(4-5)}A_{4,2}\underline{G}_{(2:4)}$$

唇形科（Labiatae），一至多年生草本，稀灌木、乔木或藤本，常含芳香油。茎具四棱。叶为单叶，稀为复叶，通常对生，稀轮生或部分互生，无托叶。花两性，稀单性，于叶腋单生或对生，聚伞状或为疏松或密集的轮伞花序（假轮状），再排列成穗状或总

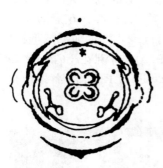

图 10-37　唇形科花图式
（邵美妮仿绘）

状花序，有时为圆锥花序或头状花序；萼片通常宿存，5（4）裂，辐射对称或二唇形（通常 3：2 式或 1：4 式），有时有附属物，萼筒内有时有毛环（果盖）；花冠二唇形，通常为 2：3 式（上唇 2 裂，下唇 3 裂），稀 4：1 式，或稀为假单唇形或单唇形（0：5 式），也稀为 5（4）裂片近相等，花冠内常有毛环（蜜腺盖）；雄蕊 4，二强雄蕊，稀 4 雄蕊近等长，有时 1 或 2 枚雄蕊退化或无退化雄蕊，花药 2 室，纵裂，稀横裂，药室分离或汇合成 1 室；子房上位，由 2 心皮组成，4 裂，4 室，每室有直立胚珠 1 颗，花柱生于子房裂隙的基部，花柱 2 浅裂，柱头小；花盘通常发达，全缘或分裂。小坚果 4，稀核果。种子小，含少量胚乳或无胚乳。唇形科花图式见图 10-37。染色体 $X=5～11$，13，17～30。

唇形科有 200 属 3200 余种，是世界性大科，近代分布中心为地中海和安纳托利亚，是当地干旱地区植被的主要成分。我国有 99 属约 800 种。

### （一）黄芩属

黄芩属（*Scutellaria*），轮伞花序，由 2 花组成，偏于一侧，在茎端常多轮相接而成总状花序；萼片钟状唇形，花后宿存；花冠筒长，基部上举。黄芩（*Scutellaria baicalensis* Georgi.）根肥厚，可入药。

### （二）益母草属

益母草属（*Leonurus*），花萼漏斗状，5脉，萼齿近等大，内面无毛环或具斜向或近水平方向的毛环。益母草［*Leonurus artemisia*（Louv.）S. Y. Hu］的小坚果可入药（图10-38）。

### （三）鼠尾草属

鼠尾草属（*Salvia*），花冠唇形，上唇直立而拱曲，下唇展开；雄蕊2，花丝短，与花药有关节相连，上方药隔呈丝状伸长，有药室，藏在上唇内，下方药隔形状不一。丹参（*Salvia miltiorrhiza* Bunge.）根外红内白，可入药。一串红（*Salvia splendens* Ker-Gawl.）为观赏花卉。

图 10-38　益母草（曲波摄）

本科植物可提取香精，如薄荷（*Mentha hqplocalyx* Briq.）、薰衣草（*Lavandula angustifolia* L.）等；药用常见的有藿香（*Agastache rugosa* O. Ktze）、活血丹［*Glchoma longituba*（Nakai.）Kupro.］等；五彩苏［*Coleus scutellarioide*（L.）Benth.］等可供观赏。

本科识别要点：草本，含芳香油，茎四棱，单叶对生，唇形花冠，二强雄蕊，四小坚果。

## 五、菊科

$$*\uparrow Ca_{0-\infty}Co_{(5)}A_{(5)}\overline{G}_{(2:1)}$$

菊科（Compositae，Asteraceae），一年生或多年生草本、半灌木、灌木或木质藤本，稀为乔木，有时有乳汁。无托叶；叶通常互生，稀对生或轮生；单叶或复叶，全缘、具齿或分裂。花多数，密集成头状花序，外由1至数层苞片构成的总苞片包围，单生或少至多数排列成总状、聚伞状、伞房状或圆锥状花序；花萼裂片变为冠毛，冠毛鳞片状或刚毛状，生于瘦果顶端，或无冠毛；花冠舌状、管状或二唇状，辐射对称或两侧对称；头状花序盘状或辐射，花同型，即全部为管状花或舌状花，花异形，即边花舌状，中性或为雌花，中央花管状，两性；雄蕊4或5，花药合生成筒状，基部钝、锐尖，截形或具尾，先端有附属物或无；子房下位，心皮2合生1室，具1胚珠，花柱先端2裂，花柱分枝先端有附片或无；花托凸起或平，裸露，有托片或托毛。果实为瘦果。种子无胚乳，子叶2，稀1。其花图式见图10-39。染色体：$X=8\sim29$。

图 10-39　菊科花图式
（邵美妮仿绘）

菊科共有1100属20 000余种，广布于全世界。我国有217属2100种，为被子植物最大的科。常分为两亚科：管状花亚科和舌状花亚科。

## （一）管状花亚科

无乳汁，管状花或兼有舌状花。

### 1. 向日葵属

向日葵属（*Helianthus*），一年生或多年生草本。茎直立，少分枝。叶下部对生，上部叶互生，全缘至分裂。头状花序常单生；边花假舌状，中性；盘花多数，管状，两性；花冠黄色；总苞片数层；花序托平或稍突起，有小凹点；花药基部钝或全缘；柱头 2 裂，裂片三角状或披针形。瘦果扁平，顶端有 2 个鳞片状、脱落的芒。本属中的向日葵（*Helianthus annuus* L.）（图 10-40，图 10-41）为重要油料作物。

图 10-40　向日葵植株（A）及花纵切（B）（曲波摄）

图 10-41　向日葵的聚药雄蕊（引自贺学礼，2008）

### 2. 菊属

菊属（*Chrysanthemum*），多年生或一年生草本。茎直立，光滑或有毛。叶互生，全缘、有齿或羽状分裂，无毛或有毛，有柄或无柄，基部叶花后常凋落。头状花序单生或排列呈伞房状，假伞房状，异型或同型；总苞半球形，总苞片 3 或 4 层，覆瓦状排列，有毛或无毛，外层较短，中部草质，绿色，边缘膜质，内层的顶部为膜质；花序托突出，半球形；舌状花一层或无，若有则为雌性，能结实，舌片黄色、白色或淡红色；管状花多数，两性，结实，花冠黄色，顶端 4 或 5 裂；花药基部圆钝，全缘，顶端有长椭圆形的附属物；花柱 2 裂，管状花的花柱裂片顶端有画笔状附属物。舌状花的果实常有 3 棱或 3 翅，管状花的果实常有较多的纵肋；冠毛冠状或无。本属中的菊［*Dendranthema morifolium*（Ram.）Tzvel.］为著名花卉，栽培品种很多。

本亚科由于头状花序大，色彩艳丽，因此有很多栽培的花卉植物，如百日菊（*Zinnia elegans* Jacq.）、孔雀草（*Tagetes patula* L.）、万寿菊（*Tagetes erecta* L.）、波斯菊（*Cosmos bipinnata* Cav.）、翠菊［*Callistephus chinensis*（L.）Nees.］、大丽菊（*Dahlia pinnata* Cav.）、硫磺菊（*Cosmos sulphureus* Cav.）等。常见药用植物有茵陈蒿（*Artemisia capillaries* Thunb.）、艾蒿（*Artemisia argyi* Levl. et Vant.）、红花（*Carthamus tinctorius* L.）、牛蒡（*Arctium lappa* L.）等。主要农田杂草有苍耳（*Xanthium sibiricum* Patrin ex Widder）、鬼针草（*Bidens pilosa* L.）、小飞蓬［*Conyza canadensis*（L.）Cronq.］、豚草（*Ambrosia artemisiifolia* L.）等。

### （二）舌状花亚科

有乳汁，全为舌状花。

**1. 莴苣属**

莴苣属（Lactuca），一年生或多年生草本，叶全缘或羽状分裂。头状花序组成各式复花序；总苞圆筒形；总苞片数列，外层较短，向内层渐较长；花颜色多样。瘦果扁平，顶端窄，有喙，冠毛多而细。本属的莴苣（Lactuca sativa L.）、莴笋（Lactuca sativa var. angustata Irish.）、生菜（Lactuca sativa var. romana Hort.）为各地栽培的主要蔬菜。

**2. 蒲公英属**

蒲公英属（Taraxacum），多年生草本，无茎生叶，各式羽状分裂。头状花序单生于花茎顶端，花黄色；总苞2列，外层小而广展或下弯，内层直立而狭细。瘦果纺锤形，有棱，先端延长成喙，冠毛多。本属的东北蒲公英（Taraxacum ohwianum Kid.）全草可药用。

本亚科常见的植物还有苣荬菜（Sonchus arvensis L.）、苦菜 [Ixeris chinensis（Thunb.）Nakai.]、屋根草（Crepis tectorum L.）、抱茎苦荬菜 [Ixeridium sonchifolium（Maxim.）Shih.] 等。

本科识别要点：草本，头状花序，聚药雄蕊，瘦果顶端常有冠毛或鳞片。

# 知识点四　单子叶植物纲

## 一、百合科

$$*P_{3+3}A_{3+3}\underline{G}_{(3:3)}$$

百合科（Liliaceae），多年生草本，少数为亚灌木、灌木或乔木状。地下具鳞茎、块茎、根状茎；茎直立或攀缘，有时枝条变成绿色的叶状枝。叶基生或茎生，互生或轮生，少数对生，有时退化成鳞片状；叶脉常基生，弧状平行脉，极少具网状脉，有柄或无。花两性，少数为单性或雌雄异株，单生或组成总状、穗状、伞形花序，顶生或腋生；花钟状或漏斗状，花被片通常6，少有4或多数，排成两轮，离生或不同程度的合生；雄蕊通常与花被片同数，花丝离生或贴生于花被筒上，花药两室，较少汇合成1室，钉子状着生或基生，内向或外向开裂；心皮合生或不同程度的离生，子房上位，极少半下位，常为3室的中轴胎座，少为1室的侧膜胎座，每室1至多数胚珠，花柱通常单一或3裂，柱头不裂或3裂。蒴果或浆果，蒴果多室背开裂，少数为室间开裂。种子通常多数，具丰富的胚乳，胚小。其花图式见图10-42。染色体：$X=3\sim27$。

百合科有240属4000余种，广布于全世界。我国有60属约660种。

图10-42　百合科花图式
（邵美妮仿绘）

### （一）百合属

百合属（Lilium），多年生草本。茎直立，具茎生叶，鳞茎的鳞片肉质，无鳞被，花单生或排列成总状花序，大而美丽；花药丁字形着生；柱头头状。常见有百合（*Lilium brownii* F. E. Br. var. *viridulum* Baker.）、卷丹（*Lilium lancifolium* Thunb.）、山丹（*Lilium pumlium* DC.）、渥丹（*Lilium concolor* Salisb.）等，常栽培供观赏，鳞茎可食用。

### （二）贝母属

贝母属（*Fritillaria*），具鳞茎，鳞片少数，肉质。叶对生或轮生。花钟状下垂，常单生或排成总状花序；花被片基部有蜜穴；花药基生。川贝母（*Fritillaria cirrhosa* Don.）、浙贝母（*Fritillaria thunbergii* Miq.）、平贝母（*Fritillaria ussuriensis* Maxim.）的鳞茎均可入药。

### （三）葱属

葱属（*Allium*），多年生草本，有刺激性的葱蒜味。鳞茎有鳞被。叶基生。伞形花序顶生，初时为膜质的总苞所包。蒴果。本属有多种广为栽培的著名蔬菜，如洋葱（*Allium cepa* L.）、葱（*Allium fistulosum* L.）（图 10-43）、蒜（*Allium sativum* L.）、韭（*Allium tuberosum* Rottl. et Spreng.）等。

图 10-43 葱（曲波摄）
A. 葱的植株；B. 葱的伞形花序；C. 葱的一朵花

### （四）天门冬属

天门冬属（*Asparagus*），茎直立或蔓生，有根状茎或块根，叶退化成干膜质，鳞片状，枝叶针形叶状，绿色，代叶行光合作用。常见的有天门冬［*Asparagus cochinchinensis*（Lour.）Merr.］、石刁柏（*Asparagus officinalis* L.）等。

本科还有其他药用植物，如藜芦（*Veratrum nigrum* L.）、知母（*Anemarrhena asphodeloides* Bge.）、黄花菜（*Hemerocallis citrina* Baroni.）、萱草（*Hemerocallis fulva* L.）等；也有一些观赏植物，如文竹［*Asparagus setaceus*（Kud.）Jessop.］、风信子（*Hyacinthus orientalis* L.）、郁金香（*Tulipa gesneriana* L.）等。

本科识别要点：草本，具地下茎，单被花，蒴果。

## 二、禾本科

$$P_{2\text{-}3}A_{3\text{-}3+3}\underline{G}_{(2\text{-}3:1)}$$

禾本科（Gramineae），一年生、二年生或多年生草本，稀为木本，常具根状茎或匍匍茎。秆通常圆柱形，中空，稀实心，节实心。叶互生，呈两行排列，叶由叶鞘、叶舌及叶片组成，叶舌生于叶鞘与叶片连接处的内侧，通常膜质，有时为一圈毛所代替，稀无叶舌，有时在叶鞘顶端叶片基部尚有耳状附属物称为叶耳；叶片线形或丝状，稀披针形至卵形。花序由小穗组成，位于主秆或分枝的顶端，呈穗状、总状、头状、圆锥花序；花两性，稀单性；花由 2 或 3 鳞被（稀多达 6 或缺如者）、雄蕊 3（稀为 1、2、4、6 或更多）及具 2（稀 1 或 3）花柱的一个子房构成；子房内含 1 倒生胚珠。果实为颖果，稀为囊果、坚果或浆果。胚乳较大，含大量淀粉，胚微小，颖果上具点状或线状种脐。小穗由 1 至多数小花组成，相对或互生于小穗轴上，小穗最下部 2 枚（稀 1 或 3，有时缺）鳞片状的苞片特称为颖，位于最下方者称为第一颖，其上一个称为第二颖；每一花下具 2（稀 1）鳞片状苞片特称为稃，位于下方者称为外稃，上方者称为内稃，内稃通常膜质，有时很小或缺如。其花图式见图 10-44。染色体：$X=2\sim23$。

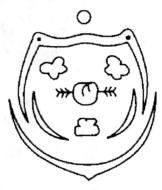

图 10-44　禾本科花图式
（邵美妮仿绘）

　　禾本科有 500 属 8000 余种。我国有 220 属约 1200 种。

　　本科通常分为两个亚科：竹亚科和禾亚科。

## （一）竹亚科

　　竹亚科（Bambusoideae），多为灌木或乔木状，于秆的上部分枝。

　　刚毛竹属（*Phyllostachys*），秆散生，圆筒形，在分枝的一侧扁平或有沟槽，每节有 2 分枝。毛竹（*Phyllostachys pubescens* Mazel ex H. de Lehaie）等种秆质坚硬，有弹性，为重要的材竹种，也可劈篾编物，用途广泛。

## （二）禾亚科

　　禾亚科（Agrostidoideae），一年生或多年生草本，秆通常草质。叶具中脉，叶片与叶鞘之间无明显关节，不易从叶鞘上脱落。花具 2 或 3 枚浆片，雄蕊 3 或 6 枚。

### 1. 小麦属

　　小麦属（*Triticum*），一年生或二年生草本。顶生复穗状花序直立，小穗两侧压扁。每节一小穗，小穗有 3～5 花，无柄，下部 1 或 3 小花两性，上部的为雄性或中性，不育（图 10-45）；颖卵形，3 至多脉，与外稃常有主脉延伸形成芒。小麦（*Triticum aestivum* L.），秆中空，节明显；叶鞘抱茎；花仅基部 2 或 3 朵花能育，上部小花常不结实；小花的外稃常纸质，顶端具芒，内稃几乎全部为外稃所包被，膜质，半透明，上有两条凸起成绿色的脉；浆片 2 枚，雄蕊 3 枚，雌蕊 2 心皮合生（图 10-46），子房近圆形，表面被茸毛，子房顶部伸出 2 条羽毛状柱头；颖果长椭圆形，果皮与种皮愈合。小麦广泛栽培，是重要的粮食作物。

### 2. 稻属

　　稻属（*Oryza*），一年生草本。圆锥花序，小穗有 3 小花，下部 2 花常退化；颖退化，仅在小穗柄端呈二半月形；不孕花的外稃极小，结实花的外稃硬，5 脉；内稃背无中肋；雄蕊 6 枚；柱头 2 裂，羽毛状。稻（*Oryza sativa* L.），不孕花的外稃窄尖，结实花外稃紧

图 10-45 小麦小穗（曲波摄）

雄蕊

雌蕊

图 10-46 小麦雄蕊和雌蕊（曲波摄）

扣内稃，成熟时黄色。稻广泛栽培，是重要的粮食作物。

**3. 大麦属**

大麦属（*Hordeum*），每节 3 小穗，每小穗 1 花。大麦（*Hordeum vulgare* L.），外稃与内稃等长；颖果与内外稃不易分离。粮食作物，也可入药。

**4. 早熟禾属**

早熟禾属（*Poa*），多年生草本，仅少数为一年生。叶片扁平。圆锥花序，开展或紧缩；小穗含 2 至数花，组成小穗的花成熟后，小穗在颖上逐节断落而将颖片保存下来；小穗最上一花不发育或退化；颖近等长，第一颖具 1～3 脉，第二颖通常 3 脉；外稃无芒，薄纸质，具 5 脉，内稃和外稃等长或稍短。颖果和内外稃分离。早熟禾（*Poa annua* L.），幼叶折叠，叶舌膜状，光滑，无叶耳；圆锥花序小而疏松。我国广泛分布，生于山坡、路旁或阴湿之处；可作为绿化草坪植物。

**5. 画眉草属**

画眉草属（*Eragrostis*），多年生或一年生草本。顶生圆锥花序开展或紧缩；小穗含数花到多花，小穗通常两侧压扁；小穗脱节于颖之上，颖不等长或近于等长，通常较第一外稃短；外稃无芒，具 3 脉，内稃具 2 脉，通常弓形弯曲。大画眉草（*Eragrostis cilianensis* Vig.-Lut.），小穗宽 2～3mm；外稃长 2～2.2mm。生于荒芜草地和农田。

**6. 鹅冠草属**

鹅冠草属（*Roegneria*），多年生草本。顶生穗状花序直立或下垂；穗轴每节着生 1 小穗；小穗含 2～10 朵花，脱节于颖之上，外稃具芒或少数无芒，芒常比外稃长，直或向外反曲，内稃具 2 脊。鹅观草（*Roegneria kamoji* Ohwi.），外稃和颖有宽膜质边缘，没有纤毛。分布广泛，生于山坡和湿润草地。

**7. 狗尾草属**

狗尾草属（*Setaria*），一年生或多年生草本。顶生穗状圆锥花序，小穗含 1 或 2 花，单生或簇生；小穗下生刚毛，刚毛宿存而不与小穗同时脱落；第一颖具 3～5 脉或无脉，长为小穗的 1/4～1/2，第二颖和第一外稃等长或较短。谷子（去皮后俗称小米）（*Setaria italica* Beauv.），谷粒自颖与第一外稃分离而脱落。我国北方栽培，为重要杂粮。狗尾草（*Setaria viridis* Beauv.），谷粒连同颖与第一外稃一起脱落，第二颖与谷粒等长。世界性习见杂草。

### 8. 高粱属

高粱属（*Sorghum*），草本。圆锥花序；小穗成对着生于穗轴各节，穗轴顶端 1 节有 3 小穗；无柄小穗两性，有柄小穗雄性或中性；外颖下部呈革质。高粱（*Sorghum vulgare* Pers.），秆实心，基部具支柱根；小穗卵状椭圆形；颖厚于稃，无柄小穗第二花有芒。我国广为栽培，为重要杂粮之一。

### 9. 甘蔗属

甘蔗属（*Saccharum*），多年生草本，秆粗壮。圆锥花序；小穗两性，成对生于穗轴各节，1 无柄，1 有柄；穗轴易逐节脱落。甘蔗（*Saccharum sinense* Roxb.），圆锥花序有白色丝状毛；雄蕊 3，花柱羽毛状。我国南方广为栽培。

### 10. 玉蜀黍属

玉蜀黍属（*Zea*），一年生草本，秆基部节处常有气生根，秆顶着生雄性开展的圆锥花序；叶腋内抽出圆锥状的雌花序，此花序外包有多数鞘状苞片；雌小穗密集成纵行排列于粗壮的穗轴上。玉蜀黍（玉米）（*Zea mays* L.），全世界广泛栽培，为主要粮食作物之一。

本亚科其他经济作物还有黑麦（*Secale cereale* L.）、燕麦（*Avena sativa* L.）等杂粮，也可作精饲料。薏苡（*Coix lacrymajobi* L.）各地均有栽培，颖果含淀粉和油，可供面食或酿酒，也可作饲料或药用。看麦娘属（*Alopecurus*）等为重要的牧草；芦苇属（*Phragmites*）等为造纸重要原料；结缕草属（*Zoysia*）、剪股颖属（*Agrostis*）等为重要的草坪植物；稗属（*Echinochloa*）、马唐属（*Digitaria*）等为常见田间杂草。

本科识别要点：草本，秆圆形，叶两列，叶鞘开放，颖果。

## 三、莎草科

$$P_0A_{1-3}\underline{G}_{(2-3)} \qquad ♂P_0A_{1-3} \qquad ♀P_0\underline{G}_{(2-3)}$$

多年生稀一年生草本；多数具根状茎，有时具地下匍匐枝兼具块茎。秆多数实心，稀中空，通常三棱形，稀圆柱形，无节。叶基生或秆生，基部通常有闭合的叶鞘和狭长的叶片，有时仅有叶鞘而叶片退化。苞片禾叶状、秆状、刚毛状、鳞片状、佛焰苞状等，基部具鞘或无鞘。花序多种多样，由小穗排列成穗状、总状、圆锥状或长侧枝聚伞花序，有时减少仅为 1 个小穗，小穗单生、簇生或排列成穗状或头状，通常具 2 至多数花，有时退化仅具 1 花，雌雄同株，稀异株；花两性或单性，无梗，基部常有一膜质鳞片，鳞片螺旋状排列或两行排列；无花被或花被退化成下位刚毛或鳞片，稀有近似花瓣状或绢丝状，其数目不一；有时雌花为先出叶形成的果囊所包裹，雄蕊离生，通常 3，稀为 1 或 2 或较多，花丝线形，花药底着，长圆形或线形，2 室；子房 1 室，胚珠 1，花柱 1，柱头 2 或 3。果实为小坚果，不开裂，三棱形、双凸状、平凸状或球形，表面光滑或有各式花纹或细点。胚乳丰富，粉质或肉质。花图式见图 10-47 和图 10-48。染色体：$X=5$。

莎草科共有 70 属 4000 余种，广布于全世界。我国有 30 属约 650 种。

### （一）藨草属

藨草属（*Scirpus*），秆三棱。聚伞花序简单或复出，或缩短成头状，花序下苞片似秆延长或成叶状；小穗有少数至多数小花，鳞片螺旋状排列，每鳞片内包 1 两性小

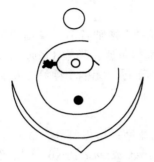

图 10-47　莎草科雌花花图式（邵美妮仿绘）

图 10-48　莎草科雄花花图式（邵美妮仿绘）

花，或下面数个鳞片内无花；下位刚毛 2～9 或缺，花基部不膨大。常见有藨草（*Scirpus triqueter* L.）、荆三棱（*Scirpus yagara* Ohwi.）等田间杂草，茎、叶可造纸。

### （二）莎草属

莎草属（*Cyperus*），秆散生或丛生，通常三棱形。叶基生。聚伞花序简单或复出，有时短成头状，基部叶状苞片数枚，小穗 2 至多数，稍压扁，小穗轴宿存；鳞片 2 列；无下位刚毛。柱头 3。小坚果三棱形。常见有碎米莎草（*Cyperus iria* L.）等。

### （三）薹草属

薹草属（*Carex*），花单性，无花被；雄花具 3 雄蕊；雌花子房外包有苞片形成的囊包（果囊），花柱突出于囊外，2 或 3 列。小坚果松弛或紧包于囊内。常见的有异穗薹草（*Carex heterostachya* Bunge.）、尖嘴薹（*Carex leiorhyncha* C. A. Mey.）等田间杂草。

本科常见植物还有水葱（*Scirpus validus* Vahl.）、飘拂草（*Fimbristylis dichotoma* L.）、荸荠［*Eleocharis tuberosa*（Roxb.）Roem. et Schult.］等。

莎草科和禾本科的区别见表 10-4。

表 10-4　禾本科和莎草科的区别

| 部位 | 禾本科 | 莎草科 |
| --- | --- | --- |
| 茎 | 秆常圆柱形，有节，节间常中空 | 茎常三棱形，实心 |
| 叶 | 叶 2 列，叶鞘边缘常分离而覆盖 | 叶常 3 列，或仅有叶鞘，叶鞘闭合 |
| 花 | 小穗组成总花序 | 小穗组成各种花序 |
| 果实 | 颖果 | 小坚果 |

本科识别要点：草本，秆三棱形，叶三列，叶鞘闭合，小坚果。

**扩展阅读**

### 模式植物——拟南芥

20 世纪 80 年代以来，随着基因组学研究的进一步深入，对模式植物的研究逐渐成为热点。植物是从共同祖先演化而来的，所以对生命活动有重要功能的基因在进化上是保守的，这些基因的结构和功能，在低等植物和高等植物中是相似的。因此，可以用比较容易研究的植物作为模型来研究基因的结构和生物学功能，获得的信息可以用于遗传背景和基因组比较复杂的植物中。拟南芥作为重要的模式植物用于很多基因功能的探究。

拟南芥（*Arabidopsis thaliana*），十字花科拟南芥属，植株矮小，株高5～45cm，具有被子植物的全部典型特征。拟南芥为一年生或两年生草本，茎直立，叶包括基生叶和茎生叶两种，基生叶莲座状，倒卵形，边缘有数个不明显的细锯齿。茎生叶无柄，披针形或条形，全缘。总状花序顶生，十字形花冠，萼片4枚，花瓣4片，雄蕊4长2短；雌蕊柱头圆球形，花柱短，2个心皮的复雌蕊，子房上位，侧膜胎座；长角果线形，种子极小，量大，千粒重仅0.02g。

拟南芥仅有5对染色体，基因组小，只有120Mb，大约2.5万个基因，拟南芥是高等植物中核基因组最小的物种之一。其二倍体植株较矮，可在实验室种植，也可以在培养基上生长，生长周期短，每一个世代需6～7周。拟南芥很容易进行诱变和遗传转化，方便在活体条件下进行基因功能的检测，所以拟南芥是进行遗传学、分子生物学和基因工程研究的好材料，被科学家誉为"植物中的果蝇"。

由于拟南芥基因组很小，并且它的大多数基因在其他植物中都能找到，有关拟南芥的大部分发现能够应用于其他植物研究，对农作物和药用植物的研究具有重要的价值。因此，科学家利用分子生物学技术对拟南芥整个基因组进行了测序，这个项目被称为拟南芥基因组计划。拟南芥基因组计划分为三项内容：构建基因组的遗传图、构建基因组的物理图和测定基因组的全序列。在2000年底，这项计划已经顺利完成，科学家已绘制出了包含约1.3亿个碱基对、2.5万个基因的拟南芥基因的完整图谱，这是人类首次全部破译出一种植物的基因序列。拟南芥基因组全序列的测定，为人们研究其他重要的经济作物如水稻等提供了模板。科学家将拟南芥和其他植物的基因进行比较基因组学研究，以阐明基因的起源、扩增与生理功能分化等进化问题以及为新基因的克隆提供参考。除此之外，生物学家还在破译拟南芥各个单独基因的功能，揭示这些基因相互作用的机制，以确定拟南芥细胞、组织发育的原理，绘制出拟南芥的系统生物功能图谱。

此外，科学家还对拟南芥进行了蛋白质功能和蛋白质-蛋白质相互作用分析、基因表达谱和基因调控网络分析等，即蛋白质组学研究，进一步研究拟南芥基因表达后的生理生化问题。拟南芥的研究已经取得了许多突破性的进展，尤其是自基因组全序列测定以后，对拟南芥的研究已经进入了"后基因组时代"。研究者现在可以快速有效地利用多种手段去研究一个基因、一条调控途径乃至整个调控网络的生物学功能。可以预料，科学家将能够从小小的拟南芥中获得感兴趣的各种生命信息，进一步解决许多实际问题，并在生产上取得更大的经济效益和社会效益。

## 主要参考文献

曹慧娟. 1992. 植物学. 2版. 北京：中国林业出版社

崔玲华. 2005. 植物学基础. 北京：中国林业出版社

富象乾. 1992. 植物分类学. 北京：农业出版社

高保燕，黄罗冬，张成武. 2016. 微藻藻种的筛选和育种及基因工程改造. 生物产业技术，4：27-31

贺学礼. 2008. 植物学. 北京：科学出版社

贺学礼. 2010. 植物学. 2版. 北京：高等教育出版社

胡宝忠，胡国宣. 2002. 植物学. 北京：中国农业出版社

李扬汉. 2006. 植物学. 3版. 上海：上海科学技术出版社

陆时万，徐祥生，沈敏健. 1991. 植物学（下册）. 2版. 北京：高等教育出版社

强胜. 2006. 植物学. 北京：高等教育出版社

曲波，张春宇. 2011. 北京：高等教育出版社

汪劲武. 2009. 种子植物分类学. 2版. 北京：高等教育出版社

徐平丽，张传坤，孙万刚，等. 2006. 模式植物拟南芥基因组研究进展. 山东农业科学，6：100-102.

中国科学院中国植物志编辑委员会. 1959. 中国植物志. 北京：科学出版社

周世权，马恩伟. 1995. 植物分类学. 北京：中国农业出版社